北京市奶牛产业技术体系创新团队
国家"十二五""863"计划数字畜牧业重大研究课题
农业科学数据共享中心动物科学数据分中心

奶牛场、种猪场生产管理数字化网络平台

杨　亮　熊本海　于福清　主编

中国农业科学技术出版社

图书在版编目（CIP）数据

奶牛场、种猪场生产管理数字化网络平台/杨亮，熊本海，于福清主编．—北京：中国农业科学技术出版社，2014.4

ISBN 978 - 7 - 5116 - 1585 - 5

Ⅰ．①奶…　Ⅱ．①杨…　②熊…　③于…　Ⅲ．①乳牛场—生产管理—数字网络体系 ②种猪—养猪场—生产管理—数字网络体系　Ⅳ．①S823.9 - 39 ②S828 - 39

中国版本图书馆 CIP 数据核字（2014）第 059918 号

责任编辑　鱼汲胜　褚　怡
责任校对　贾晓红

出版发行　中国农业科学技术出版社
　　　　　北京市中关村南大街 12 号　邮编：100081
电　　话　(0) 13671154890（编辑室）
　　　　　(010) 82109704（发行部）
　　　　　(010) 82109709（读者服务部）
传　　真　(010) 82106624
经 销 者　各地新华书店
网　　址　http://www.CASTP.cn
印　　刷　北京富泰印刷有限责任公司
开　　本　787mm ×1 092mm　1/16
印　　张　14
字　　数　280 千字
版　　次　2014 年 4 月第一版　2014 年 4 月第一次印刷
定　　价　89.00 元

主编单位　中国农业科学院北京畜牧兽医研究所
　　　　　　中国饲料数据库情报网中心（农业部）
　　　　　　农业科学数据共享中心动物科学数据分中心

主　　编　杨　亮　熊本海　于福清

参　　编　庞之洪　吕健强　王　栋　罗清尧　徐　毅　杨　琴
　　　　　　韩英东　潘晓花　潘佳一　张旭珠　辛海瑞

前　言

规模化奶牛繁殖场及种猪场的生产是整个家养动物生产中最为复杂的生物系统之一，其一生周而复始肩负着从发情、配种、妊娠、分娩，到产犊与产仔、哺乳、断奶及调整的周期性生产，不断繁育后代，同时提供生乳与商品猪。对于规模化的奶牛场与种猪场，其生产基本按照其繁殖的生理过程，如同制造业的工厂生产产品一样，从畜舍的设计上满足不同生理与生产阶段的种畜对环境、饲养密度、饲料供给和防疫的要求，实现了所谓的工厂化或标准化生产，进而为实现种畜场的数字化管理，如数字化过程管理、数字化繁育、数字化营养和数字化防疫等提供了可能，为养殖企业优化生产过程，减少饲料、兽药的投入，提高企业效益，维护养殖业的可持续发展提供了巨大的发展空间。为此，国际上围绕着规模化的种畜禽场，尤其是奶牛场及种猪场的全过程的信息化管理进行了长期不懈的研究，并在生产应用中积累了丰富的经验，同时，也在高新技术产品进入市场应用上取得了巨大的成功。例如，从 20 世纪 70 年代以来，新西兰猪肉生产局就组织开发商业性的猪场生产管理计算机系统，专门开发养殖企业的计算机软件，并以开发的 PigWin 系统而影响世界的养猪业。针对奶牛场，以色列的 AFIKIM 设备公司开发的阿菲牧牛场信息管理系统，也在国内的一些牛场推广应用。这些系统中，充分将现代信息和移动互联技术与生产过程和领域知识结合起来，形成了一系列具有智能采集数据、数据分析与计算，甚至与饲喂设备通过物联网技术融合实施智能控制，大大提高了对生产过程的控制能力，使得信息技术转化为现实生产力。

毋庸置疑，PigWin 及阿菲牧系统所涉及的技术是成熟的，在中国养猪企业及奶牛养殖企业内占有一定的市场应用。但是，综观我国奶牛养殖企业及种猪业的发展、养殖企业的管理模式、从业人员的素质、硬件条件以及企业文化等因素，导致国际上的相关系统在实际应用中也存在一些与我国养殖模式、数据采集的要求及发展不相适应的地方。因此，全面利用以数字化技术为依托的信息技术，开发具有中国自主知识产权的种畜禽的网络信息平台，成为数字畜牧业的重要组成部分。本书是结合国家"十二五""863"计划——数字农业重大研究课题"泌乳奶牛及繁殖母牛精细饲养技术与装备（2012AA101905 - 01）"、北京市奶牛创新团队岗位科学家的研究任务获得的主要研究成果——"种猪场养殖管理网络平台系统"及"奶牛场养殖管理云计算平台"等编写而成的。全书分 4 个部分，各部分梗概如下。

第一部分为"奶牛场生产管理数字化网络平台"，主要从"牛群管理"、"产奶管理"、"牛群繁殖"、"饲养与饲料"、"疾病与防疫"、"统计分析"、"场内管理"、"系统维护"及"系统运行平台"九大方面，阐述了开发系统的主要界面及实现的功能，并给出实际应用例子，强化对系统的理解。

第二部分为"奶牛配方系统操作系统说明及饲养与营养指南"，具体包含了第一章"奶牛饲料配方系统操作篇"，第二章"泌乳奶牛营养需要量与日粮配制指南"及第三章"奶牛营养与饲料"。第一章简要介绍作者开发的、基于可代谢蛋白质营养体系的奶牛日粮配方与诊断系统的操作说明，第二章通过具体的、实用的参数描述了不同性质或类型的奶牛对主要养分的需要量，尤其是配制 TMR 的养分浓度，第三章则详细地阐述了实际饲喂上的一些技巧，具体的实践指南，对不同性质的奶牛饲养与管理更有指导意义。

第三部分为"种猪场生产管理数字化网络平台"。主要从"基础数据的维护"、"生产管理"、"猪群繁殖"、"饲养与饲料"、"疾病与防疫"、"销售管理"、"统计图表"、"场内管理"、"系统维护"及"系统运行平台"等介绍了种猪场技术平台的功能实现情况，实质上本部分就是系统操作指南。

第四部分为"猪的营养需要量（NRC，2012）"，主要通过 16 套表格呈现该版本针对不同性质猪（含种用猪）、实现不同繁殖及生产目标的各种养分的浓度或绝对的需要量，为种猪场及商品猪场，有针对性地配制全价配合饲料，提供基础性数据。配合这些数据的提供，为进行基于猪个体精细饲养带来便利。

在第一部分及第三部分开发的奶牛场及猪场养殖网络版技术平台过程中，作者及参与的研究人员感觉到，平台的开发与集成是一项复杂的系统工程，需要领域专家与软件设计人员的密切配合，需要在系统设计前进行缜密的系统分析，将种畜生产管理的各个过程和生产要素进行数字化，并通过构建相应的数据表来实现，在各个数据表之间要建立清楚的视图关系，防止描述字段的冗余与遗漏。只有在建立完整的数据库（表）结构体系后，才能在此基础上实现相应的数据录入、管理及分析统计功能模块和构件的开发。

由于作者水平有限，编写中可能存在不少问题，欢迎读者提出宝贵意见和建议，请致函 Xiongbenhai@ scaas. cn。

作　者
2014 年 5 月

目　录

第一部分 奶牛场生产管理数字化网络平台

第一章 牛群管理

1. 牛基本信息录入

如图1-1-1所示，用于录入修改牛的基本资料。系统使用初期和系统使用后，中途从外边购入牛只以及牛群的新增犊牛，这些牛只的基础资料的录入是不可少的。其中，牛号、性别、品种、出生日期、父号、母号和入场日期为必填项。点击牛号下拉框按钮可以从母牛产犊表中提取新犊牛的已知资料实现快速录入。可直接打印，也可以调用"导出Excel数据"进行数据处理（Excel处理是全局具备的操作，后面不再重述）。

图1-1-1 牛基本信息录入

要高度重视资料的录入和校对工作，系统只有建立在准确和完备的资料的基础上，才能正常运行。

附注：系统所有的列表和录入修改界面中的全局性定义（图1-1-2）：

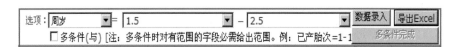

图1-1-2　编辑录入界面

①本系统内部规定：日期数据如果录入"1900-01-01"或当天日期+1，均视为无效的"空"日期，不当作正常日期处理；

②数据录入按钮：录入新的一条记录；

③导出Excel数据按钮：将当前列表内容直接导出到Excel文件；

④编辑操作：编辑修改当前记录；

⑤删除操作：删除当前记录，不可恢复；

⑥列表界面说明如下。

"选项："后的第1个下拉是指你要筛选的字段项，等号后的第2个下拉是该字段的起始值（或唯一值，如果不是范围字段，就只能是唯一值），横杠后的第3个下拉是该字段的终止值（如果是范围字段的话）。列表内容会按你的条件的录入而变化（图1-1-3）。

图1-1-3　列表记录筛选栏

如果要录入多个条件，则将"□多条件（与）"点上，然后输入的条件就会是多个条件中的一个了。这里，所有的条件都是"并且"（即逻辑"与"）的关系！"□多条件

（与）"前面的数字表明目前已经录完了几个条件，条件录入个数没有限制。条件录入完毕后点击"多条件完成"按钮完成操作。此时的列表内容就是按你的多条件筛选后的内容（图1-1-4）。

图1-1-4 列表记录筛选栏

列表记录栏列出的是你要查找的数据表的内容（图1-1-5），左上角会显示总记录数，点击表头字段名会按该字段名重新排序，复点则倒序。右上角的"导出Excel"按钮可以完成将按此排序的记录导入Excel表的功能。左侧的一列"编辑"按钮，点击后可以进入所在记录的编辑界面。

本页第2条记录,共有48条记录

操作	序号	场名	牛舍	牛号	性别	标记	牛品种	DHI	生分类	泌乳状态	状态	胎次	出生日期	出生重
编辑	1	第二奶牛场	01	牛8669	母		荷斯坦		超龄牛				2005/8/26	9
编辑	2	第二奶牛场	01	牛7682	公		荷斯坦		育肥牛				2005/8/23	8
编辑	3	第二奶牛场	01	牛4574	母		荷斯坦		超龄牛				2005/7/23	9
编辑	4	第二奶牛场	01	牛5700	母		荷斯坦		超龄牛				2005/7/16	11
编辑	5	第二奶牛场	01	牛6660	母		荷斯坦		超龄牛				2005/7/2	14
编辑	6	第二奶牛场	01	牛5219	公		荷斯坦		育肥牛				2005/6/24	15
编辑	7	第二奶牛场	01	牛565	公		荷斯坦		育肥牛				2005/6/19	7

图1-1-5 列表记录栏

2. 犊牛断奶记录

用于输入修改犊牛断奶资料。犊牛从出生后40~60天就应该进行断奶。提交保存时，牛号、断奶日期、饲养员不能为空值；如果点击所有犊牛列表，将显示所有犊牛的断奶日期，表格采用断奶日期降序排列（最新的在最上面）；点击"编辑"可修改该牛只断奶资料；显示犊牛断奶记录维护窗口，用户可在这里对个别出错的记录进行维护。

3. 母牛发情记录

如图1-1-6所示，用于输入母牛发情资料。牛只断奶后生长到育成牛时，性发育成熟，就会出现发情，母牛产犊后18~24天也会再次发情。发情周期包括发情初期、发情盛期、发情末期、发情后期，可以以时间的形式记录保存。输入发情日期，发情类型。如果发情正常，点击确认为发情阶段的复选框，并输入发情相关数据；如果出现发情异常则点击发情异常，并输入发情异常情况。点击提交保存发情资料。

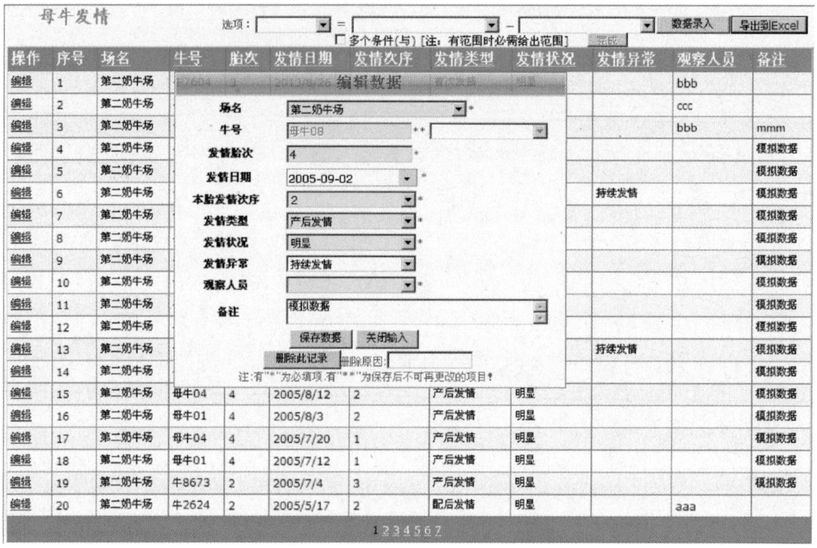

图 1-1-6　母牛发情记录

4. 母牛配种记录

如图 1-1-7 所示，用于维护母牛配种资料。母牛在达到配种年龄或经产牛产后经过发情确认后，就可以对其进行配种工作。在牛号选择框输入牛号，系统自动显示本胎次的发情日期、配种胎次。如果系统中缺少以上资料，那么系统会自动提示这些信息不

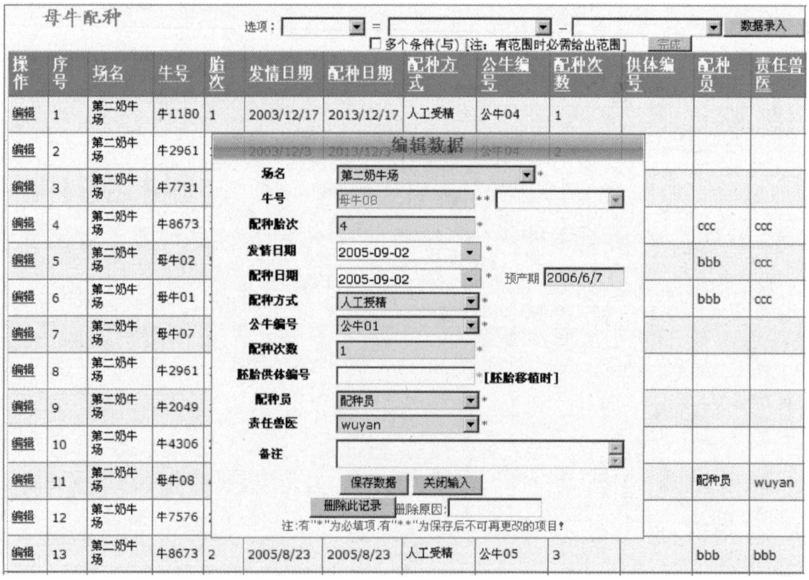

图 1-1-7　母牛配种记录

存在，但您仍然可以继续输入牛只的配种的资料，之后，最好到"母牛发情记录"中补齐这些数据。选择配种的方式，如果选择胚胎移植单选框，在右边的框中输入供体母牛；输入配种次数和配种员，点击提交保存配种资料。提交保存时，牛号、配种日期、公牛编号、配种方式、配种次数、配种员是必填项的。点击"编辑"可修改原来的配种记录；如果此次修改的记录要更新繁殖状态，在 复选框上选中。

5. 母牛初检记录

如图 1-1-8 所示，用于输入母牛配种后初检验胎的检验资料。母牛配种后，一般 1 个月以后要进行初检报孕，主要检查该牛是否有孕，是否正常，并预测出预产期。在牛号选择框输入牛号，系统自动显示本胎次最近一次的配种日期、与配公牛、供体母牛以及当前的初检胎次；如果系统中缺少以上资料，那么系统会自动提示这些信息不存在，但仍然可以继续输入牛只的初检的资料，随后可以使用软件中的配种、发情功能菜单将这些数据补齐。确定初检日期、初检状况、初检结果以及初检员，系统根据"配种时间"计算出预产期，点击"提交"保存初检资料。其中，预产期的计算是根据系统管理模块中的系统参数设置为依据；提交保存时，初检日期、初检状况、初检结果、预产期、初检员是必填项。

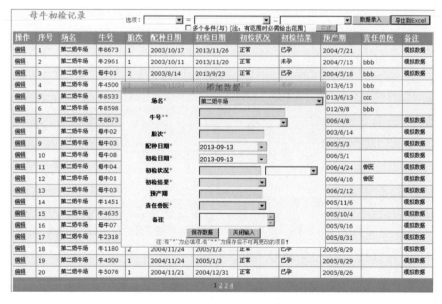

图 1-1-8　母牛初检记录

6. 母牛复检记录

如图 1-1-9 所示，用于维护复检资料。母牛配种 2 个月以后要进行复检验胎，主要检查该牛只是否有胎，胎儿发育是否正常。在牛号选择框输入牛号，系统自动显示本胎次最近一次的配种日期、与配公牛、供体母牛和最近一次的初检日期、初检状况、初检结果以及当前的复检胎次；如果以上资料没有输入电脑中，那么，系统会自动提示这些信息不存在，但仍然可以继续输入牛只的复检的资料，也可以使用软件中的配种、发情、初检功能模块补齐这些数据。在确定复检日期、复检状况、复检结果以及复检员，并计算出预产期后，点击提交保存初检资料。其中，预产期的计算是根据系统管理模块中的系统参数设置为依据；提交保存时，复检日期、复检状况、复检结果、复检员，预产期是必填项。

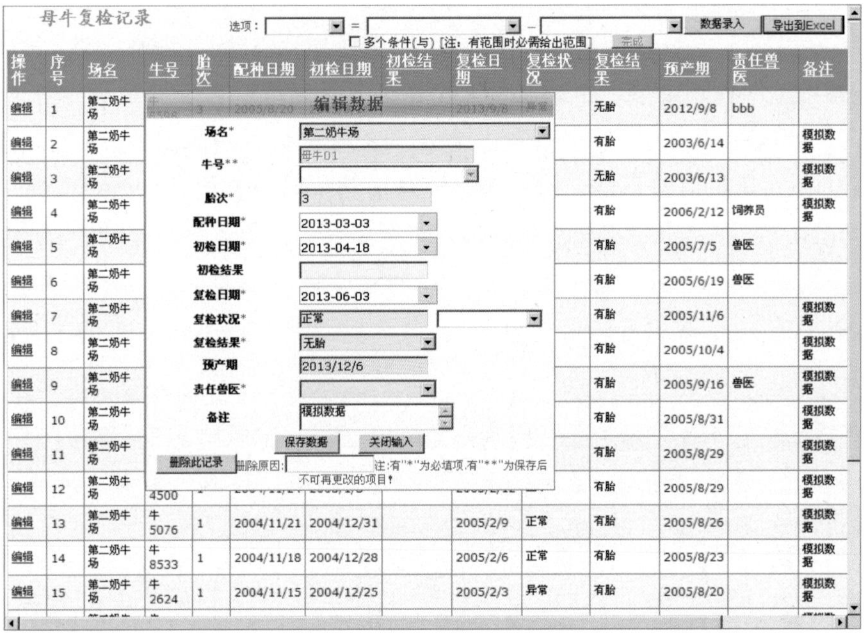

图 1 - 1 - 9 母牛复检记录

7. 母牛干奶记录

如图 1 - 1 - 10 所示，用于输入干乳记录资料。一般情况下，泌乳母牛在产犊前 2 个月左右需要干乳。在奶牛干乳期间，应该准确记录干乳数据，包括干乳类型和所使用的药物等。

8. 母牛流产记录

如图 1 - 1 - 11 所示，用于输入和保存母牛流产记录。母牛流产对种群繁殖是很大的损失，需要高度重视，准确记录好当时的情况，为今后分析原因，提高管理水平，减少母牛的流产发生率提供宝贵的资料。

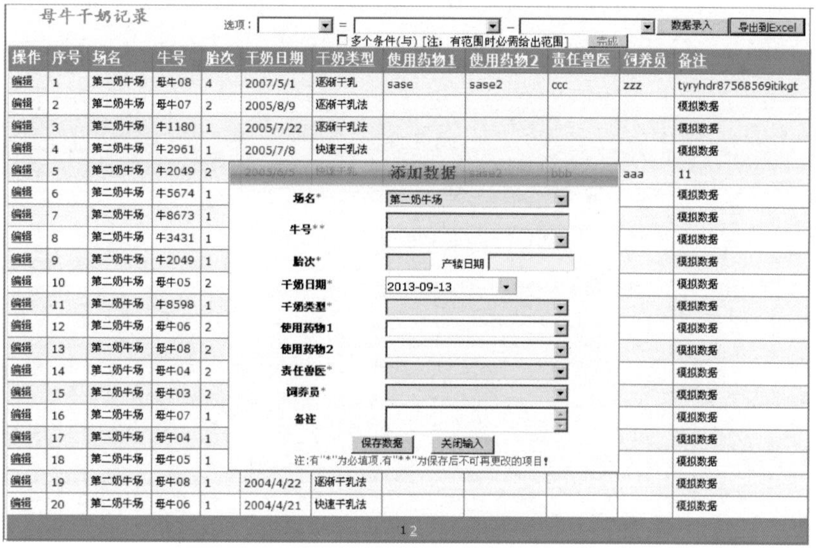

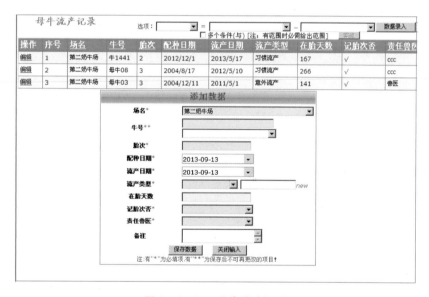

图 1 – 1 – 10　母牛干奶记录

图 1 – 1 – 11　母牛流产记录

9. 母牛产犊记录

如图 1 – 1 – 12 所示，用于维护产犊记录。母牛产犊记录是牛场的核心记录之一。产犊日期是指母牛生产犊牛的当天日期。产犊胎次即本次产犊为该牛第几胎产犊。在胎天数指配种到产犊时所经过的天数。产犊类型分顺产与难产两种情况。接生员指主要接生人，责任兽医指负责该次接生的主要兽医。如果有必要，应该将生产中出现的情况写入备注栏。产犊浏览表可列出某头牛的所有产犊记录。全部牛只产犊情况列表列出场里所有母牛的产犊记录，最新的列在最上面（图 1－1－13）。

母牛产犊记录

选项：场名 = 第二奶牛场 － 数据录入

本页第10条记录,共有50条记录　□多个条件(与) [注：有范围时必需给出范围] 完成

操作	序号	场名	牛号	胎次	配种日期	产犊日期	产犊类型	妊娠天数	留养否	产犊否	双胎否	犊牛编号1	犊牛性别1	犊牛体重1
编辑	1	第二奶牛场	母牛01	3	2012/9/8	2013/6/8	顺产	273	√	√		牛3431	母	10.0
编辑	2	第二奶牛场	牛7731	1	2003/10/28	2012/8/1	顺产	278	√	√	√	牛5076	母	6.0
编辑	3	第二奶牛场	母牛02	2	2003/10/14	2011/7/18	顺产	278	√	√		牛8268	公	13.0
编辑	4	第二奶牛场	母牛06	1	2002/9/16	2011/6/21	顺产	278	√	√		牛8673	母	5.0
编辑	5	第二奶牛场	母牛08	4	2005/9/2	2006/5/16	顺产	256	√	√		yty6756856	公	12.0
编辑	6	第二奶牛场	牛2318	1	2004/11/26	2005/8/31	顺产	278	√	√		牛3403	公	14.0
编辑	7	第二奶牛场	牛1180	2	2004/11/24	2005/8/29	顺产	278	√	√		牛3645	公	14.0
编辑	8	第二奶牛场	牛4500	1	2004/11/24	2005/8/29	顺产	278	√	√		牛259	母	10.0
编辑	9	第二奶牛场	牛5076	1	2004/11/21	2005/8/26	顺产	278	√	√		牛8669	母	9.0
编辑	10	第二奶牛场	牛8533	1	2004/11/18	2005/8/23	顺产	278	√	√		牛7682	公	8.0

图 1－1－12　母牛产犊记录

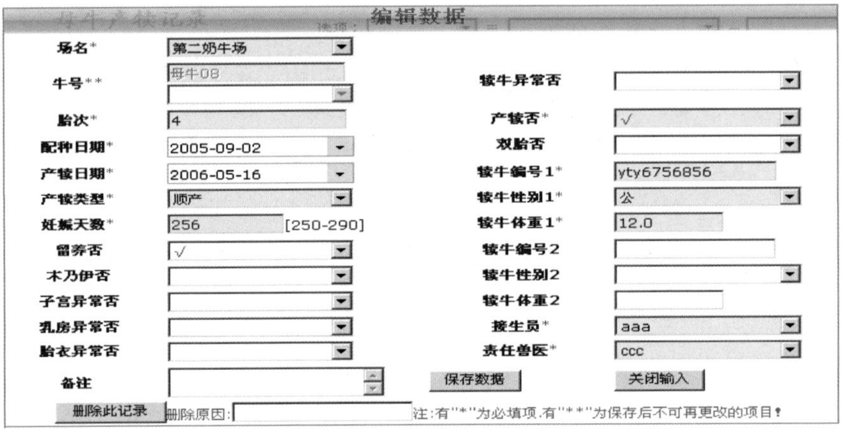

图 1－1－13　母牛产犊记录编辑数据

10. 人工催乳记录

如图 1－1－14 所示，用于对产后奶量少或无奶的母牛进行诱导催乳的记录录入。为了提高奶牛的产奶量，必要时可以进行人工药物催乳。在牛号选择框输入牛号，确定催乳日期、要催乳的天数（持续天数）、催乳的类型、催乳效果、选择所使用的药物以及责任兽医的姓名。提交保存时，催乳日期、持续天数、催乳的类型、催乳效果以及责任兽医姓名是必填项。

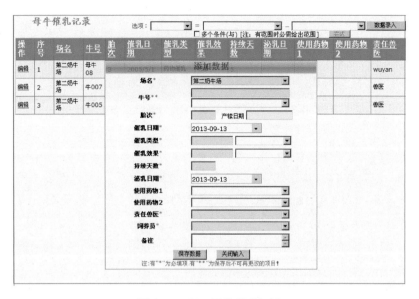

图 1 – 1 – 14　母牛催乳记录

11. 场内移动记录

如图 1 – 1 – 15 所示，用于输入场内移动资料。该模块包括单个牛只移动、多个牛只的批量移动及整舍牛只的移动。实施牛只移动管理，目的是便于养牛场对不同类型、不同种类的牛进行分类管理。在牛号选择框输入牛号，系统自动显示当前的移动胎次，确定移动日期、移动类型、移动人员以及目标牛舍，点击提交保存移动资料；保存成功后，

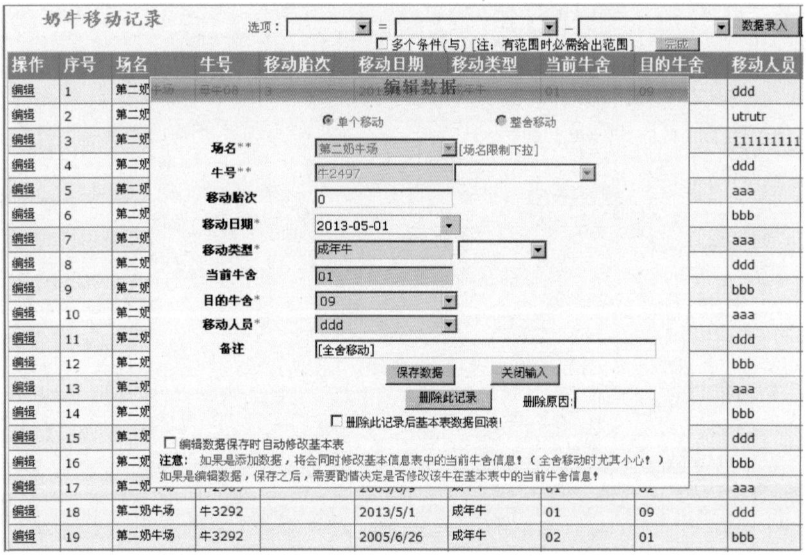

图 1 – 1 – 15　奶牛场内移动记录

该牛只上面状态栏中的所在牛舍项会同时发生更新操作。提交保存时，移动日期、移动类型、移动人员和目标牛舍是必填项。点击删除按钮，确认删除后，该牛的牛舍移动记录会被删除。删除资料在事件日志中会被记录。牛只的最新的牛舍移动记录被删除后，应该酌情调用"牛只资料维护"模块将该牛的牛舍修改为当前正确的状态，以免出现错误。同时，被删记录前后的记录也要做些修改。

12. 离群淘汰记录

如图 1 - 1 - 16 所示，用于输入牛的离场淘汰资料。在牛号选择框输入牛号，系统自动显示当前的离群胎次；确定离群日期、离群类型、离群主因、辅因以及去向，点击提交保存移动资料；保存成功后，该牛只上面状态栏中的所在牛舍项同时发生更新操作。提交保存时，离群日期、离群类型、离群主因以及去向是必填项。点击编辑，牛号选择栏里将列出的是离群的牛号，然后对其进行编辑。点击删除，确定删除后，离场淘汰记录被删除。在离场淘汰记录被删除后，有必要的话应该立刻调用牛只资料维护模块将此牛的状态从"不在群"变为"在群"。

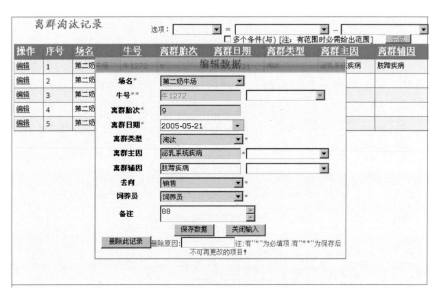

图 1 - 1 - 16　离群淘汰记录

13. 生产性能测定

为了正确开展奶牛的育种工作，不断提高牛群质量，必须精确地测定和统计分析奶牛的生产性能，作为评定等级、开展选种选配、编制个体牛及全群牛的产奶计划、饲料计划以及计算成本、劳动报酬等的依据（图 1 - 1 - 17）。奶牛的生产能力，主要包括产奶量、乳脂率、4% 标准乳、饲料报酬、排乳速度和前乳房指数等的测定和计算。本系统生产性能测定是指定期对奶牛的产奶量，牛奶指标（乳脂率，蛋白率，体细胞）进行测定，以计算出奶牛泌乳期内的产量以及牛奶的指标，这些数据对于我们了解牛只的产奶性能变化，预防奶牛疾病是很有帮助的。如产奶量的测定，最精确的方法是将每头牛每天每次的产奶量进行称量和登记。为简化测定方法，许多国家采用每月或3个月测定一次产奶量的方法。我国有的地方推行每月测定3次、每次间隔8～11天的日产奶量来估测全月产奶量的方法。一般建议每月测定3次。

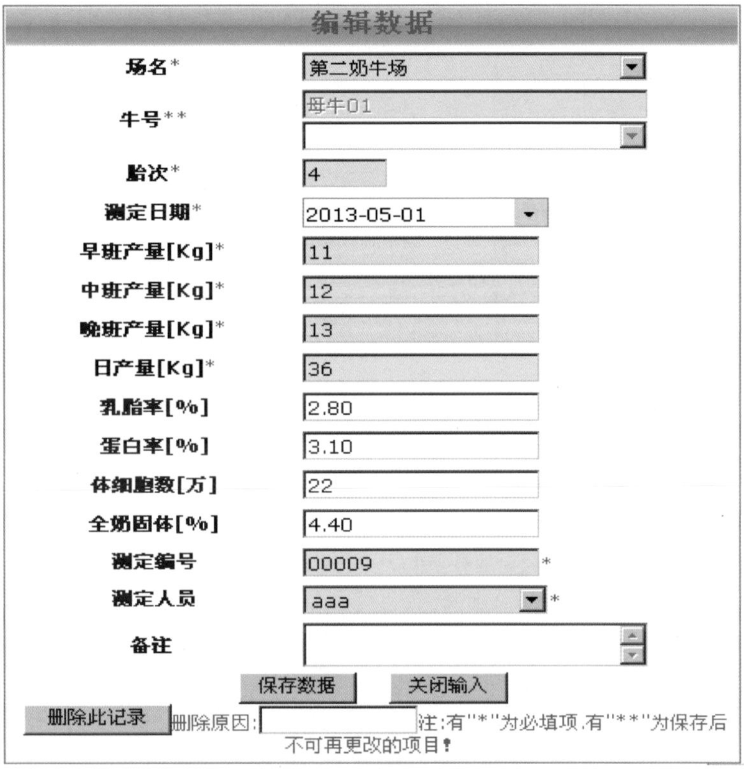

图1-1-17　生产性能测定编辑数据

14. 体尺体重测定

如图1-1-18所示，主要测定初生、断奶、3月龄、6月龄、12月龄、15月龄、18月龄、第1胎和第3胎等阶段的体重及体尺。体重用秤称量体重是比较准确的方法。6月龄以上的牛称重不方便，可以用体尺推算。公式如下。

6月龄体重（kg）=胸围2（m）×体斜长（m）×98.7

18月龄体重（kg）=胸围2（m）×体斜长（m）×87.5

成奶牛体重（kg）=胸围2（m）×体斜长（m）×90

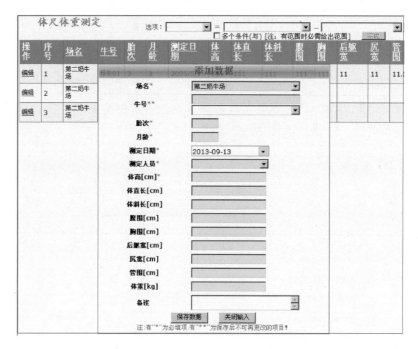

图 1-1-18　体尺体重测定

15. 奶牛牛只标记

用于记录奶牛牛只的登记及标记记录。

16. 奶牛体况评分

如图 1-1-19 所示，用来录入牛只体况评分（体型外貌评定）数据。头胎母牛分娩后 2~6 个月（最好在 3~4 个月）时，应进行体型外貌评定。通常，每产一胎评定一次，终生评定 2~4 次。若某些形状的几次评分结果有差异，则用最佳表现代表个体成绩。如何巩固、提高体型外貌上存在的优点以及改良其缺点，是奶牛育种选育中的要点之一。

17. 奶牛线性评分

如图 1-1-20 所示，用来录入牛只体型线性评分数据和浏览牛只评分历史记录。

本系统采用中国奶牛协会规定的 50 分制。在线性体型评分中，先将线性分转换为功能分，计算部位评分和整体评分的技术路线。现阶段 15 个主要性状的评分标准如下。

（1）体高（stature）：主要依据尻部到地面的垂直距离（尻高）进行评分。极端低的个体（低于 130cm）评给 1~5 分；中等高的个体（140cm）评给 25 分；极端高的个体（高于 150cm）评给 45~50 分，即 140cm±1cm，线性评分（25±2）分。

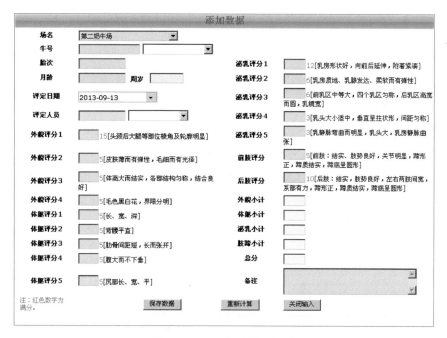

图 1 - 1 - 19 奶牛体况评分

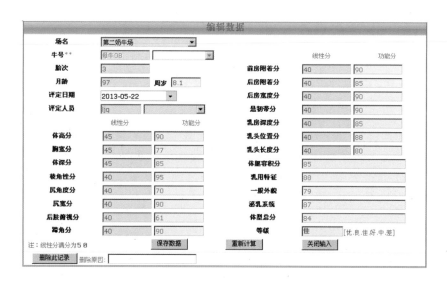

图 1 - 1 - 20 奶牛线性评分

（2）胸宽（体强度）（strength）：主要依据胸部宽度进行线性评分。极端纤弱窄缩的个体评给 1～5 分，强壮结实度中等的个体评给 25 分，极强健结实的个体评给 45～50 分。以 30～40 分最佳。

（3）体深（body depth）：主要依据肋骨长度和开张程度进行线性评分。极端欠深的个体评给 1～5 分，体深中等的个体评给 25 分，极端高的个体评给 45～50 分。

（4）棱角性（乳用性、清秀度）（dairyness）：主要依据肋骨开张程度和颈长度、母牛的优美程度和皮肤状态等进行线性评分。肉厚、粗糙的个体评给 1～5 分，轮廓基本鲜明的个体评给 25 分，轮廓非常鲜明的个体评给 45～50 分。

（5）尻角度（rump angle）：主要依据腰角坐骨连线与水平线的夹角（从牛体侧面观察）进行线性评分。臀角明显高于腰角（逆 10°）的个体评给 1～5 分，腰角略高于臀角（5°）的个体评给 25 分，腰角明显高于臀角（10°）的个体评给 45～50 分（注意：水平尻时应评 20 分）。

（6）尻宽（rump width）：主要依据臀宽（坐骨端）进行线性评分。臀宽极窄的个体（小于 15cm）评给 1～5 分，臀宽中等的个体（20cm）评给 25 分，臀宽很大的个体（大于 24cm）评给 45～50 分。

（7）后肢侧视（rear leg side view）：主要是从侧面看后肢的肢势，依据肘关节处飞角的角度进行线性评分。直飞的个体（飞节处于向下垂直呈柱状站立，飞角大于 155°）评给 1～5 分，飞节处于适度弯曲的个体（飞角为 145°）评给 25 分，曲飞的个体（飞节处于极度弯曲呈镰刀状站立，飞角小于 135°）的个体（大于 24cm）评给 45～50 分，即飞角为 145° 评给 25 分，每增加 1° 下降 2 分，每下降 1° 增加 2 分。

（8）蹄角度（foot angle）：主要依据蹄侧壁与蹄底的交角进行线性评分。极度低蹄角度的个体（25°）评给 1～5 分，中等蹄角度的个体（45°）评给 25 分，极度高蹄角度的个体（65°）评给 45～50 分，即 45°±1，线性评分（25±1）分。

（9）前房附着（fore udder attachment）：主要依据侧面韧带与腹壁连接附着的结实程度（构成的角度）进行线性评分。连接附着极度松弛（90°）的个体评给 1～5 分，连接附着中等结实程度（110°）的个体评给 25 分，连接附着充分紧凑（130°）的个体评给 45～50 分，即 110°±10°，线性评分（25±5）分。该形状与奶牛健康状况有关。

（10）后房高度（rear udder height）：主要依据乳汁分泌组织的顶部到阴门基部的垂直距离进行线性评分。该距离为 20cm 的个体评给 45 分，该距离为 25cm 的个体评给 35 分，该距离为 30cm 的个体评给 25 分，该距离为 35cm 的个体评给 15 分，该距离为 40cm 的个体评给 5 分。后房高度可显示奶牛的潜在泌乳能力。

（11）后房宽度（rear udder width）：主要依据后房左右两个附着点之间的宽度进行线性评分。后房极窄的个体（小于 7cm）评给 1～5 分，中等宽度的个体（15cm）评给 25 分，后房极宽个体（大于 23cm）评给 45～50 分。该形状与奶牛的潜在泌乳能力有关。

（12）悬韧带（乳房悬垂、乳房支持）（udder cleft）：主要依据后视乳房中央悬韧带的表现清晰程度进行线性评分。中央悬韧带松弛没有房沟的个体评给 1~5 分，中央悬韧带强度中等表现明显二等分房沟的个体（沟深 3cm）评给 25 分，中央悬韧带呈结实有力且房沟深的个体（沟深 6cm）评给 45~50 分。通常认为，强度高的悬韧带是当代奶牛的最佳体型。

（13）乳房深度（udder depth）：主要依据乳房底平面与飞节的相对位置来进行线性评分。乳房底平面在飞节以下的低深的个体（下 5cm）评给 1~5 分，乳房底平面在飞节稍上有适度深度的个体（上 5cm）评给 25 分，乳房底平面在飞节上有极深的个体（15cm 以上）评给 45~50 分，即（5±1）cm，线性评分（25±2）分。

（14）乳头位置（udder placement rear view）：主要依据后视前乳头在乳区内分布情况进行线性评分。乳头基底部在乳区外侧、乳头离开的个体评给 1~5 分，乳头位置在各乳房中央部位的个体评给 25 分，乳头在乳区内侧分布、乳头靠得近的个体评给 45~50 分。通常认为，乳头分布靠得近的体型是当代奶牛的最佳体型。

（15）乳头长度（teat length）：主要依据前乳头长度进行线性评分。长度为 9.0cm 的个体评分为 45 分，长度为 7.5cm 的个体评分为 35 分，长度为 6.0cm 的个体评分为 25 分，长度为 4.5cm 的个体评分为 15 分，长度为 3.0cm 的个体评分为 5 分。乳头长度与挤奶难易以及是否易受损伤有关。通常认为，当代奶牛的最佳乳头长度是 6.5~7.0cm。

整体评分及特征性状的构成（%）

特征性状具体性状的权重

体躯容积（15）体高 20	尻宽 15
胸宽 30	尻角度 10
体深 30	后肢侧视 20
尻宽 20	蹄角度 20
乳用特征（15）棱角性 60	泌乳系统（40）前房附着 20
尻宽 10	后房高度 15
尻角度 10	后房宽度 10
后肢侧视 10	悬韧带 15
蹄角度 10	乳房深度 25
一般外貌（30）体高 15	乳头位置 7.5
胸宽 10	乳头长度 7.5
体深 10	

第二章　产奶管理

1. 个体日产奶记录

如图 1 - 2 - 1 所示，用于记录每天牛只泌乳量，点击选中选择输入可以输入此班次产奶量。先选择牛号和日期，系统会根据所给牛号和日期刷新界面；然后，确认该奶牛的产奶类型及当前胎次；最后，可按照记录表依次输入相应的产奶记录、记录员及挤奶方式等，按"提交"按钮保存数据。

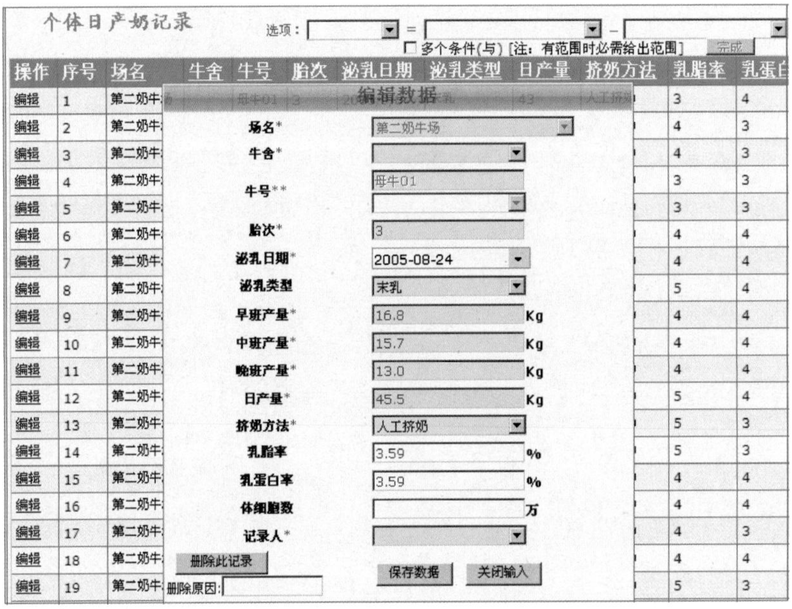

图 1 - 2 - 1　个体日产奶记录

2. 牛舍日产奶记录

如图 1 - 2 - 2 所示，用于记录每天各牛舍泌乳量，点击选中选择输入可以输入此班次产奶量。牛群日产奶记录是按照牛舍分类记录牛群产奶生产情况的记录表格。先输入牛舍编号及日期，系统会刷新录入界面；然后分别输入其他相应的数据，用鼠标点击"提交"即可保存。查看当前牛舍和全部的产奶记录列表，系统在当前牛舍产奶记录列表。

图 1 – 2 – 2　牛舍日产奶记录

3. 牛奶日支出记录

用于记录鲜奶支出情况，系统提供了牛乳支出数量、用途等项目。

4. 牛奶质量标准维护

用于管理鲜奶等级标准指标。系统提供对标准的新添、修改及删除等功能。点击"添加"按钮，出现添加标准界面，可以根据需要加入新的质量等级标准。标准的"等级编号"系统设置为 2 个字符长度，可以选择输入 1 个或 2 个英文字母。点击"编辑"，出现修改标准界面，可以根据需要对当前质量等级标准进行修改，修改完毕，按"提交"保存数据。

5. 生产性能测定报告（DHI）

如果参加了生产性能测定（DHI）（图 1 – 2 – 3），这里可以录入测定记录，系统可做进一步的统计分析。

6. 鲜奶发运记录

输入运送重量，称重人员，运送人员运送车号后，选择运送单位编号，存盘后，系统自动生成运送单编号，运送单编号格式为年 4 位、月 2 位、日 2 位，当天运送次序 1 位，如 2004.04.23 第一次运送的运送单号为 200404231。

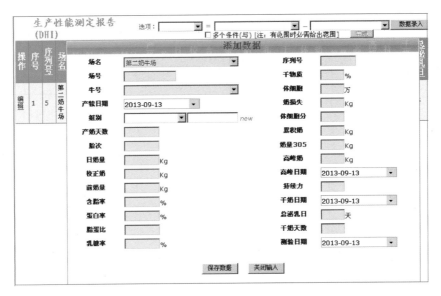

图 1 - 2 - 3　生产性能测定报告（DHI）

7. 牛奶全奶固体指标

牛奶全奶固体指标制图可根据场里的各次奶样检测记录绘出牛奶的全奶固体含量的时间变化趋势图（图 1 - 2 - 4）。

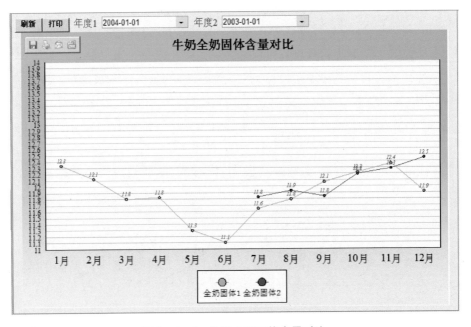

图 1 - 2 - 4　牛奶全奶固体含量对比

8. 牛奶体细胞指标

体细胞指标制图则绘出牛奶样品中体细胞含量比值的时间变化柱型图（图1-2-5）。

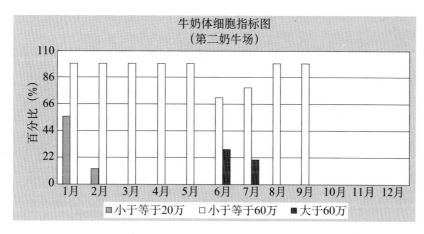

图1-2-5　牛奶体细胞指标

9. 牛奶细菌指标

细菌指标制图则绘出牛奶样品中细菌含量比值的时间变化柱型图。

10. 牛奶脂肪蛋白指标

脂肪蛋白质指标制图可根据场里的各次奶样检测记录绘出牛奶的蛋白质和脂肪含量的时间变化趋势图。

第三章　牛群繁殖

1. 公牛基本信息

查看种公牛的基本情况（图 1 –3 –1）。

公 牛 一 览 表

公牛数：5　　2013年9月12日　　排序：牛号　　导出到Excel

场名	牛号	标记	品种	DHI	出生地	出生日期	出生重	毛色	父号	母号	在群否
第二奶牛场	公牛01		荷斯坦	1			0.0	黑白花	15	16	
第二奶牛场	公牛02		荷斯坦	2			0.0	黑白花	15	16	
第二奶牛场	公牛03		荷斯坦	3			0.0	黑白花	15	16	
第二奶牛场	公牛04		荷斯坦	4			0.0	黑白花	15	16	
第二奶牛场	公牛05		荷斯坦	5			0.0	黑白花	15	16	

图 1 –3 –1　公牛基本信息

2. 公牛近交预测

在给定公牛号后，自动计算出该头公牛与其他母牛模拟配种，其后代的近交系数(图 1 –3 –2)。结果可供育种人员参考。

公牛近交预测

公牛：公牛03

母牛数：40　　排序：　子代近交系数 <↓>　　导出到Excel

序号	母牛编号	子代牛号	子代近交系数	共同祖先
1	牛2961	TEMP12	0.3750	
2	牛2624	TEMP10	0.2500	
3	母牛03	TEMP5	0.2500	
4	牛2049	TEMP7	0.2500	
5	牛4500	TEMP19	0.2500	
6	牛4574	TEMP20	0.2500	
7	牛4635	TEMP21	0.1875	
8	牛8533	TEMP34	0.1250	
9	牛516	TEMP23	0.1250	
10	牛3312	TEMP14	0.1250	
11	牛259	TEMP9	0.1250	
12	牛9256	TEMP38	0.1250	
13	牛829	TEMP33	0.0625	
14	牛9552	TEMP39	0.0000	
15	母牛02	TEMP40	0.0000	
16	牛3431	TEMP15	0.0000	
17	牛4306	TEMP16	0.0000	
18	牛4434	TEMP17	0.0000	
19	牛4447	TEMP18	0.0000	
20	牛2934	TEMP11	0.0000	
21	牛2969	TEMP13	0.0000	
22	牛2318	TEMP8	0.0000	
23	牛1494	TEMP6	0.0000	
24	母牛08	TEMP1	0.0000	

图 1 –3 –2　公牛近交预测

3. 母牛近交预测

在给定母牛号后,系统自动计算出该母牛与其他公牛模拟配种所得后代的近交系数(图1-3-3)。结果可供奶牛场配种或管理人员参考。

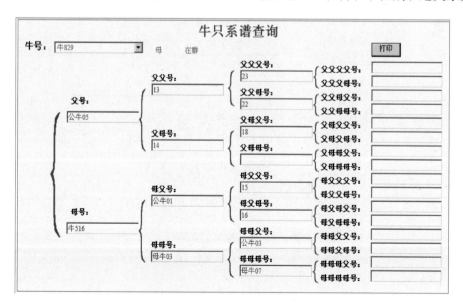

母牛近交预测

母牛: 牛9552				
公牛数:17		排序:子代近交系数 <↓>	导出到Excel	
序号	公牛编号	子代牛号	子代近交系数	共同祖先
1	牛565	TEMP14	0.2500	母牛02,牛8598,G001001,公牛01,公牛05,M001001
2	牛4745	TEMP12	0.1250	公牛01
3	牛1272	TEMP1	0.1250	G001001,公牛01,公牛05,M001001
4	牛2497	TEMP3	0.1250	G001001,公牛01,M001001
5	牛2661	TEMP4	0.1250	母牛02,牛8598,G001001,公牛05,M001001
6	牛3292	TEMP7	0.1250	公牛01
7	牛7682	TEMP16	0.0938	G001001,公牛01,公牛05,M001001
8	牛8268	TEMP17	0.0625	G001001,公牛01,公牛05,M001001
9	牛3225	TEMP6	0.0625	G001001,公牛05,M001001
10	牛4644	TEMP11	0.0625	公牛01
11	牛3645	TEMP8	0.0313	公牛05
12	牛2483	TEMP2	0.0313	公牛05
13	牛3180	TEMP5	0.0000	
14	牛376	TEMP9	0.0000	
15	牛3820	TEMP10	0.0000	
16	牛5219	TEMP13	0.0000	
17	牛7665	TEMP15	0.0000	

图1-3-3 母牛近交预测

4. 牛只系谱查询

如图1-3-4所示,用于查询公母牛的四代谱系情况、在群否、性别和近交系数。

图1-3-4 牛只系谱查询

5. 计算近交系数

自动计算基本信息表中所有牛的近交系数。从外面购入的牛如果没有系谱，则其近交系数不会改变，保持初始录入状态。当某个牛的近交系数的计算结果为零时，将不改写该牛在基本信息表中原有录入的近交系数。

近交系数　表示某一个体，由于近交而造成的任何一个位点上具有相同等位基因的概率，也即形成该个体的两个配子间的相关系数。

计算公式：

$$F_X = \sum \left[\left(\frac{1}{2}\right)^N \times (1 + F_A) \right]$$

式中：F_X——X 个体的近交系数；

$\sum$—— 总和的符号；

F_A—— 共同祖先本身的近交系数；

N—— 从个体的父亲通过共同祖先到个体的母体的连线上所有的个体数。

6. 冻精领用记录

一个冻精领用管理模块（图 1-3-5）。选择冻精编号后有该冻精的库存信息提示。

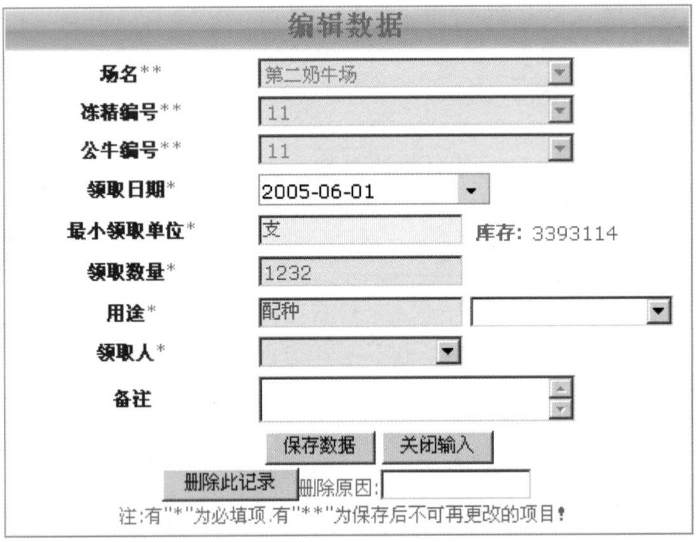

图 1-3-5　冻精领用记录

7. 冻精库存查询

可以查询冻精的库存情况。

8. 冻精库存维护

一个冻精的入库维护模块（图1-3-6）。

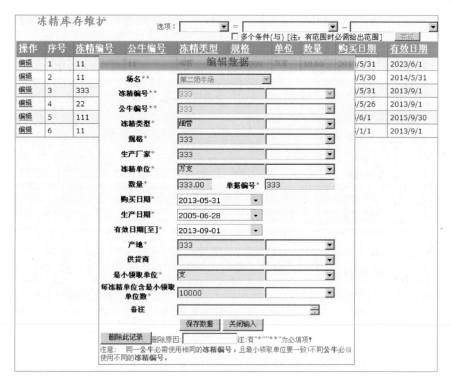

图1-3-6　冻精库存维护

第四章 饲养与饲料

1. 日粮领用记录

一个日粮领用管理模块（图1-4-1）。选择日粮编号后有该日粮的库存信息提示。

图1-4-1 日粮领用记录

2. 日粮库存查询

对日粮库存的查询模块。

3. 日粮信息维护

日粮入库管理模块。

4. 饲养方案变更

奶牛在不同生长、生产、生理状况下，对营养的需要会发生变化。依据奶牛营养需要，选择适宜的日粮精料补充料配方，对提高奶牛生产水平，降低饲料消费，减少环境污染等都有很重要的作用。先分别选择牛号和日期，"当前配方"中的数据指明该牛只当前所用精料补充料配方。用户可在"执行配方"处点击下拉框，选择需要的精料补充料配方,同时注意观察"配方类型"中的数据是否适合当前牛只类型,并输入变更原因及人员等信息(图1-4-2)。

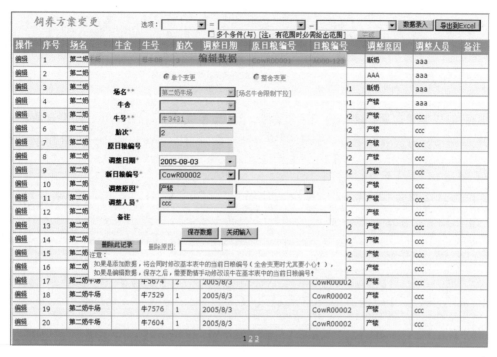

图1-4-2 饲养方案变更

第五章　疾病与防疫

1. 奶牛常见疾病

这里将奶牛的常见病统一分门别类放置，便于相关人员查阅参考。如果选择发病类型或感染部位，可以只列出某一类疾病。选择打印可打印当前疾病资料。这里的疾病名称可供全局疾病名称下拉选框使用（图1-5-1）。

图1-5-1　奶牛常见疾病

2. 疾病治疗

病牛如果进行过治疗，应如实在此记录（图1-5-2）。治疗方法的描述应简明。治疗结果的痊愈状态是与疾病报告表相互连动的。提交后，治疗结果记入疾病治疗表。如果开新处方，新处方将会存入处方表。为保障历史资料的准确性，这里的处方一旦保存，不可再更改！

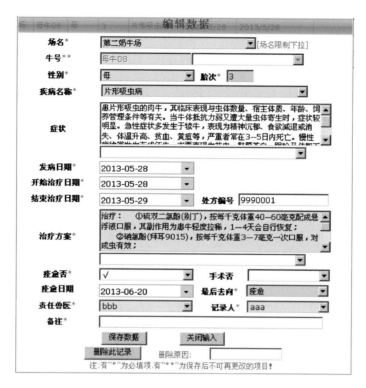

图 1 – 5 – 2　疾病治疗记录

3. 检疫和免疫

如图 1 – 5 – 3 所示，可录入牛只的免疫和检疫记录。

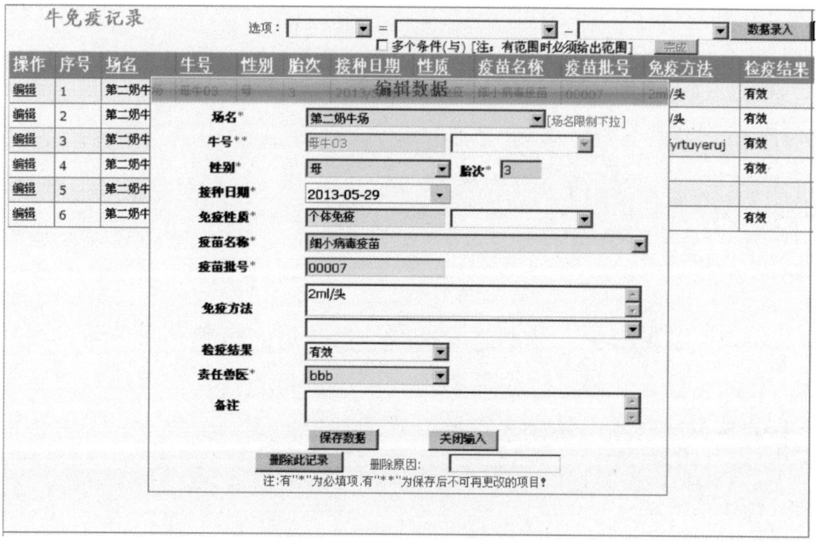

图 1 – 5 – 3　检疫和免疫记录

4. 牛舍消毒

可录入牛舍清洁与消毒记录。

5. 盲乳头记录

如图 1 – 5 – 4 所示，可录入牛只的盲乳头记录。盲乳头对牛只乳房的泌乳能力的损害是很大的，应高度重视，尽量在备注中说明造成盲乳头的原因，便于今后避免或减少盲乳头的发生。

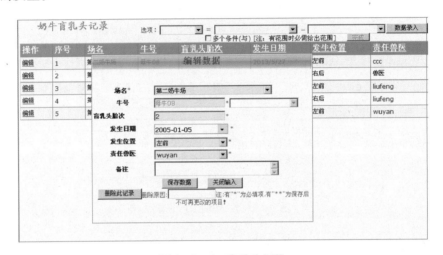

图 1 – 5 – 4　盲乳头记录

6. 兽药领用记录

一个兽药领用管理模块。选择兽药编号后有该兽药的库存信息提示。

7. 兽药库存查询

可以查询兽药的库存情况。

8. 兽药产品维护

一个兽药的入库维护模块。最小领取单位是指领用时该兽药可分解的最小单位，如小包、安瓶、针剂、粒等。每单位含最小领取单位数是指每个入库单位（大包、箱、大瓶等）所含有的小分装（可分解的最小单位）的数量。

9. 疾病治疗中

该模块只是列出目前生病未愈，尚在治疗的牛的情况。

第六章 统计分析

1. 奶牛资料卡查询

如图 1-6-1、图 1-6-2 所示，奶牛资料卡是乳牛个体全方面信息的集中统计，包括基本信息、事件记录、产乳记录、繁殖记录、健康记录、体尺评分、线性评定和泌乳曲线。

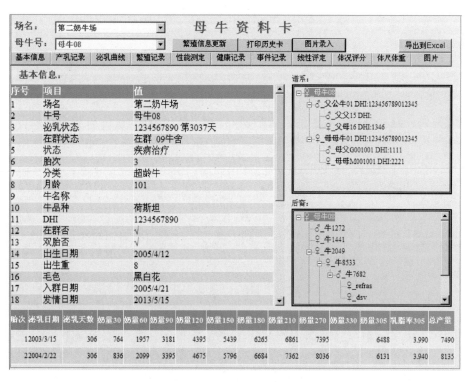

图 1-6-1 母牛资料卡查询——基本信息

基本信息：有从出生日期到离场日期等一系列关于奶牛的最新日期，有系谱和后裔列表，当前繁殖和泌乳状态，泌乳历史资料统计，以及最新移动、配方和盲乳头信息。

事件记录：列出了单个牛只的除健康以外的所有事件记录，包括发情、配种、产犊、流产、干奶等，是奶牛的生命历程的忠实记录。

产奶记录：列出了奶牛的各胎次 305 天奶量、乳脂率、乳蛋白率、胎次总奶量等。

性能测定：列出了该牛的一系列胎次产奶性能测定值，包括早中晚班奶量、日产奶

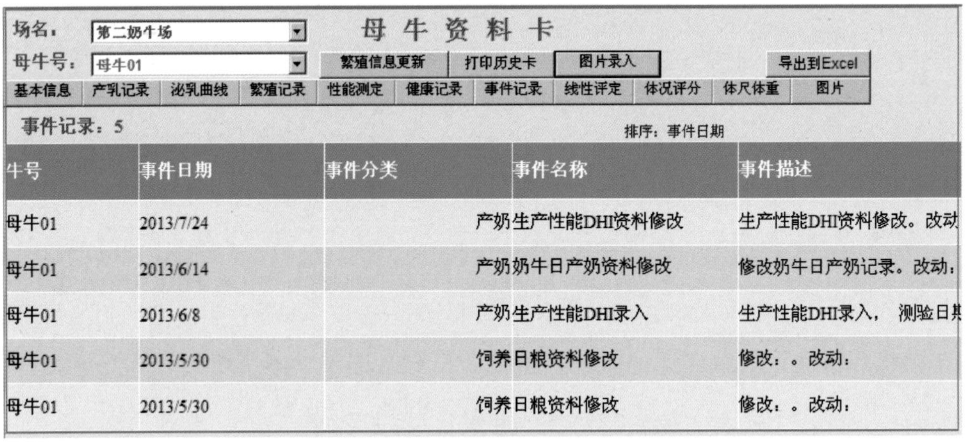

图 1 - 6 - 2　母牛资料卡查询——事件记录

量、校正产奶量、乳脂率、乳蛋白率和体细胞数等。

繁殖记录：显示该牛的配种、初检、复检、流产、产犊以及犊牛编号性别等繁殖记录。

健康记录：显示牛只从出生到当天的疾病、免疫、修蹄、盲乳头等有关健康的各种事件。

体尺评分：主要显示牛只各月龄段的体尺测定记录和专家评分记录。

线性评分：显示牛只的综合线性评分记录，包括乳房深度分、体躯容积分、乳用特征、一般外貌和泌乳系统等。

泌乳曲线：分胎次显示母牛的 305 天泌乳曲线，可直观地看出母牛的胎次泌乳特性。泌乳期没有结束的也可显示。

2. 繁殖配种受胎统计

综合统计出全场给定时间内的年总受胎率、年情期受胎率、年空怀率、年综合受胎指数、年漏情率、初配受胎率、产后第一次配种受胎率、胎间距、初产月龄、产犊后 50 天内出现第一次发情的母牛比率、正常发情周期的比率、产后第一次配种的平均天数、配种 3 次以下即孕母牛比率、半年以上未妊牛只比率、年流产率、年繁殖率（图 1 - 6 - 3）。

用户选择要进行统计的开始日期和结束日期，然后点击刷新按钮，系统会提示数据更新完毕。需要注意的是：改变开始日期时，系统会自动把日期定到这个月的 1 日，然后再向前加一年得到结束日期；改变结束日期时，系统会自动把日期定到这个月的最后一天，但开始日期不随之变化。系统默认的开始日期是当前日期往前推一年。结果项为最终结果，可以根据旁边的正常指标数据进行对比。

刷新　开始：2012-01-01　结束：2012-12-31　牛场：第二奶牛场　导出到Excel

数据时间：2012/1/1 至 2012/12/31

序号	项目	结果	正常指标	备注
01	年总受胎率	0.00	>=95%	指年内受胎母牛总数与受配母牛总数的百分比。
02	年情期受胎率	0.00	>=58%	指年内受胎母牛总数与受配情期总数的百分比。
03	年空怀率	751.51	<=5%	指年内平均空怀头数与平均饲养头数的百分比。
04	年综合受胎指数	0.00	>=0.55	是以总受胎率、情期受胎率、空怀率为基础数据的牛群繁殖力综合指标。
05	年漏情率	0.00	<=15%	指年内大于正常发情周期天数一倍以上的发情周期期数占总发情周期期数的百分比。
06	初配受胎率	0.00	>=75%	指青年母牛首次配种的受胎率。
07	产后第一次配种受胎率	0.00	>=65%	指成年母牛产后第一配种情期的受胎率。
08	胎间距	0.00	<=385天	指牛群中全部母牛两次产犊之间的平均间隔天数。
09	初产月龄	110.53	<=30月龄	指牛群中全部青年母牛首次产犊的平均年龄，即由青年牛转为成年牛的平均年龄。
10	产犊后50天内出现第一次发情的母牛比率	100.00	>=80%	指成母牛群中产后50天内发现发情母牛占同期分娩母牛的百分比。
11	正常发情周期的比率	0.00	>=90%	指全群母牛出现的发情周期总数中，属于18～24天正常发情周期所占的百分比。
12	产后第一次配种的平均天数	0.00	70至90天	指分娩日（0天）到产后首次配种日的平均间隔天数。
13	配种三次以下即孕母牛比率	0.00	>=94%	指全群母牛在三个受配情期以下（含三个情期）即配孕的母牛占同期所有参加配种母牛的百分比。
14	半年以上未妊牛只比率	0.00	<=5%	指年内产后半年以上未孕的成母牛数和24月龄以上未孕的青年母牛数占应配母牛头数的百分比。
15	年流产率	0.00	<=6%	指年内流产母牛头数与繁殖母牛总数（包括流产母牛数）的百分比。
16	年繁殖率	2.50	>=92%	指年内实际繁殖母牛头数占应繁母牛头数的百分比。
17	60天以上未配率	0.00	<=15%	指年内产后60天以上未配的成母牛数和20月龄以上未配的青年母牛数占应配母牛头数的百分比。
18	90天以上未孕率	0.00	<=10%	指年内产后90天以上未孕的成母牛数和21月龄以上未孕的青年母牛数占应配母牛头数的百分比。

图 1－6－3　繁殖配种受胎统计

3. 应配奶牛表

列出所有当前应该配种的成年奶牛。

4. 妊娠奶牛表

可列出所有当前已经怀孕的母牛。

5. 应配青年奶牛表

可列出所有应该配种的青年母牛。

6. 产后未孕奶牛表

可列出所有分娩或流产后没有怀上犊的母牛。

7. 胎次产奶量分布

模块功能：分产奶档次、分胎次统计出各胎次牛的全期产奶量，并分产奶档次汇总成总产奶量分布图（图 1－6－4）。

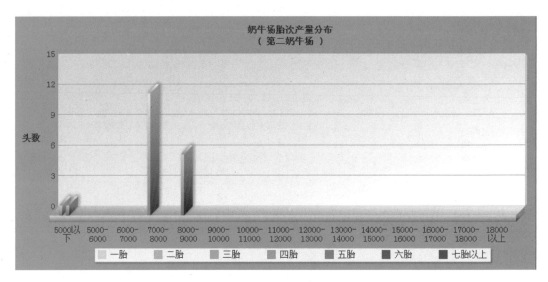

图1-6-4 胎次产奶量分布

8. 日均产奶图

当用户给定时间范围时，系统绘制出全场牛只的日均产奶趋势图。反映泌乳牛在一段时间内的平均产奶能力（图1-6-5）。

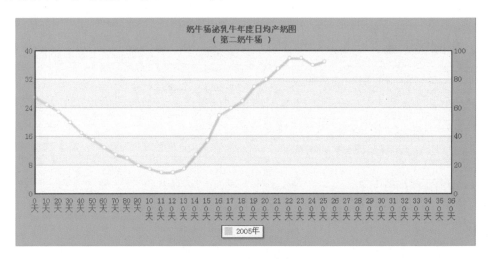

图1-6-5 日均产奶图

9. 日产奶量图

当用户给定时间范围时，系统绘制出全场牛只的日产奶总量趋势图。曲线的高低与走势反映出这段时间里全场牛奶产量的真实情况。

10. 母牛年度配种

不同年度间的母牛配种数量对比（图1-6-6）。

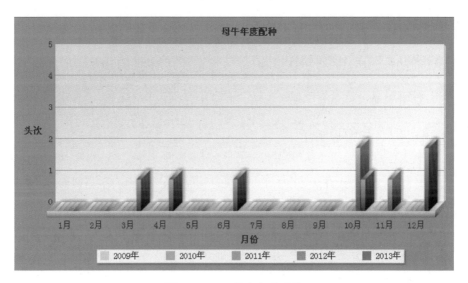

图1-6-6 母牛年度配种

11. 母牛年度受孕

不同年度间的母牛受孕数量对比（图1-6-7）。

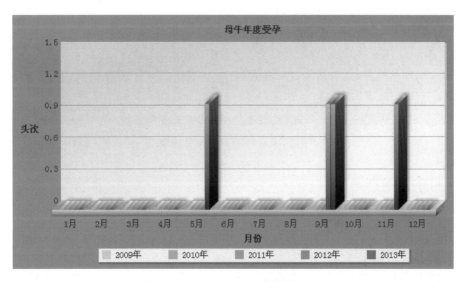

图1-6-7 母牛年度受孕

12. 母牛年度未孕

不同年度间的母牛未孕数量对比。

13. 母牛年度产犊

不同年度间的母牛产犊数量对比。

14. 母牛年度流产

不同年度间的母牛流产数量对比。

15. 母牛年度乳腺病

不同年度间的母牛得乳腺病数量对比（图1-6-8）。

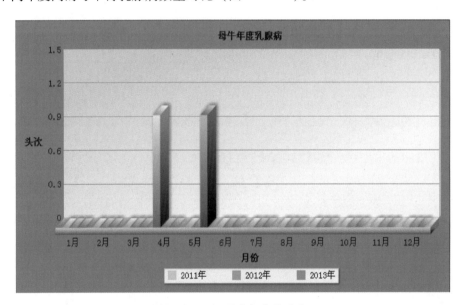

图1-6-8 母牛年度乳腺病

16. 母牛年度产奶

不同年度间的奶牛月产奶量对比（图1-6-9）。

17. 成乳牛年度头天

不同年度间的成乳牛头天对比。

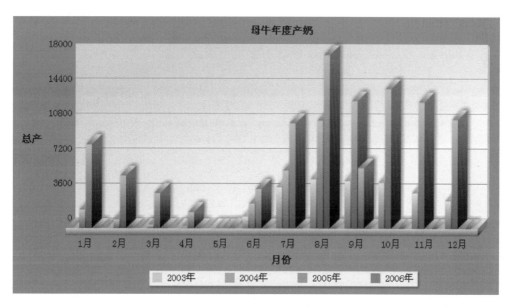

图1-6-9 母牛年度产奶

18. 成乳牛年度单产

不同年度间的成乳牛日均单产对比（图1-6-10）。

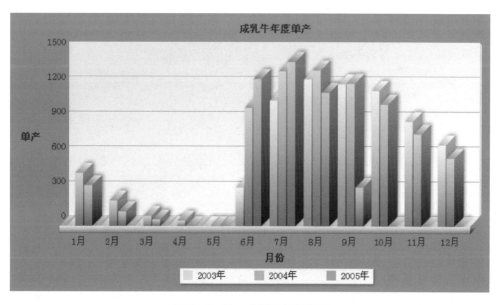

图1-6-10 成乳牛年度单产

19. 泌乳曲线

可查看每头母牛的各胎次305天泌乳曲线（图1-6-11）。

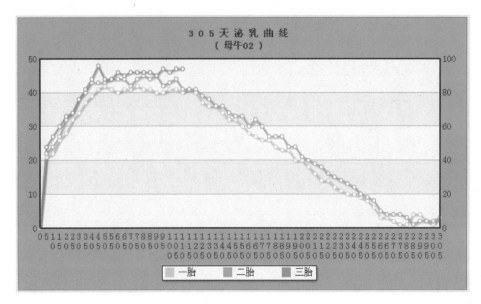

图1-6-11　305天泌乳曲线

20. 母牛胎次结构

牛群胎次结构图则直观地表示各胎次牛在母牛群中的比例（图1-6-12）。

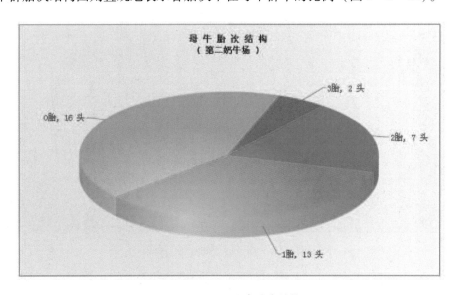

图1-6-12　母牛胎次结构

21. 胎次结构分析

可与用户进行交互式地显示牛群各胎次的牛只头数，以及它们的当前状态列表（图 1 − 6 − 13）。

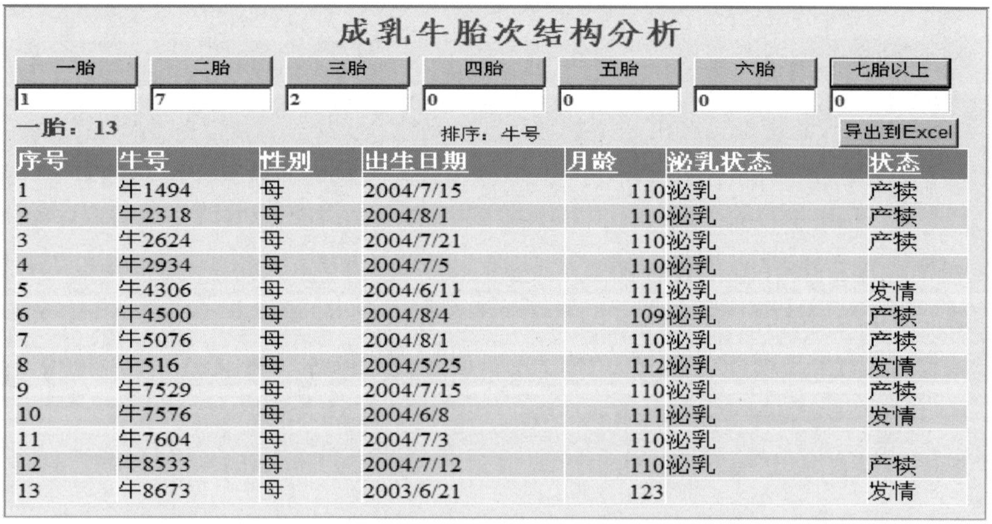

成乳牛胎次结构分析

	一胎	二胎	三胎	四胎	五胎	六胎	七胎以上
	1	7	2	0	0	0	0

一胎：13　　　　排序：牛号　　　　导出到Excel

序号	牛号	性别	出生日期	月龄	泌乳状态	状态
1	牛1494	母	2004/7/15	110	泌乳	产犊
2	牛2318	母	2004/8/1	110	泌乳	产犊
3	牛2624	母	2004/7/21	110	泌乳	产犊
4	牛2934	母	2004/7/5	110	泌乳	
5	牛4306	母	2004/6/11	111	泌乳	发情
6	牛4500	母	2004/8/4	109	泌乳	产犊
7	牛5076	母	2004/8/1	110	泌乳	产犊
8	牛516	母	2004/5/25	112	泌乳	发情
9	牛7529	母	2004/7/15	110	泌乳	产犊
10	牛7576	母	2004/6/8	111	泌乳	发情
11	牛7604	母	2004/7/3	110	泌乳	
12	牛8533	母	2004/7/12	110	泌乳	产犊
13	牛8673	母	2003/6/21	123		发情

图 1 − 6 − 13　胎次结构分析

第七章　场内管理

1. 特别关注

"特别关注"是指牛只在出生、断奶、发情配种、干奶、分娩、生病等重要时刻所需要的管理人员的特别关注（图1-7-1）。这里是人为输入的需要特别关注的一个录入界面，此外，随着使用时间的推移，系统还会自动根据牛群的泌乳、繁殖、疾病等状况产生"特别关注"项目，自动添加到"特别关注牛只列表"。关注期过后10天，特别关注项目会自动被转移到"特别关注"历史库。由于系统会忽略"明天"的日期，如果真要录入明天的日期，可将"我要录入明天的日期"选上就行。

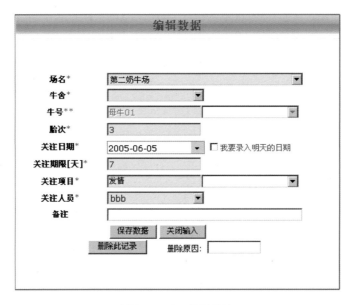

图1-7-1　特别关注

2. 职员管理

管理场内所有员工的基本情况，如编号、姓名、性别、身份证号、职位、电话等。职员表也是系统操作中所有有关人员姓名下拉选单的来源。如需要填兽医的地方，下拉选单里就会列出全部职位是兽医的人员。

3. 牛舍管理

一个对牛舍的简单管理模块。

4. 业务单位管理

有业务往来的相关单位的基本情况管理。包括公司的编号、名称、类型、负责人、联系人、地址、电话、传真、电邮、网址等。

5. 事件查询

系统具有事件记录功能。系统内的所有操作该牛一生的各种事件，以及兽药、饲料的进出库操作等，都会——记录在事件日记表里。这对一个完善的管理系统而言是必需的。如选择某个牛号后，有关该牛的所有事件都会按时间倒序列出，一目了然，用户可全面查看该牛的所有事件信息（图 1 - 7 - 2）。

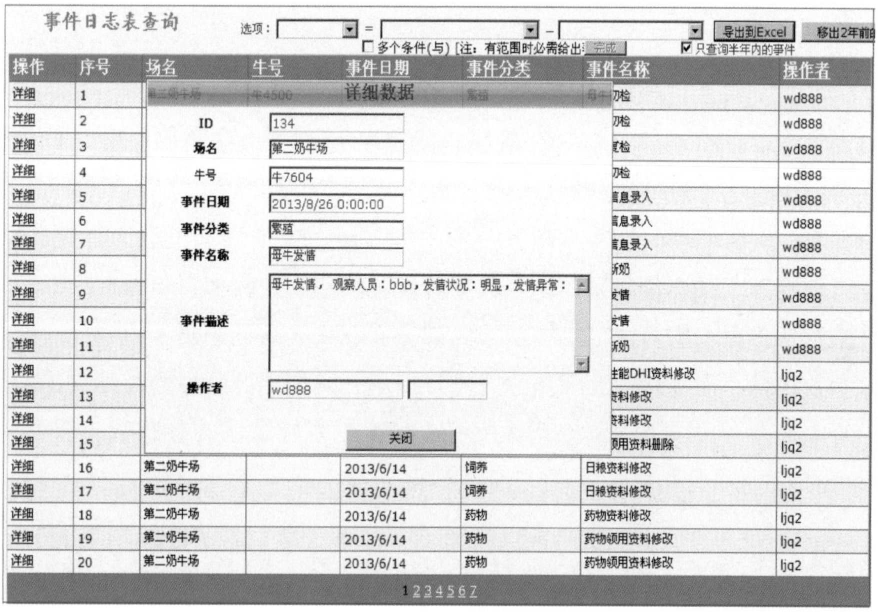

图 1 - 7 - 2　事件查询

6. 奶牛理论参数及提示参数设置

用于维护系统牛只的生长、繁殖、泌乳参数的参数值。所有参数的设置将影响系统的正常运行，系统数据的准确与否（图 1 - 7 - 3）。

管理员应使修改后的参数准确且符合本场实际。

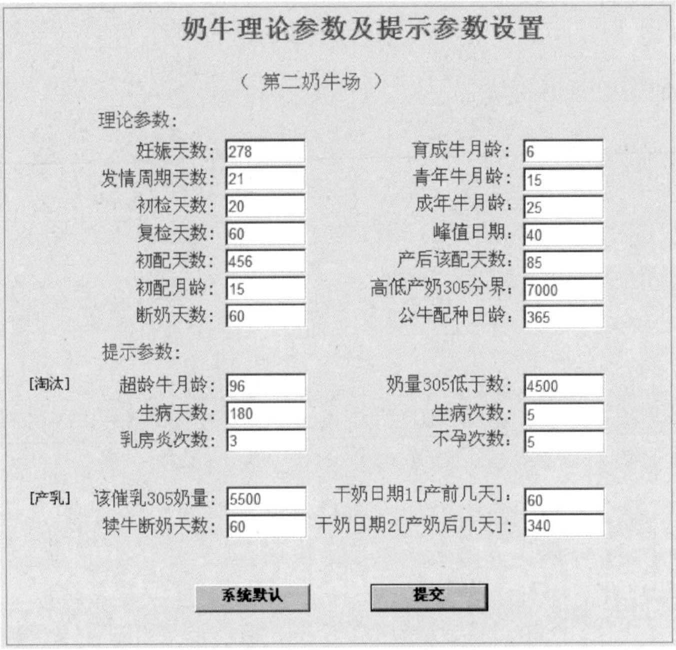

图 1 - 7 - 3　奶牛理论参数及提示参数设置

生长参数：将影响系统对牛只分类的自动维护功能。包括断奶天数、育成牛月龄、青年牛月龄、成年牛月龄、超龄牛月龄。

繁殖参数：将影响场内情况模块，包括初配月龄、发情周期天数、妊娠天数、初检天数、复检天数等。系统各部分都将会根据所设置的新的参数值自动处理。

泌乳参数：将影响场内情况模块中干乳部分和305天高低产奶牛的划分。

提示参数包括：淘汰和产乳两部分，今日提示就是根据这些参数计算得出的。

如果修改失败，可以点击系统默认按钮，将恢复系统默认的参数值，恢复后请注意保存，方可有效。

7. 已投产牛

指当前已经投入产奶的母牛。

8. 未投产牛

指当前尚未投入产奶的母牛。

9. 空怀母牛

应该怀犊而未怀上犊的母牛。

10. 产后未配

产犊（或流产后）尚未配种的母牛。

11. 已孕母牛

已经初检确定"已孕"或复检确定"有胎"的母牛。

12. 产犊间隔

已产两胎以上的母牛，每两次产犊之间所经历的天数。如果异常，可能是相关记录有误（图1-7-4）。

场名	牛号	月龄	胎次	间隔1 2	间隔2 3	间隔3 4	间隔4 5	间隔5 6	间隔6 7	间隔7 8	间隔8 9
第二奶牛场	母牛03	152	3	343天							
第二奶牛场	母牛08	101	3	354天	346天	359天					
第二奶牛场	母牛01	174	3		308天						
第二奶牛场	牛1180	118	2	343天							
第二奶牛场	牛2049	123	2	339天							
第二奶牛场	牛2961	123	2	344天							
第二奶牛场	牛3431	123	2	355天							
第二奶牛场	牛5674	122	2	346天							

产犊间隔一览表　母牛数：11　2013年9月11日　排序：胎次 <↓>　导出到Excel

图1-7-4　产犊间隔

13. 低产奶牛

305天平均产奶量低于等于7 000kg的母牛为低产母牛。高低产母牛的界定奶量（7 000kg）可以由用户在母牛参数表中自行调整。

14. 高产奶牛

305天平均产奶量高于7 000kg的母牛为高产母牛。高低产母牛的界定奶量（7 000kg）可以由用户在母牛参数表中自行调整。

15. 核心母牛

经专家评定后标记为"核心母牛"的母牛。

16. 病牛

生病正在治疗尚未痊愈的牛。

17. 今日提示

提示每天需要关注和操作的各项有关奶牛的日常工作。有发情配种、初检复检、产犊泌乳、干奶、催乳、淘汰和犊牛断奶等（图1-7-5）。

今日提示：发情配种

合计：33　　　　2013年10月22日

场名：第二奶牛场 ▼ | 发情配种 | 初检复检 | 产犊泌乳 | 干奶 | 催乳 | 淘汰 | 犊牛断奶 | 导出Excel

序号	提示项	原因	操作日期	牛号	牛舍	月龄	生分类	已产胎次	泌乳状态	状态	产犊天数	泌乳天数	配种天数	免疫天数
1	配种	产犊2个月后没有配种	2013-10-22	牛099	09	53	成年牛	2		位置变更				
2	配种	注意观察发情，可配种	2013-10-22	牛1180	03	123	超龄牛	2	泌乳	产犊	2977		299	
3	配种	产犊2个月后没有配种	2013-10-22	牛1441	09	100	超龄牛			位置变更				
4	配种	产犊2个月后没有配种	2013-10-22	牛1494	03	111	超龄牛	1	泌乳	产犊	2989		3267	
5	配种	注意观察发情，可配种	2013-10-22	牛2049	03	124	超龄牛		泌乳	发情	3051		380	
6	配种	产犊2个月后没有配种	2013-10-22	牛259	09	105	超龄牛			位置变更				
7	配种	产犊2个月后没有配种	2013-10-22	牛2624	03	111	超龄牛	1	泌乳		2986		3264	
8	配种	产犊2个月后没有配种	2013-10-22	牛2934	03	112	超龄牛	1	泌乳		3014		3292	
9	配种	注意观察发情，可配种	2013-10-22	牛2961	03	124	超龄牛	2	泌乳	产犊	2990		377	
10	配种	产犊2个月后没有配种	2013-10-22	牛2969	09	99	超龄牛			位置变更				
11	配种	产犊2个月后没有配种	2013-10-22	牛3312	09	98	超龄牛			位置变更				
12	配种	产犊2个月后没有配种	2013-10-22	牛3431	03	124	超龄牛	2	泌乳		3032		3310	
13	配种	产犊2个月后没有配种	2013-10-22	牛4306	03	113	超龄牛	1	泌乳	发情	3035		3313	

图1-7-5　今日提示

第八章　系统维护

1. 重新登录

如果需要，此处可以重新以不同的身份进行登录（图1-8-1）。用户通过重新登录可以登录到属于自己的用户名下，操作自己的数据库。用户通过"新注册"可以注册新的用户（图1-8-2），新用户的默认数据库为演示库（cow_ demo），在系统管理员指派一个牛场的数据库后，新用户就可正常工作了。

图1-8-1　用户登录界面

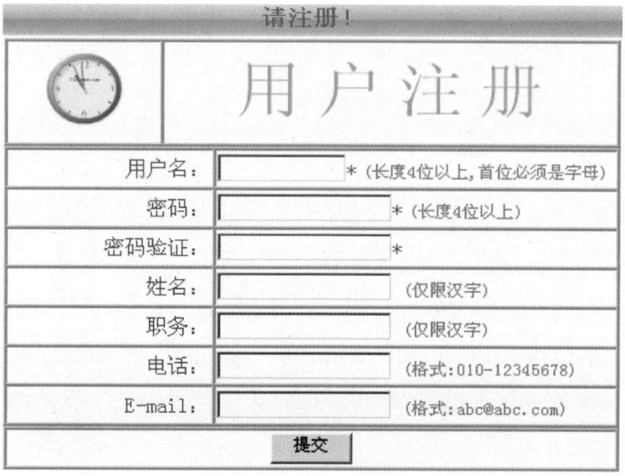

图1-8-2　用户注册界面

2. 用户自维护

如图 1 – 8 – 3 所示，用户自维护就是用户维护自己的相关资料，如姓名、职务和密码等，但用户名称、登记日期、默认库和用户组不可更改，如果要更改，只能由系统管理员在"用户管理"时另行指定默认库和用户组。

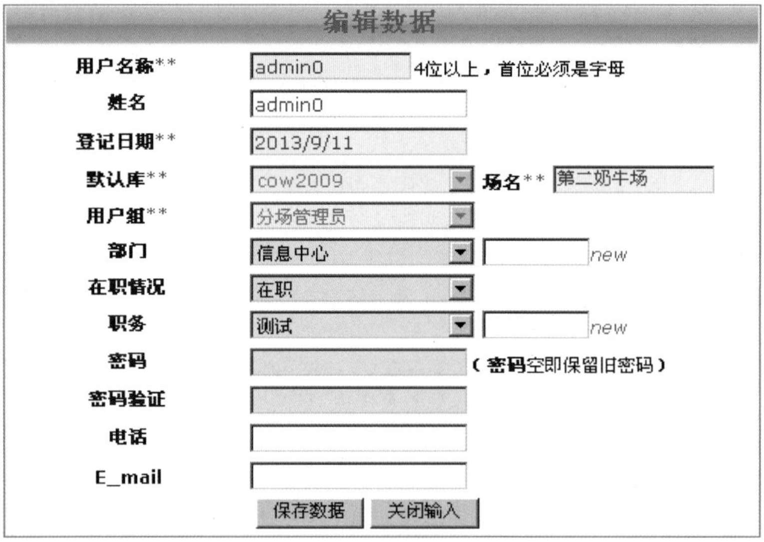

图 1 – 8 – 3　用户自维护

3. 系统日志

与事件查询不同，系统日志记录的是系统使用方面的事件，如什么人什么时间登录系统，什么时间有新的人注册，哪个管理员对哪个数据库做了什么操作等，事无巨细统统记录在案，事后便于系统的安全检查。只有"系统管理员"组的成员才有权力查看系统日志（图 1 – 8 – 4）。

4. 用户管理

如图 1 – 8 – 5、图 1 – 8 – 6 所示，用户管理是管理人员对使用系统的用户的管理，包括添加新用户、指派用户给用户组、指派数据库给用户、删除用户等。但对系统保留的内定用户如超级管理者（Administrator）和演示用户（demo）不可修改或删除！

超级管理者（Administrator）的初始密码为"admin"，系统启用后超级管理者可以自行更改密码。

只有"管理员"组的成员才有权力进行用户管理。

定义用户指定菜单：系统管理员除了给用户分配不同的组（即权限）外，在这里还

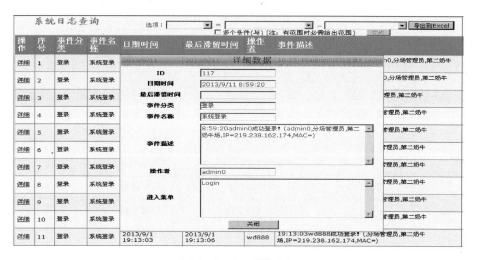

图 1 - 8 - 4　系统日志

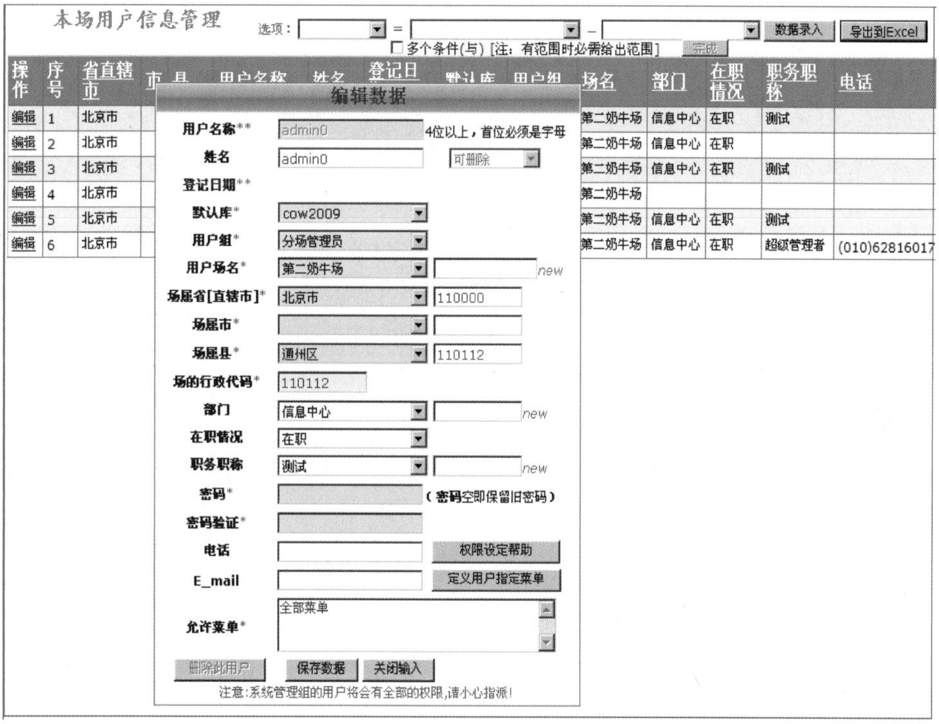

图 1 - 8 - 5　用户管理

可以给用户指定哪些用户可以进去的菜单。

　　只有具备一定的用户权限同时又具有进入某个菜单的权力，用户才能进入该菜单完成一定的操作。两者缺一不可。

　　原则：用户组身份决定用户能干什么操作。菜单权限则决定用户可以进入什么菜单。

全选 全不选 放弃 权限定义完成

序号	允许否	菜单名称	菜单归类
1	☑	个体日产奶记录	产乳管理
2	☑	牛舍日产奶记录	产乳管理
3	☑	牛奶日支出记录	产乳管理
4	☑	牛奶质量检验记录	产乳管理
5	☑	牛奶质量标准维护	产乳管理
6	☑	生产性能DHI	产乳管理
7	☑	鲜奶发运记录	产乳管理
8	☑	鲜奶价格管理	产乳管理
9	☑	牛奶全奶固体指标	产乳管理
10	☑	牛奶体细胞指标	产乳管理
11	☑	牛奶细菌指标	产乳管理
12	☑	牛奶脂肪蛋白指标	产乳管理

图 1-8-6　用户管理—权限设定

（1）演示用户：可以进入大部分菜单，但只可以查看“演示数据［cow_ demo］”，对生产数据不可见！拥有部分操作权限，其操作与“系统”无关！

（2）普通用户：进入“指定菜单”，查看分场的数据。没有分场内数据的操作权限。

（3）录入员：进入“指定菜单”，查看分场的数据，但只拥有分场内数据的录入和修改权限！

（4）录入编辑员：进入“指定菜单”，查看分场的数据，只拥有分场内数据的录入、修改和删除权限！

（5）分场管理员：进入“指定菜单”，查看分场的数据，拥有分场内大部分操作权限！如数据的录入、修改、删除、导出和统计等。

（6）系统管理员：可以查看全部菜单，可以查看全部场的数据，拥有全部操作权限！

5. 数据库备份

可以将当天及以前的数据进行备份，但只可以将数据备份在服务器的硬盘或移动硬盘上（图 1-8-7）。

备份后如果遇到“数据灾难”，有必要对数据进行恢复时，请与系统管理员联系。用户自己无法进行数据的恢复操作。

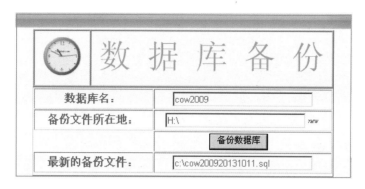

图 1-8-7 数据库备份

6. 数据表记录数

显示当前数据库里各个表的现有记录的数量（图 1-8-8）。

序号	表名	当前记录数
1	牛奶支出记录表	7
2	事件日志表	136
3	公司信息表	1
4	农户饲料领用记录表	<空>
5	冻精检测信息表	<空>
6	奶牛体尺体重记录表	3
7	奶牛日产奶记录表	8773
8	奶牛月产奶记录表	231
9	奶牛移动记录表	68
10	母牛产犊记录表	50
11	母牛修蹄记录表	2
12	母牛催乳记录表	3
13	母牛初检记录表	67
14	母牛发情记录表	130
15	奶牛基本信息录入表	66
16	母牛复检记录表	57
17	母牛干奶记录表	23
18	犊牛断奶记录表	15
19	母牛标记记录表	4
20	牛免疫记录表	6
21	母牛泌乳记录表	19
22	母牛流产记录表	3
23	离群淘汰记录表	5
24	特别关注表	5
25	母牛生产性能测定表	3

图 1-8-8 数据表记录数

第九章　系统运行平台

系统编程语言为 Microsoft Visual Studio 2005，C#、VB. net 和 JavaScript。

图表系统为 FusionCharts。

数据库系统为 Microsoft SQL 2005。数据存放于数据库服务器上，每天进行数据库完整双备份，可以最大限度地保障数据的安全。

系统运行于 windows 2003/2008 服务器平台，服务器需要安装 IIS 6. 0/7. 0。

客户端为 windows 系统，浏览器为 IE8. 0—10. 0（使用兼容模式），显示分辨率等于大于 1024×768。

如果客户端需要导出数据到 Excel，则客户端必须安装有 Office Excel 7. 0。

第二部分　奶牛配方系统操作系统说明及饲养与营养指南

第一章　奶牛饲料配方系统操作篇

1. 进入系统

初始设置的"用户名"为"USER"，口令"12345"。在进入窗口后，可以重新设置密码（图2-1-1）。

图2-1-1　进入系统的窗口

2. 系统主界面

如图2-1-2所示，系统的一级菜单主要包括：系统数据维护、泌乳奶牛配方优化（含青年母牛）、犊牛配方优化及系统操作说明。

在"系统数据维护"下，还包括4条二级条目，分别处理"奶牛综合饲料成分数据"、"犊牛每日营养需要量"、"泌乳奶牛及青年母牛营养需要"及"奶牛饲养、营养知识库"等。

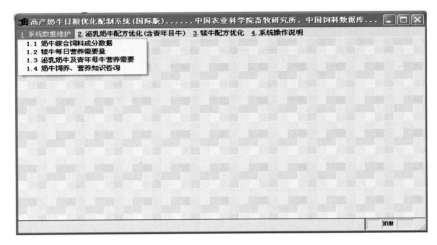

图2-1-2　系统主界面

当进入"奶牛综合饲料成分数据"，出现系统提供的所有原料数据库（图2-1-3）。

饲料名称	饲料类型	国际饲料号	方程类型	饲料描述	校正系数	干物质%	粗蛋白%	消化能M	代谢能M	原料描述
大麦青贮	禾本科牧草	3-00-512	粗饲料	湿	1.00	35.50	12.00	2.68	2.31	大麦青贮（带穗）
黄玉米青贮	禾本科牧草	3-28-247	粗饲料	湿	1.00	23.50	9.70	2.89	2.21	黄玉米青贮（未成熟，DM
黄玉米青贮	禾本科牧草	3-28-248	粗饲料	湿	0.94	35.10	8.80	2.99	2.34	黄玉米青贮（正常，DM32%
黄玉米青贮	禾本科牧草	3-28-249	粗饲料	湿	0.87	44.20	8.51	2.85	2.19	黄玉米青贮（成熟，DM>40
燕麦干草	禾本科牧草	1-09-099	粗饲料	干	1.00	85.00	9.11	2.47	1.84	燕麦干草（带穗）
燕麦青贮	禾本科牧草	3-21-843	粗饲料	湿	1.00	34.60	12.89	2.54	1.91	燕麦青贮（带穗）
黑麦青贮	禾本科牧草	3-21-853	粗饲料	湿	1.00	29.70	16.09	2.73	2.09	黑麦青贮（一年生，营养期）
高粱青贮	禾本科牧草	3-23-371	粗饲料	湿	1.00	28.80	9.10	2.50	1.84	高粱青贮（籽实用高粱）
小黑麦青贮	禾本科牧草	3-26-208	粗饲料	湿	1.00	32.00	13.81	2.59	1.94	小黑麦青贮
小麦青干草	禾本科牧草	1-05-170	粗饲料	干	1.00	86.10	9.40	2.33	1.71	小麦青干草（带穗）
小麦青贮	禾本科牧草	3-21-865	粗饲料	湿	1.00	33.30	12.01	2.55	1.92	小麦青贮（抽穗期）
小麦秸	禾本科牧草	1-05-175	粗饲料	干	1.00	92.70	4.80	2.04	1.43	小麦秸
狗牙根干草	豆科牧草	1-20-900	粗饲料	干	1.00	87.10	10.40	2.37	1.73	狗牙根干草（岸边种植，抽
冷季型草地牧草	豆科牧草	2-02-260	粗饲料	湿	1.00	20.10	26.52	3.18	2.44	冷季型草地牧草（集约管理
冷季型牧草干草	豆科牧草	1-02-212	粗饲料	干	1.00	84.00	18.00	2.89	2.21	冷季型牧草干草（未成熟，
冷季型牧草干草	豆科牧草	1-02-243	粗饲料	干	1.00	83.80	13.31	2.68	2.02	冷季型牧草干草（中熟，ND
冷季型牧草干草	豆科牧草	1-02-244	粗饲料	干	1.00	84.40	10.81	2.49	1.85	冷季型牧草干草（成熟，ND
冷季型牧草青贮	豆科牧草	3-02-217	粗饲料	湿	1.00	36.20	16.80	2.76	2.10	冷季型牧草青贮（未成熟，）
冷季型牧草青贮	豆科牧草	3-02-218	粗饲料	湿	1.00	37.40	16.81	2.57	1.93	冷季型牧草青贮（中熟，ND
冷季型牧草青贮	豆科牧草	3-02-219	粗饲料	湿	1.00	38.70	12.69	2.40	1.76	冷季型牧草青贮(成熟，NDF
混播干草	豆科牧草	1-02-275	粗饲料	干	1.00	84.30	18.40	2.85	2.18	混播干草（禾本科为主，HC
混播干草	豆科牧草	1-02-277	粗饲料	干	1.00	87.30	17.40	2.73	2.07	混播干草（禾本科为主，HC
混播干草	豆科牧草	1-02-280	粗饲料	干	1.00	84.70	13.31	2.57	1.92	混播干草（禾本科为主，HC
混播牧草青贮	豆科牧草	3-02-302	粗饲料	湿	1.00	47.10	18.00	2.65	2.12	混播牧草青贮
混播牧草青贮	豆科牧草	3-02-265	粗饲料	湿	1.00	44.50	17.60	2.72	1.96	混播牧草青贮（禾本科为主
混播牧草青贮	豆科牧草	3-02-266	粗饲料	湿	1.00	38.50	15.40	2.44	1.79	混播牧草青贮（禾本科为主
混播干草	豆科牧草	1-02-275	粗饲料	干	1.00	83.10	19.70	2.86	2.20	混播干草（禾本科、豆科各
混播干草	豆科牧草	1-02-277	粗饲料	干	1.00	85.30	18.41	2.71	2.05	混播干草（禾本科、豆科各
混播干草	豆科牧草	1-02-280	粗饲料	干	1.00	89.70	16.33	2.25	1.67	混播干草（禾本科、豆科各

图2-1-3　奶牛用饲料成分综合数据库

在图2-1-3下，任意双击指定的饲料名称，进入选定的饲料的所有成分。如选定的"大麦青贮"饲料（图2-1-4）。

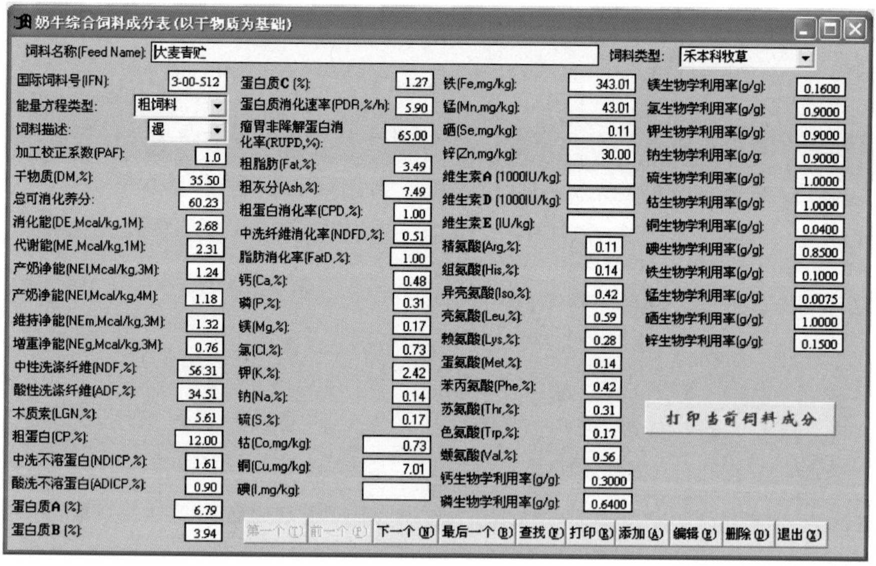

图 2－1－4　饲料数据的全屏显示与编辑

特别注意：本版提供的饲料成分均为绝干状态的饲料成分及养分（干物质含量除外）。数据来源于 NRC《奶牛营养需要量》2001 年版本。

建议：一般不要修改系统数据库中的成分含量，因为系统提供每种原料的数据是配套的，数据之间相互关联。但可以“添加”新的饲料成分。一般添加的原料系统自动追究在数据库的后面。

进入“泌乳奶牛及青年母牛营养需要”模块，出现的界面如下（图 2－1－5）。

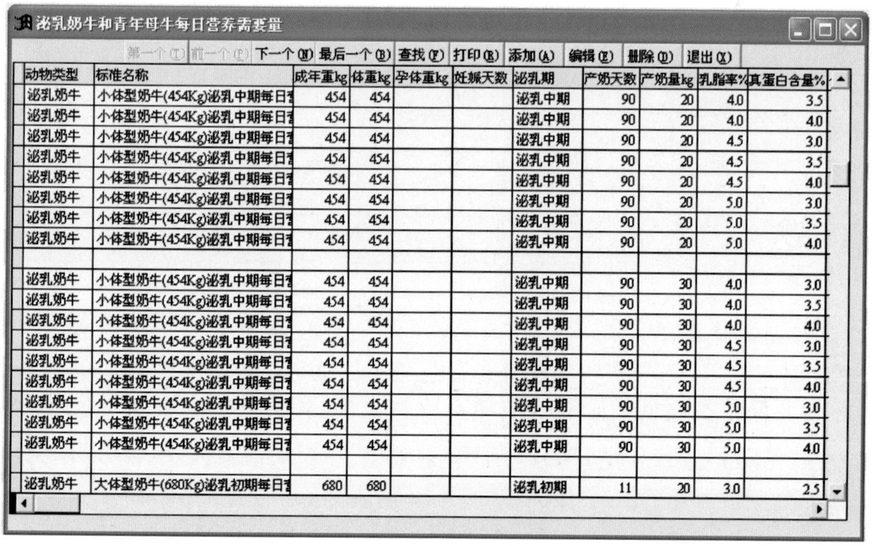

动物类型	标准名称	成年重kg	体重kg	孕体重kg	妊娠天数	泌乳期	产奶天数	产奶量kg	乳脂率%	真蛋白含量%
泌乳奶牛	小体型奶牛(454Kg)泌乳中期每日营	454	454			泌乳中期	90	20	4.0	3.5
泌乳奶牛	小体型奶牛(454Kg)泌乳中期每日营	454	454			泌乳中期	90	20	4.0	4.0
泌乳奶牛	小体型奶牛(454Kg)泌乳中期每日营	454	454			泌乳中期	90	20	4.5	3.0
泌乳奶牛	小体型奶牛(454Kg)泌乳中期每日营	454	454			泌乳中期	90	20	4.5	3.5
泌乳奶牛	小体型奶牛(454Kg)泌乳中期每日营	454	454			泌乳中期	90	20	4.5	4.0
泌乳奶牛	小体型奶牛(454Kg)泌乳中期每日营	454	454			泌乳中期	90	20	5.0	3.0
泌乳奶牛	小体型奶牛(454Kg)泌乳中期每日营	454	454			泌乳中期	90	20	5.0	3.5
泌乳奶牛	小体型奶牛(454Kg)泌乳中期每日营	454	454			泌乳中期	90	20	5.0	4.0
泌乳奶牛	小体型奶牛(454Kg)泌乳中期每日营	454	454			泌乳中期	90	30	4.0	3.0
泌乳奶牛	小体型奶牛(454Kg)泌乳中期每日营	454	454			泌乳中期	90	30	4.0	3.5
泌乳奶牛	小体型奶牛(454Kg)泌乳中期每日营	454	454			泌乳中期	90	30	4.0	4.0
泌乳奶牛	小体型奶牛(454Kg)泌乳中期每日营	454	454			泌乳中期	90	30	4.5	3.0
泌乳奶牛	小体型奶牛(454Kg)泌乳中期每日营	454	454			泌乳中期	90	30	4.5	3.5
泌乳奶牛	小体型奶牛(454Kg)泌乳中期每日营	454	454			泌乳中期	90	30	4.5	4.0
泌乳奶牛	小体型奶牛(454Kg)泌乳中期每日营	454	454			泌乳中期	90	30	5.0	3.0
泌乳奶牛	小体型奶牛(454Kg)泌乳中期每日营	454	454			泌乳中期	90	30	5.0	3.5
泌乳奶牛	小体型奶牛(454Kg)泌乳中期每日营	454	454			泌乳中期	90	30	5.0	4.0
泌乳奶牛	大体型奶牛(680Kg)泌乳初期每日营	680	680			泌乳初期	11	20	3.0	2.5

图 2－1－5　系统提供的奶牛及青年母牛营养需要量

系统提供的奶牛饲养标准来源于 NRC《奶牛营养需要量》2001 年版本中提供的表格，标准中包括对奶牛或青年母牛的描述，以及对养分的浓度需要量（％）及每日的养分的绝对需要量（Mcal/天，1cal = 4.186 8J，全书同，kg/天、g/天）等。一般情况下，不要对系统提供的需要量数据进行修改，但可以在其后进行日粮配方设计时，在生成配方模型之前进行调整或修改。尤其对日粮的精、粗比例的确定。

在图 2 – 1 – 5 下，通过移动窗口下的滚动钮，可以向右查看所有的养分项目。

3. 泌乳奶牛配方优化（含青年母牛）

如图 2 – 1 – 6 所示，窗口的上方为选用的用户原料窗口，包括使用的精饲料原料，如谷物类能量饲料、蛋白质原料、常量矿物质原料、尿素及脂肪添加剂；其次包括粗饲料：如干草、青贮饲料或青绿饲料等。一般的，组成微量元素添加剂及维生素添加剂的原料不要放入大料中进行优化，但可以将它们定义为复合添加剂作为一种原料放入配方用原料库中，固定每天的添加量，参加优化计算。

图 2 – 1 – 6　奶牛配方模型产生窗口

对尿素和脂肪（酸）的添加量建议：

尿素作为非蛋白氮原料，适量的添加可以有效满足日粮的粗蛋白需要量，建议的日添加量如下。

限制尿素的用量在 0.09 ~ 0.18kg/天。一些调查显示，当蛋白水平很高时，尿素的利用效率很低。

脂肪为补充能量的主要原料，适量地添加可以有效满足日粮的能量需要量，建议的日添加量如下（图2－1－6）。

当维持充足的纤维摄入量，每天饲喂0.45～0.68kg额外的脂肪可能增加能量摄入量。

在图2－1－6中的上下两个内容窗口之间，增加建立饲料原料临时库即用户库的功能按钮，可以进行“原料库清空”，即从头建库。

可以“调整日粮原料顺序”，系统一次性将先精饲料原料、后粗饲料原料，对用户建立配方模型的原料库清理一次。

可以“从综合数据库中提取原料”加入到用户库中。进入后的窗口如下（图2－1－7）。

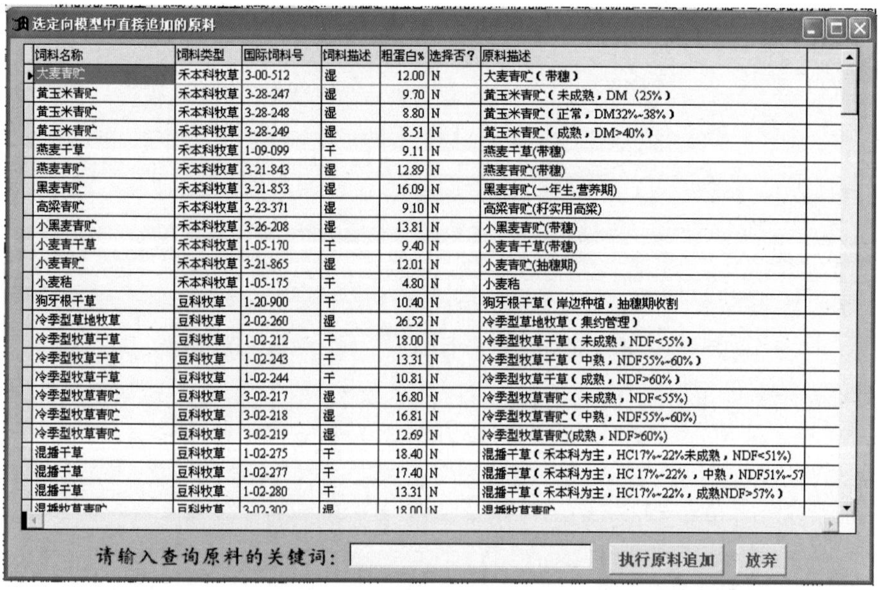

饲料名称	饲料类型	国际饲料号	饲料描述	粗蛋白%	选择否?	原料描述
大麦青贮	禾本科牧草	3-00-512	湿	12.00	N	大麦青贮（带穗）
黄玉米青贮	禾本科牧草	3-28-247	湿	9.70	N	黄玉米青贮（未成熟，DM〈25%）
黄玉米青贮	禾本科牧草	3-28-248	湿	8.80	N	黄玉米青贮（正常，DM32%~38%）
黄玉米青贮	禾本科牧草	3-28-249	湿	8.51	N	黄玉米青贮（成熟，DM>40%）
燕麦干草	禾本科牧草	1-09-099	干	9.11	N	燕麦干草(带穗)
燕麦青贮	禾本科牧草	3-21-843	湿	12.89	N	燕麦青贮(带穗)
黑麦青贮	禾本科牧草	3-21-853	湿	16.09	N	黑麦青贮(一年生,营养期)
高粱青贮	禾本科牧草	3-23-371	湿	9.10	N	高粱青贮(籽实用高粱)
小黑麦青贮	禾本科牧草	3-26-208	湿	13.81	N	小黑麦青贮(带穗)
小麦青干草	禾本科牧草	1-05-170	干	9.40	N	小麦青干草(带穗)
小麦青贮	禾本科牧草	3-21-865	湿	12.01	N	小麦青贮(抽穗期)
小麦秸	禾本科牧草	1-05-175	干	4.80	N	小麦秸
狗牙根干草	豆科牧草	1-20-900	干	10.40	N	狗牙根干草（岸边种植，抽穗期收割
冷季型草地牧草	豆科牧草	2-02-260	湿	26.52	N	冷季型草地牧草（集约管理）
冷季型牧草干草	豆科牧草	1-02-212	干	18.00	N	冷季型牧草干草（未成熟，NDF<55%）
冷季型牧草干草	豆科牧草	1-02-243	干	13.31	N	冷季型牧草干草（中熟，NDF55%~60%）
冷季型牧草干草	豆科牧草	1-02-244	干	10.81	N	冷季型牧草干草（成熟，NDF>60%）
冷季型牧草青贮	豆科牧草	3-02-217	湿	16.80	N	冷季型牧草青贮（未成熟，NDF<55%)
冷季型牧草青贮	豆科牧草	3-02-218	湿	16.81	N	冷季型牧草青贮（中熟，NDF55%~60%)
冷季型牧草青贮	豆科牧草	3-02-219	湿	12.69	N	冷季型牧草青贮(成熟，NDF>60%)
混播干草	豆科牧草	1-02-275	干	18.40	N	混播干草（禾本科为主，HC17%~22%未成熟，NDF<51%)
混播干草	豆科牧草	1-02-277	干	17.40	N	混播干草（禾本科为主，HC 17%~22%，中熟，NDF51%~57
混播干草	豆科牧草	1-02-280	干	13.31	N	混播干草（禾本科为主，HC17%~22%，成熟NDF>57%）
混播牧草青贮	豆科牧草	3-02-302	湿	18.00	N	混播牧草青贮

图2－1－7　从综合饲料数据库中提取原料添加到用户数据库中

在进入图2－1－7所示界面后，首先显示是奶牛饲料综合数据库中的所有原料，可进一步输入待追加原料的关键词，如“玉米”，缩小查询原料的范围，以有效定位要追加的原料（图2－1－8）。

在图2－1－8下，通过定位饲料，并将“选择否”改变为“Y”后，按“执行原料追加”，将选择的原料追加到图2－1－6所示的饲料原料用户库的后面。

在图2－1－6下，通过“原料养分数据全屏编辑”功能，进入原料的修改与编辑，即：

在此窗口下，需要对参与配方计算的所有原料养分的数据进行核实与调整。该数据的调整准确与否，与计算结果的真实性密切相关。

特别注意的是：

①所有的养分数据需要转换为绝干状态数据（干物质除外）。目前，系统提供的数据均为绝干状态数据。

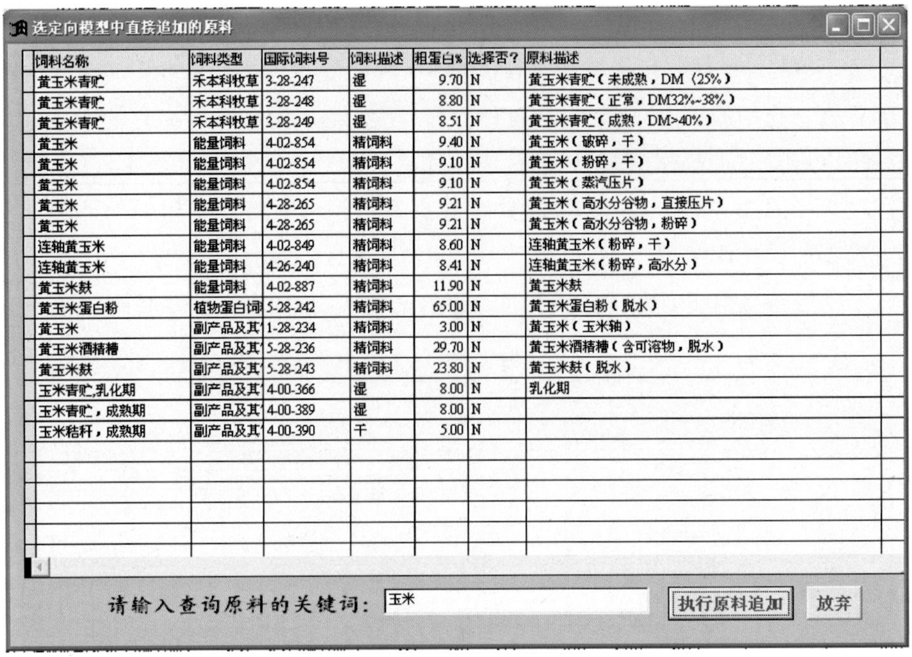

选定向模型中直接追加的原料

饲料名称	饲料类型	国际饲料号	饲料描述	粗蛋白%	选择否?	原料描述
黄玉米青贮	禾本科牧草	3-28-247	湿	9.70	N	黄玉米青贮（未成熟，DM〈25%）
黄玉米青贮	禾本科牧草	3-28-248	湿	8.80	N	黄玉米青贮（正常，DM32%~38%）
黄玉米青贮	禾本科牧草	3-28-249	湿	8.51	N	黄玉米青贮（成熟，DM>40%）
黄玉米	能量饲料	4-02-854	精饲料	9.40	N	黄玉米（破碎，干）
黄玉米	能量饲料	4-02-854	精饲料	9.10	N	黄玉米（粉碎，干）
黄玉米	能量饲料	4-02-854	精饲料	9.10	N	黄玉米（蒸汽压片）
黄玉米	能量饲料	4-28-265	精饲料	9.21	N	黄玉米（高水分谷物，直接压片）
黄玉米	能量饲料	4-28-265	精饲料	9.21	N	黄玉米（高水分谷物，粉碎）
连轴黄玉米	能量饲料	4-02-849	精饲料	8.60	N	连轴黄玉米（粉碎，干）
连轴黄玉米	能量饲料	4-26-240	精饲料	8.41	N	连轴黄玉米（粉碎，高水分）
黄玉米麸	能量饲料	4-02-887	精饲料	11.90	N	黄玉米麸
黄玉米蛋白粉	植物蛋白饲	5-28-242	精饲料	65.00	N	黄玉米蛋白粉（脱水）
黄玉米	副产品及其	1-28-234	精饲料	3.00	N	黄玉米（玉米轴）
黄玉米酒精糟	副产品及其	5-28-236	精饲料	29.70	N	黄玉米酒精糟（含可溶物，脱水）
黄玉米麸	副产品及其	5-28-243	精饲料	23.80	N	黄玉米麸（脱水）
玉米青贮,乳化期	副产品及其	4-00-366	湿	8.00	N	乳化期
玉米青贮，成熟期	副产品及其	4-00-389	湿	8.00	N	
玉米秸秆，成熟期	副产品及其	4-00-390	干	5.00	N	

图2-1-8　定位原料名称中含“玉米”的饲料查询结果

②如果对饲料中蛋白质的组分（A、B、C）的含量不清楚，但只从资料中了解到某饲料的粗蛋白含量（如占干物质为15%）、其中，降解蛋白质占干物质9%，非降解蛋白质占干物质6%（后两者之和应等于前者），其他信息不清楚。这时，可以在图2-1-9

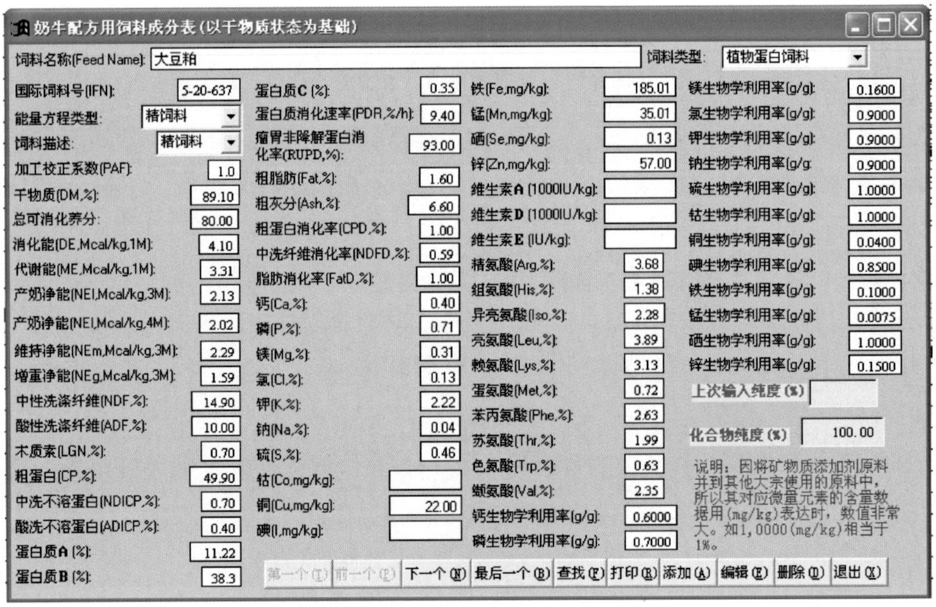

图2-1-9　原料养分全屏编辑窗口

下，将"粗蛋白CP%"输入为15%；蛋白质A（%）输入为9%，蛋白质B（%）输入为0%，蛋白质C（%）输入为6%，就可以了。尽管蛋白质B部分并不是真实为"0"，这是对饲料潜在可降解蛋白B的一种处理。

在图2-1-6下，可以通过"计算结果查询"，查询先前保存的饲料配方模型及模型的优化计算结果如下（图2-1-10）。

图2-1-10　计算结果查询窗口

如图2-1-10所示，可以将保存的配方模型重新调出计算即"模型重新优化"，或"模型数据删除"，或"模型数据备份"，或"模型数据备份"等。

在图2-1-6下，如果所使用的饲料原料已经选择好了，并且输入了原料的价格，尤其对每种饲料原料每天的合理的或者期待的原料用量的下限（kg/天）和（或）上限（kg/天）给出了合理的制约后，并在窗口的下方选定对应的奶牛或青年母牛的每日营养需要量的标准（可上下滚动），可以选择"配方模型生成"，进入后续的工作。

特别注意的是：对每种原料的用量限制需要综合考虑：包括原料的供给状况、原料的容积、适口性及原料之间的配伍关系等，经验十分重要。

在进入"配方模型生成"模块后，出现的窗口如下（图2-1-11）。

图2-1-11初始出现的养分需要量数据为系统提供的最原始的、来自系统营养需要量数据库中的数据。在生成模型之间，需要再进一步确定更为详细的数据、校正营养需要量，使养分的需要尽可能与奶牛的实际生产情况及预期生产性能一致。

一是要确定奶牛的体重（BW）。NRC给出的大体型奶牛体重为680kg，以此为体重

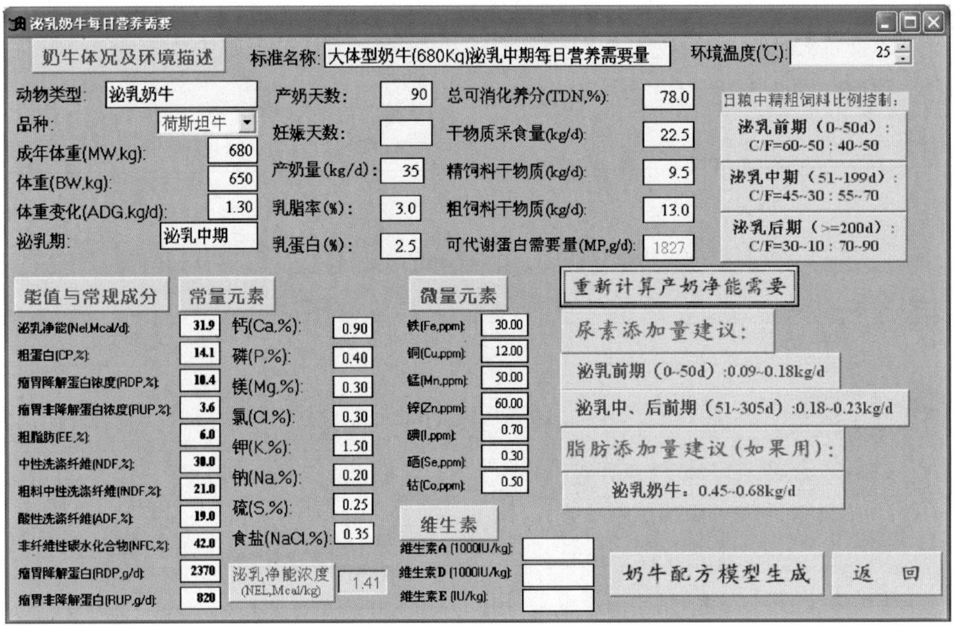

图 2 – 1 – 11　奶牛每日营养需要量的计算处理窗口

给出的奶牛营养需要量。如果实际的奶牛体重为 650kg，应在图 2 – 1 – 11 窗口上，将奶牛体重（BW）修改为 650，然后按"重新计算产奶净能需要"，会计算得到"泌乳净能"从 32.3Mcal/天下降到 31.9Mcal/天。

二是确定干物质中精、粗饲料的比例（以干物质为基础）。该比例与泌乳阶段有关。

有人建议：奶牛 TMR 日粮中精料干物质的比例（CO,%DMI）变化规律如下。

$$CO = 0.50 - 0.00147 [1 - \exp(-0.01t)] \times t$$

式中：t——泌乳天数，> 30 天。

当 t = 0 ~ 30 天，CO = 0.50，即泌乳的头一个月份，DMI 的一半来自精饲料，其后从 30 ~ 305 天，CO 大约每天下降 0.15%。

当 t = 150 天，CO = 0.3287。

总的看来，整个泌乳期，DMI 中精饲料所占比例从 30% ~ 60% 变化，粗饲料比例从 40% ~ 70% 变化。

在图 2 – 1 – 11 下，可以通过修改泌乳天数，由系统自动计算剖分精饲料与粗饲料干物质数量或者手动强行修改也有效。

三是修改泌乳产量、乳脂率及乳蛋白含量，均影响泌乳净能的需要及可代谢蛋白的需要，相关计算模型在其他资料中描述，此处不做重复。

四是图 2 – 1 – 11 所示的可代谢蛋白质（MP）的需要量是一个计算值，目前，并不纳入优化计算，作对优化结果的计算评定指标。相关计算模型见其他辅助材料。

五是日粮中常量元素、微量元素及维生素的需要量均按相对浓度方式描述，而且按泌乳早期、泌乳中期及泌乳后期分阶段考虑，实际采食的绝对养分通过干物质采食量的不同形成差异，这样便于饲料的制作。相关数据见其他辅助材料。

一旦对图2-1-11所示的营养需要量的数据设置完毕，选择"奶牛配方模型生成"，出现的界面如下（图2-1-12）。

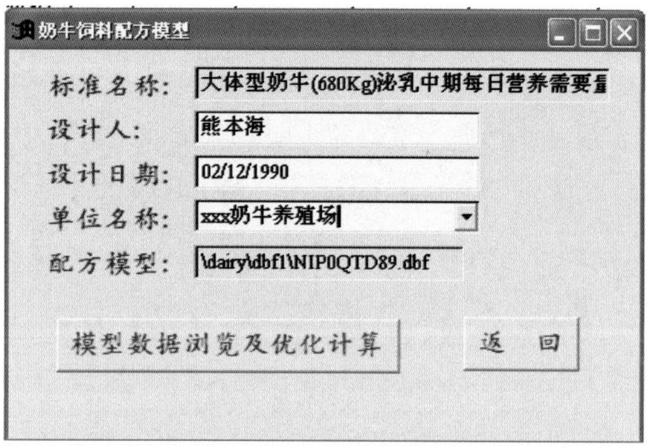

奶牛饲料配方模型

标准名称:	大体型奶牛(680Kg)泌乳中期每日营养需要量
设计人:	熊本海
设计日期:	02/12/1990
单位名称:	xxx奶牛养殖场
配方模型:	\dairy\dbf1\NIP0QTD89.dbf

模型数据浏览及优化计算　　返回

图2-1-12　奶牛配方模型的描述窗口

继续按"模型数据浏览及优化计算"，初步得到生成模型的优化计算结果及养分的全面诊断结果如图2-1-13所示。

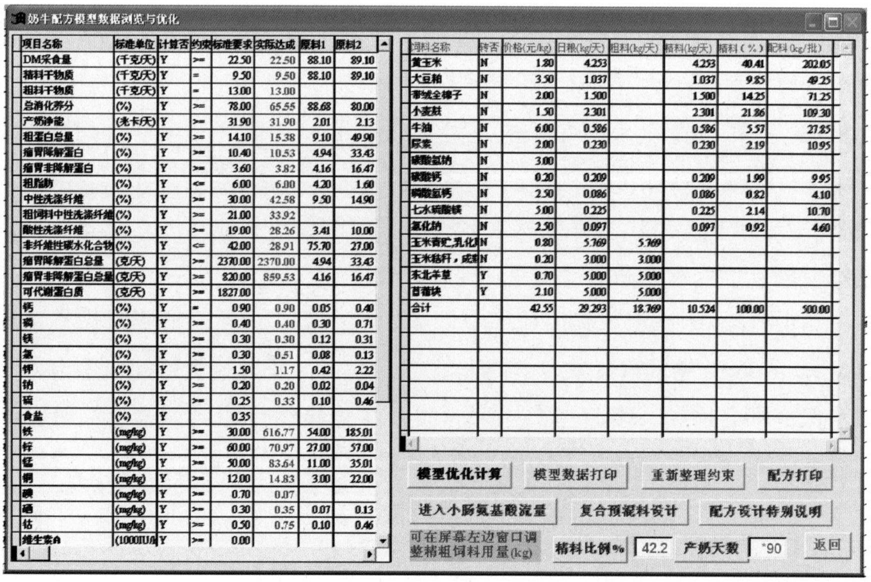

奶牛配方模型数据浏览与优化

项目名称	标准单位	计算否	约束	标准要求	实际达标	原料1	原料2
DM采食量	(千克/天)	Y	>=	22.50	22.50	88.10	89.10
精料干物质	(千克/天)	Y	>=	9.50	9.50	88.10	89.10
粗料干物质	(千克/天)	Y	=	13.00	13.00		
总消化养分	(%)	Y	>=	78.00	65.55	88.68	80.00
产奶净能	(兆卡/天)	Y	>=	31.90	31.90	2.01	2.13
粗蛋白总量	(%)	Y	>=	14.10	15.38	9.10	49.90
瘤胃降解蛋白	(%)	Y	>=	10.40	10.53	4.94	33.43
瘤胃非降解蛋白	(%)	Y	>=	3.60	3.82	4.16	16.47
粗脂肪	(%)	Y	<=	6.00	6.00	4.20	1.60
中性洗涤纤维	(%)	Y	>=	30.00	42.58	9.50	14.90
粗饲料中中性洗涤纤维	(%)	Y	>=	21.00	33.92		
酸性洗涤纤维	(%)	Y	>=	19.00	28.26	3.41	10.00
非纤维性碳水化合物	(%)	Y	>=	42.00	28.91	75.70	27.00
瘤胃降解蛋白总量	(克/天)	Y	>=	2370.00	2370.00	4.94	33.43
瘤胃非降解蛋白总量	(克/天)	Y	>=	820.00	859.53	4.16	16.47
可代谢蛋白质	(克/天)	Y	>=	1827.00			
钙	(%)	Y	=	0.90	0.90	0.05	0.40
磷	(%)	Y	>=	0.40	0.40	0.30	0.71
镁	(%)	Y	>=	0.30	0.30	0.12	0.31
氯	(%)	Y	>=	0.30	0.51	0.08	0.13
钾	(%)	Y	>=	1.50	1.17	0.42	2.22
钠	(%)	Y	>=	0.20	0.20	0.02	0.04
硫	(%)	Y	>=	0.25	0.33	0.10	0.46
食盐	(%)			0.35			
铁	(mg/kg)	Y	>=	30.00	616.77	54.00	185.01
铜	(mg/kg)	Y	>=	60.00	70.97	27.00	57.00
锰	(mg/kg)	Y	>=	50.00	83.64	11.00	35.01
钼	(mg/kg)	Y	>=	12.00	14.83	3.00	22.00
碘	(mg/kg)	Y	>=	0.70	0.07		
硒	(mg/kg)	Y	>=	0.30	0.35	0.07	0.13
钴	(mg/kg)	Y	>=	0.10	0.75	0.10	0.46
维生素A	(1000IU/天)	Y	>=	0.00			

饲料名称	转否	价格(元/kg)	日粮(kg/天)	粗料(kg/天)	精料(kg/天)	精料(%)	配料(kg/批)
黄玉米	N	1.20	4.253		4.253	40.41	202.05
大豆粕	N	3.50	1.037		1.037	9.85	49.25
带壳全棉子	N	2.00	1.500		1.500	14.25	71.25
小麦麸	N	1.50	2.301		2.301	21.86	109.30
牛油	N	6.00	0.586		0.586	5.57	27.85
尿素	N	2.00	0.230		0.230	2.19	10.95
碳酸氢钠	N	3.00					
碳酸钙	N	0.20	0.209		0.209	1.99	9.95
磷酸氢钙	N	2.50	0.086		0.086	0.82	4.10
七水硫酸镁	N	5.00	0.225		0.225	2.14	10.70
氯化钠	N	2.50	0.097		0.097	0.92	4.60
玉米青贮乳化	N	0.20	5.769	5.769			
玉米秸杆(成	N	0.20	3.000	3.000			
东北羊草	N	0.70	5.000	5.000			
苜蓿块	Y	2.10	5.000	5.000			
合计		42.55	29.293	18.769	10.524	100.00	500.00

模型优化计算　　模型数据打印　　重新整理约束　　配方打印

进入小肠氮基酸流量　　复合预混料设计　　配方设计特别说明

可在屏幕左边窗口调整精粗饲料用量(kg)　　精料比例% 42.2　　产奶天数 *90　　返回

图2-1-13　配方模型优化计算结果及模型数据浏览

如图2-1-13所示，窗口左边的配方诊断结果表明，本模型优化出的配方为最优配方，因为参与优化计算的养分指标均达到或者超过营养需要量。

需要说明的是：

● 左边右窗口中，微量元素如铁、锌、锰、铜、碘、硒、钴及维生素不参与优化计算，但给出不考虑消化率的基础日粮中的诊断结果供参考。不满足的部分通过微量元素添加剂补充解决。

● 系统预设的另两个项目：总（可）消化养分（TDN）和可代谢蛋白质（MP）不参与优化，实际达成值为诊断值。

● 右侧底部的精料比例 42.2 为前面营养需要量处理窗口通过模型处理得到的精料比例，但在实际生产上不必过于精确，在此可以修改精料比例为某指定的数据，假定为 45%，然后直接按"模型优化计算"，可得到不一样的优化结果。或者直接在窗口左边的"标准要求"列，修改"精料干物质"数据，系统自动计算"粗料干物质"（干物质——精料干物质）。

● 一旦修改了精粗饲料比例，系统会自动计算每个饲料的粗蛋白质中，降解蛋白质与非降解蛋白质的比例，但两者之和等于粗蛋白质含量。通过细心观察可以发现数据的微小变化。

● 窗口右边为优化出的日粮配方（kg/天），粗饲料的添加量（kg/天），精料配方（%）及精料配料单（kg/批）等。

● 右边窗口的底部"合计"行，对应的价格列值为 42.55 元，为一天日粮的成本；对应的日粮列 29.29kg/天，为每天应采食的原料的原样重量；对应的粗料列 18.77kg/天为采食的粗饲料原样重量之和；对应的精料列 10.52kg/天为采食的精饲料原样重量之和，但是该数量不是单独提供，而是按后续列的精料配方生产后得到的精补料，提供 10.52kg/天进行饲喂的。

● 选择"原料约束调整"，系统将生成模型之前的、对各原料的约束状态调出料，供重新调整并以调整后的状态重新计算配方。

图 2－1－14 显示为饲料原料用户库中定义的约束状态（每个原料有无约束、具体约束值是多少）。一般说来，约束越多、约束值范围越小，获得最优解的概率会降低，即使有解，但最低成本会增加。因此，不约束而放开优化显然行不通，过于约束会导致结果不理想。往往需要反复调整约束，才能最终取得较为理想的结果。

在图 2－1－14 下，如果只用苜蓿草而不用羊草，可以将"东北羊草"的用量上限值 5.0 修改为 0.001，得到的优化结果如图 2－1－15 所示。

如图 2－1－15 所示，同样得到了一个可行解即最优配方，但因为缩小了原料用量的使用范围，日粮成本从 42.55 元增加到 48.02 元。

前述的配方模型的计算案例为可以得到最优解的情形表明，通过合理组合原料的不同用量得到的、最终的日粮的养分数量及浓度，与期望得到的日粮养分浓度及数量可以

图 2 - 1 - 14　原料约束调整

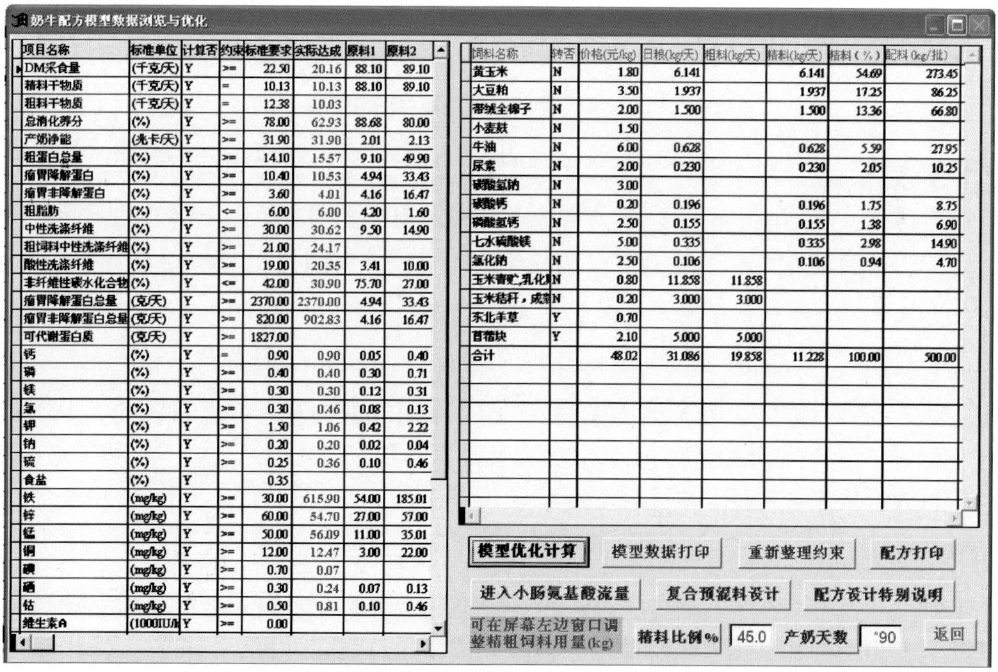

饲料名称	价格(元/kg)	用量下限(>=,千克/天)	用量上限(<=,千克/天)
黄玉米	1.80		
大豆粕	3.50		3.000
带绒全棉子	2.00		1.500
小麦麸	1.50		3.000
牛油	6.00		0.680
尿素	2.00		0.230
碳酸氢钠	3.00		
碳酸钙	0.20		
磷酸氢钙	2.50		
七水硫酸镁	5.00		
氯化钠	2.50		
玉米青贮,乳化期	0.80		20.000
玉米秸秆,成熟期	0.20		3.000
东北羊草	0.70		5.000
苜蓿块	2.10		5.000

按修改后的约束条件对模型进行整理

图 2 - 1 - 15　调整约束后的配方模型计算结果

奶牛配方模型数据浏览与优化

项目名称	标准单位	计算否	约束	标准要求	实际达成	原料1	原料2
DM采食量	(千克/天)	Y	>=	22.50	20.16	88.10	89.10
精料干物质	(千克/天)	Y	=	10.13	10.13	88.10	89.10
粗料干物质	(千克/天)	Y		12.38	10.03		
总消化养分	(%)	Y	>=	78.00	62.93	88.68	80.00
产奶净能	(兆卡/天)	Y	>=	31.90	31.90	2.01	2.13
粗蛋白含量	(%)	Y	>=	14.10	15.57	9.10	49.90
瘤胃降解蛋白	(%)	Y	>=	10.40	10.53	4.94	33.43
瘤胃非降解蛋白	(%)	Y	>=	3.60	4.01	4.16	16.47
粗脂肪	(%)	Y	<=	6.00	6.00	4.20	1.60
中性洗涤纤维	(%)	Y	>=	30.00	30.62	9.50	14.90
粗饲料中性洗涤纤维	(%)	Y	>=	21.00	24.17		
酸性洗涤纤维	(%)	Y	>=	19.00	20.35	3.41	10.00
非纤维性碳水化合物	(%)	Y	<=	42.00	30.90	75.70	27.00
瘤胃降解蛋白总量	(克/天)	Y	>=	2370.00	2370.00	4.94	33.43
瘤胃非降解蛋白总量	(克/天)	Y	>=	820.00	902.83	4.16	16.47
可代谢蛋白质	(克/天)	Y	>=	1827.00			
钙	(%)	Y	=	0.90	0.90	0.05	0.40
磷	(%)	Y	>=	0.40	0.40	0.30	0.71
镁	(%)	Y	>=	0.30	0.30	0.12	0.31
氯	(%)	Y	>=	0.30	0.46	0.08	0.13
钾	(%)	Y	>=	1.50	1.06	0.42	2.22
钠	(%)	Y	>=	0.20	0.20	0.02	0.04
硫	(%)	Y	>=	0.25	0.36	0.10	0.04
食盐	(%)			0.35			
铁	(mg/kg)	Y	>=	30.00	615.90	54.00	185.01
锌	(mg/kg)	Y	>=	60.00	54.70	27.00	57.00
锰	(mg/kg)	Y	>=	50.00	56.09	11.00	35.01
铜	(mg/kg)	Y	>=	12.00	12.47	3.00	22.00
碘	(mg/kg)	Y	>=	0.70	0.07		
硒	(mg/kg)	Y	>=	0.30	0.24	0.07	0.13
钴	(mg/kg)	Y	>=	0.50	0.81	0.10	0.46
维生素A	(1000IU/d)	Y	>=	0.00			

饲料名称	转否	价格(元/kg)	日粮(kg/天)	粗料(kg/天)	精料(kg/天)	精料(%)	配料(kg/批)
黄玉米	N	1.80	6.141		6.141	54.69	273.45
大豆粕	N	3.50	1.937		1.937	17.25	86.25
带绒全棉子	N	2.00	1.500		1.500	13.36	66.80
小麦麸	N	1.50					
牛油	N	6.00	0.628		0.628	5.59	27.95
尿素	N	2.00	0.230		0.230	2.05	10.25
碳酸氢钠	N	3.00					
碳酸钙	N	0.20	0.196		0.196	1.75	8.75
磷酸氢钙	N	2.50	0.155		0.155	1.38	6.90
七水硫酸镁	N	5.00	0.335		0.335	2.98	14.90
氯化钠	N	2.50	0.106		0.106	0.94	4.70
玉米青贮,乳化期	N	0.80	11.858	11.858			
玉米秸秆,成熟	N	0.20	3.000	3.000			
东北羊草	Y	0.70					
苜蓿块	Y	2.10	5.000	5.000			
合计		48.02	31.086	19.858	11.228	100.00	500.00

模型优化计算　模型数据打印　重新整理约束　配方打印
进入小肠氨基酸流量　复合预混料设计　配方设计特别说明
可在屏幕左边窗口调整精粗饲料用量(kg)　精料比例% 45.0　产奶天数 '90　返回

一致起来，即具有最优解。但在很多场合下，这种情形不一定出现，即对提供的原料无论怎样组合，很难达到最终日粮的养分结构与需要量相吻合，即无解。

案例分析：

在图2-1-16下，在窗口下方选择泌乳天数11天，大体型奶牛的第一个营养需要量，进入到营养需要量的处理窗口如图2-1-16所示。

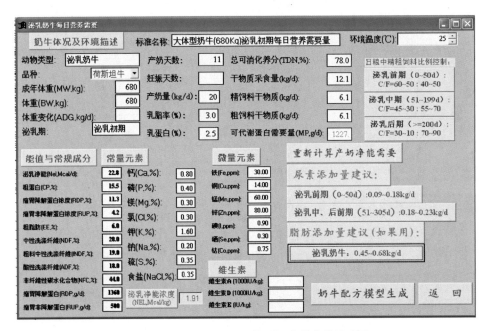

图2-1-16 泌乳早期大体型奶牛的营养需要量

由图2-1-17左边所示的诊断结果表明，在规定的干物质需要量前提下，日粮的产奶净能未达到，差22.8-17.47=5.33Mcal；此外，日粮的非降解蛋白刚好达到，但降解蛋白及粗蛋白总量及浓度均较大幅度超标，表明无论怎样组合，很难满足营养需要量。解决的办法，一是提高日粮的干物质采食量，二是调整使用原料的种类。本例试着将干物质采食量从12.1kg提高到14kg，将精料比例提高到60%，其计算结果如下。

如图2-1-18所示，通过提高干物质采食量，并将精料比例提高到60%，不仅得到了优化配方，而且日粮的粗蛋白、降解蛋白质及非降解蛋白质刚好达成，自然平衡性好。

不过建议提高干物质进食量的标准不宜一步到位，按0.3~0.5kg的步长增加，到刚好出现最优解为止。上例将DMI降至13.5kg，也能得到最优解。

此外，在计算结果的处理窗口下，不仅可以修改干物质及精粗饲料比例，还可以直接在窗口左边的内容单元中修改模型中原料的成分再行优化计算。浏览窗口中上端的原料1、原料2，……，原料16，对应窗口右边的从上到下的原料，或者直接将鼠标对准"原料?"，如"原料5"，会浮动一个小窗口告知原料名称。

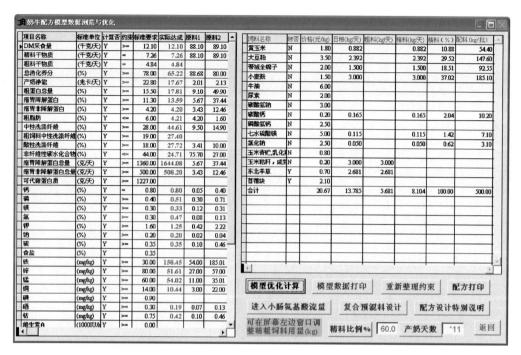

图 2 – 1 – 17　基于图 2 – 1 – 16 营养需要量的模型计算结果（无最优解情形）

图 2 – 1 – 18　提高干物质采食量的计算结果

也可在上述窗口上，修改其他养分的需要量、约束方式及有约束的原料用量，而无须回到前面去重新生成模型并计算。

特别功能：修改窗口右边的原料的用量即日粮配方（kg/天），系统内部不仅重新计算日粮的成本，而且全部计算修改后日粮提供的养分指标，即计算了窗口左边的“实际达成”列的所有内容。如果在右边输入的是某个日粮配方（非优化的），则可实现对现成日粮的养分诊断。

其他情形：在提高标准的干物质采食量前提下，不能得到最优解配方的情形也是存在的。这样的情形意味着就是无论怎样组合原料，得到的日粮养分的内在比例即结构与标准要求日粮养分之间的比例关系不能吻合。唯一可能的解决办法就是调整原料的种类，才有可能找到最优解。

4. 犊牛日粮配方设计

在图 2－1－19 下，按“从综合饲料数据库中提取原料”，仍然打开的是同泌乳奶牛配方设计一样的原料库。但在综合数据库中，有一些专用于犊牛的饲料原料（图 2－1－20），共有 11 种供选用，数据来源于 NRC 第七版《奶牛营养需要量》。

在图 2－1－19 下，选择“配方模型生成”，出现犊牛养分需要的处理窗口如图 2－1－21 所示。

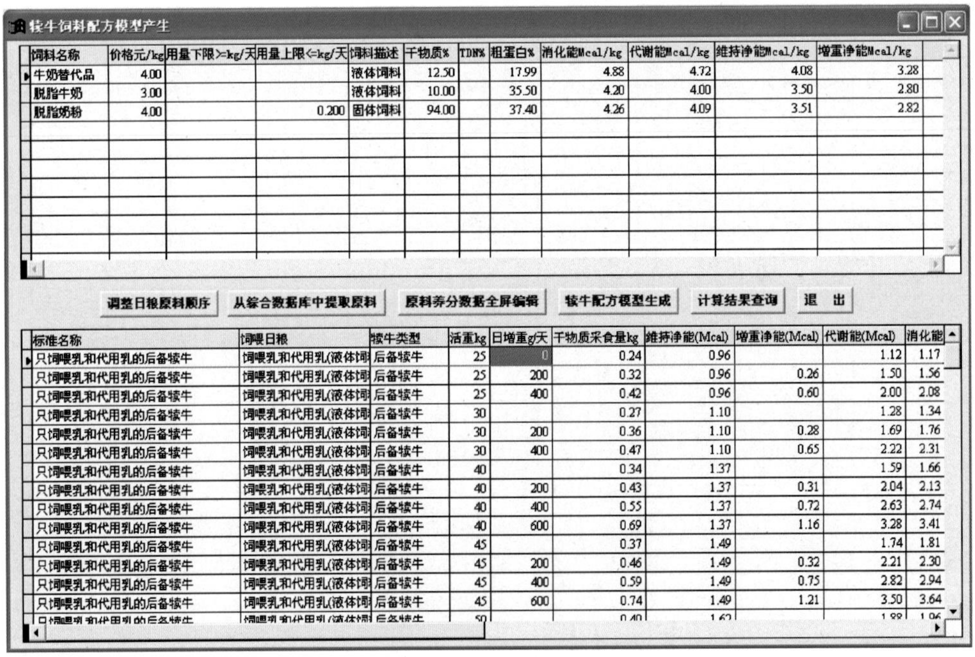

饲料名称	价格元/kg	用量下限>=kg/天	用量上限<=kg/天	饲料描述	干物质%	TDN%	粗蛋白%	消化能Mcal/kg	代谢能Mcal/kg	维持净能Mcal/kg	增重净能Mcal/kg
牛奶替代品	4.00			液体饲料	12.50		17.99	4.88	4.72	4.08	3.28
脱脂牛奶	3.00			液体饲料	10.00		35.50	4.20	4.00	3.50	2.80
脱脂奶粉	4.00		0.200	固体饲料	94.00		37.40	4.26	4.09	3.51	2.82

标准名称	饲喂日粮	犊牛类型	活重kg	日增重g/天	干物质采食量kg	維持净能(Mcal)	增重净能(Mcal)	代谢能(Mcal)	消化能
只饲喂乳和代用乳的后备犊牛	饲喂乳和代用乳(液体饲	后备犊牛	25	0	0.24	0.96		1.12	1.17
只饲喂乳和代用乳的后备犊牛	饲喂乳和代用乳(液体饲	后备犊牛	25	200	0.32	0.96	0.26	1.50	1.56
只饲喂乳和代用乳的后备犊牛	饲喂乳和代用乳(液体饲	后备犊牛	25	400	0.42	0.96	0.60	2.00	2.08
只饲喂乳和代用乳的后备犊牛	饲喂乳和代用乳(液体饲	后备犊牛	30		0.27	1.10		1.28	1.34
只饲喂乳和代用乳的后备犊牛	饲喂乳和代用乳(液体饲	后备犊牛	30	200	0.36	1.10	0.28	1.69	1.76
只饲喂乳和代用乳的后备犊牛	饲喂乳和代用乳(液体饲	后备犊牛	30	400	0.47	1.10	0.65	2.22	2.31
只饲喂乳和代用乳的后备犊牛	饲喂乳和代用乳(液体饲	后备犊牛	40		0.34	1.37		1.59	1.66
只饲喂乳和代用乳的后备犊牛	饲喂乳和代用乳(液体饲	后备犊牛	40	200	0.43	1.37	0.31	2.04	2.13
只饲喂乳和代用乳的后备犊牛	饲喂乳和代用乳(液体饲	后备犊牛	40	400	0.55	1.37	0.72	2.63	2.74
只饲喂乳和代用乳的后备犊牛	饲喂乳和代用乳(液体饲	后备犊牛	40	600	0.69	1.37	1.16	3.28	3.41
只饲喂乳和代用乳的后备犊牛	饲喂乳和代用乳(液体饲	后备犊牛	45		0.37	1.49		1.74	1.81
只饲喂乳和代用乳的后备犊牛	饲喂乳和代用乳(液体饲	后备犊牛	45	200	0.46	1.49	0.32	2.21	2.30
只饲喂乳和代用乳的后备犊牛	饲喂乳和代用乳(液体饲	后备犊牛	45	400	0.59	1.49	0.75	2.82	2.94
只饲喂乳和代用乳的后备犊牛	饲喂乳和代用乳(液体饲	后备犊牛	45	600	0.74	1.49	1.21	3.50	3.64

图 2－1－19　犊牛饲料配方模型

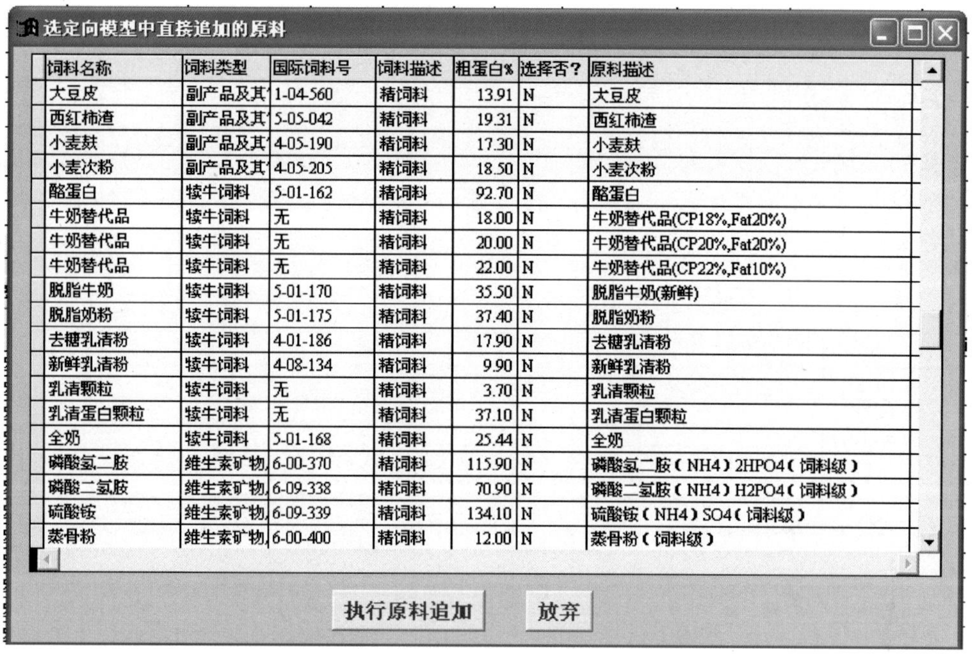

饲料名称	饲料类型	国际饲料号	饲料描述	粗蛋白%	选择否?	原料描述
大豆皮	副产品及其	1-04-560	精饲料	13.91	N	大豆皮
西红柿渣	副产品及其	5-05-042	精饲料	19.31	N	西红柿渣
小麦麸	副产品及其	4-05-190	精饲料	17.30	N	小麦麸
小麦次粉	副产品及其	4-05-205	精饲料	18.50	N	小麦次粉
酪蛋白	犊牛饲料	5-01-162	精饲料	92.70	N	酪蛋白
牛奶替代品	犊牛饲料	无	精饲料	18.00	N	牛奶替代品(CP18%,Fat20%)
牛奶替代品	犊牛饲料	无	精饲料	20.00	N	牛奶替代品(CP20%,Fat20%)
牛奶替代品	犊牛饲料	无	精饲料	22.00	N	牛奶替代品(CP22%,Fat10%)
脱脂牛奶	犊牛饲料	5-01-170	精饲料	35.50	N	脱脂牛奶(新鲜)
脱脂奶粉	犊牛饲料	5-01-175	精饲料	37.40	N	脱脂奶粉
去糖乳清粉	犊牛饲料	4-01-186	精饲料	17.90	N	去糖乳清粉
新鲜乳清粉	犊牛饲料	4-08-134	精饲料	9.90	N	新鲜乳清粉
乳清颗粒	犊牛饲料	无	精饲料	3.70	N	乳清颗粒
乳清蛋白颗粒	犊牛饲料	无	精饲料	37.10	N	乳清蛋白颗粒
全奶	犊牛饲料	5-01-168	精饲料	25.44	N	全奶
磷酸氢二胺	维生素矿物	6-00-370	精饲料	115.90	N	磷酸氢二胺(NH4)2HPO4(饲料级)
磷酸二氢胺	维生素矿物	6-09-338	精饲料	70.90	N	磷酸二氢胺(NH4)H2PO4(饲料级)
硫酸铵	维生素矿物	6-09-339	精饲料	134.10	N	硫酸铵(NH4)SO4(饲料级)
蒸骨粉	维生素矿物	6-00-400	精饲料	12.00	N	蒸骨粉(饲料级)

图 2-1-20 可以向原料用户库中追加的原料

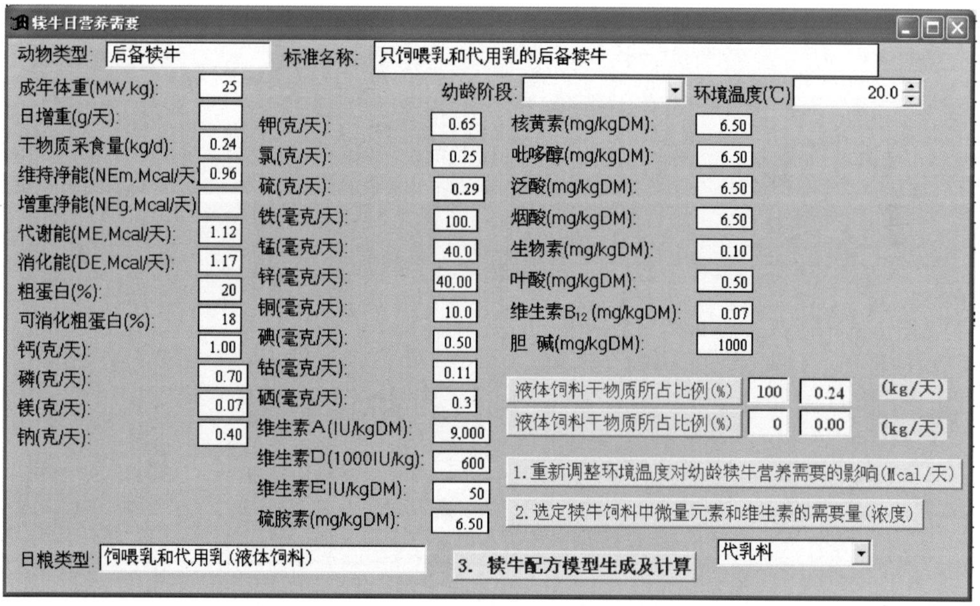

图 2-1-21 犊牛日营养需要处理窗口

在上述窗口下，需要确定待配料的类型，即“代乳料”、“开食料”、“生长饲料”和“全脂奶”。本例为“代乳料”。按此生成的模型及计算结果如图 2-1-22 所示。

图 2 –1 –22　代乳料的结算结果

第二章 泌乳奶牛营养需要量与日粮配制指南

1. 引言

奶牛本质上对养分的需要量有两个方面：一是动物或组织本身为生命、健康与生产的生化反应而需要的养分，另一方面是满足瘤胃内微生物区系的生长而需要的养分。配制的日粮需要满足动物和微生物的养分需要量。饲喂一种满足奶牛营养需要而平衡的日粮，避免发生任何一种或所有的养分超过需求量，将起到优化动物性能，最小化养分向环境的排放，并取得成本有效的饲喂效果。

2. 泌乳奶牛干物质采食量（DMI）

关于初产青年母牛和经产奶牛的干物质采食量（DMI）指南列在表2－2－1中。初产青年母牛的DMI在泌乳前期具有缓慢、稳定增加的特点，直到第16周时达到稳定状态，并一直保持到余下的泌乳天数里。相比之下，经产奶牛的DMI在头几周迅速增加，在第5～6周达到泌乳高峰，然后随泌乳进程缓慢下降。因此，将初产奶牛与经产奶牛进行分开饲养，保证前者获得必要的采食量很有必要。

表2－2－1 初产及经产奶牛的DMI（kg/天）

泌乳天数 DIM	牛奶产量（kg/天）乳脂率＝3.75%				
	13.6	22.7	31.8	40.9	49.9
	—DMI（第一胎次，BW＝545 kg）—				
14	10.4	12.7	15.0	16.8	—
50	13.6	15.0	19.5	22.2	—
100	15.4	18.6	21.8	24.5	—
200	15.9	19.1	22.2	25.4	—
300	15.9	19.1	22.2	25.4	—
14	11.8	14.1	16.3	18.2	20.4
50	15.4	18.2	21.3	24.1	26.8
100	17.3	20.4	23.6	26.8	30.0
200	17.7	20.9	24.1	27.2	30.9
300	17.7	20.9	24.5	27.7	30.9

3. 干奶牛干物质采食量

对于干奶牛，在产犊前21天之前，DMI将大约是体重（BW）的2%。对于成母牛，在产犊前少于21天即产前的前3周，应保证每天DMI为10～10.9kg作为设计日粮配方的前提，并直到母牛产犊的数天内，母牛将消耗上述数量的干物质。这样是可以保证摄入的养分满足需要量。同样，围产前期的牛群精力充沛，表现在母牛每天的进进出出，使得在这样的情形下确定实际的干奶牛群的DMI相当困难。

也可以通过NRC（2001）提出的模型计算泌乳奶牛的干物质采食量：

$$DMI（kg/d）=(0.372 \times 4\% FCM + 0.0968 \times BW^{0.75}) \times \left[1 - e^{-0.192 \times (WOL + 3.62)}\right] \qquad (1)$$

式中：4%FCM——4%乳脂率矫正奶量（kg/天）；

4%FCM =（0.4×kg 产奶量）+（15×kg 乳脂）

BW——体重（kg）；

WOL——泌乳周。

e = 2.71828

例子：当 BW = 680kg，DIM = 100，即 WOL = 100/7 = 14.3，日预期泌乳产量 = 22.7kg；乳蛋白 = 3.2%；乳脂率 = 3.75%时，4%FCM = 0.4×22.7 + 15×22.7×0.0375 = 21.83kg。通过公式（1）计算得到预测的 DMI = 20.3kg。预测值与表2-2-1所示相同条件的建议值是一致的。

4. 能量需要量：泌乳奶牛及干奶牛

泌乳奶牛和干奶牛所采用的能量体系是泌乳净能（NEL），且表述为兆卡（Mcal）。奶牛每天的能量需要包含用于维持、泌乳、活动、妊娠和生长所需的能量（NRC，2001）。

维持：维持的能量需要是：NEL, Mcal/天 = 0.08×BW$^{0.75}$（BW：kg），以满足每天的生命的正常行为需要。

泌乳：产乳需要的能量是基于奶牛以脂肪、真蛋白和乳糖等形式排出的能量。通过牛奶生产需要的能量可以通过下列方程确定：NEL（Mcal/kg）= 0.0929×fat % + 0.0563×protein % + 0.0395×lactose %；或者，如果在不知道乳糖含量的背景下，有 NEL（Mcal/kg）= 0.0929×fat % + 0.0563×protein % + 0.192。

行为：过度的步行需要增加维持的能量需要，按每步行1 000m 每千克体重增加0.00045 Mcal 计算。例如，一头重600kg 的母牛每天步行2 km 需要每天额外增加0.54 Mcal 的维持能量，或者大约在维持需要的基础上增加5.5%。从温暖舒适状态到恶劣的热应激可能增加维持需要高达25%。

妊娠：在怀孕190天前，可以不考虑增加额外的能量用于妊娠。在190～279天妊娠期间，平均的荷斯坦奶牛的妊娠能量需要的增加每天分别从2.5～3.7 Mcal。

生长和体贮：作为一般性的指南，为满足第一胎及第二胎泌乳奶牛的生长对养分的需要，需额外增加20%的维持能量。在泌乳期间体重的变化通过体况评分（BCS）的变化反应出来。体况评分为2的母牛损失1kg的体重可提供的能量为3.8 Mcal，而BCS为4的奶牛则为5.6Mcal（增加了1.8Mcal）。反过来，BCS为2的奶牛增重1kg需要的能量为4.5 Mcal，而BCS为4的奶牛则需要的能量为6.2Mcal（相差1.7Mcal）。表明，奶牛的体况的不同，体重的变化对能量的贡献与需求量也有较大的差别（表2-2-2）。

5. 饲料与日粮能量

来自饲料的可利用的净能取决于饲料的养分组成及消化率；而饲料的物理或者化学处理的程度会对饲料养分的消化率有显著的影响。因此，在确定饲料的能值时应该给予考虑。

DMI的数量是决定日粮能值的一个主要的因素。随着DMI增加，饲料或食糜通过消化道的流通速率增加。因此，具有较高DMI的相同日粮将会有一个降低的能量浓度，但是，此时消化的能量的总量还是高于DMI低的日粮饲喂。这意味着饲料和日粮的能值并不是恒定的，而且随DMI而变化。传统上，在满足维持需要的DMI的基础上，DMI每增加1倍，使用的饲料或者日粮的能值浓度按4%的标准比例减少。例如，一头每天摄入20.9kgDMI的奶牛，用于维持的DMI为6.8kg，则摄入饲料的DMI是维持DMI的3倍左右即3×（20.9/6.8）。因此，超过维持的DMI是维持的DMI的2倍，则日粮所提供的饲料能值在维持饲喂水平上减少8%。鉴于上述饲料及日粮能值应表现的动态变化，大多数配方程序和关于粗饲料报告显示的饲料能值采用的是3倍维持DMI背景下的NEL数值。

表2-2-2　奶牛日粮的能量浓度规格

$NE_L - 3X$	—泌乳奶牛—泌乳阶段—			—干奶牛—	
	泌乳早期 DIM = 0 ~ 50 天	泌乳中期 DIM = 51 ~ 199 天	泌乳后期 >200 天	Far-Off （产犊前60 ~ 30 天）	Close-up （产犊前30 ~ 25 天）
NEL， Mcal/kg DMI	1.71 ~ 1.76	1.62 ~ 1.71	1.58 ~ 1.65	1.36 ~ 1.45	1.43 ~ 1.49

6. 碳水化合物

饲料中碳水化合物组分因它们决定了在瘤胃的消化或发酵产生挥发性脂肪酸（VFAs）数量及比例而凸显重要。饲料碳水化合物典型地划分为纤维性和非纤维性2个部分。

纤维性碳水化合物包括中性洗涤纤维（NDF）和酸性洗涤纤维（ADF），且主要为纤维素和半纤维素。在大多数奶牛日粮中，牧草是最主要的纤维性物质来源，并在发酵过程中产生显著量的乙酸和一些丙酸与丁酸。与淀粉和糖组分比较，NDF 和 ADF 的消化率显然低一些，因此，具有填充的效果和限制了 DMI 的数量。

非纤维性碳水化合物（NFC）主要是淀粉和糖类物质，但是，其他组分如有机酸和中性洗涤可溶纤维（果胶，β-葡聚糖，果糖）也属于 NFC。除果胶物质外，其他 NFC 成分发酵的主要产物为丙酸和乳酸。由于相比于乙酸是强酸，尤其是乳酸，它们对降低瘤胃的 pH 值比乙酸更为有效。

饲料或者日粮的 NFC（%）含量可以按下列公式初略估计：

$$NFC（\%）= 100 - (CP\% + fat\%DM + NDF\% + ash\%) \qquad (2)$$

但是，更为准确的估测公式如下。

$$NFC（\%）= 100 - [NDF\% + (CP\% - NDFCP\%) + fat\% + ash\%] \qquad (3)$$

上述公式均以干物质为基础，NDFCP 为 NDF 中不溶蛋白。

淀粉：建议泌乳奶牛日粮中 DM 的 23% ~26% 为淀粉；但是，有关淀粉的具体的需要量至目前并未给出。在瘤胃中淀粉的利用率将对在奶牛日粮饲喂多少淀粉有显著的影响。与饲喂粗糙粉碎的或者破碎的干玉米比较，当饲喂瘤胃内高度降解的蒸气压片并精细粉碎的，或者水分含量高的玉米的日粮，其淀粉浓度可以降低一些。最近的研究显示，如果日粮的淀粉来源被很容易消化的副产品饲料所替代，则较低淀粉水平（17.5% ~21.0%）的日粮饲喂给泌乳奶牛并不会导致奶牛的泌乳性能下降（Dann et al.，2008；Ranathunga et al.，2008）。

糖：是一种在瘤胃可迅速发酵的成分。因此，饲喂指南为，在干物质中的含量比淀粉低 3% ~5%。与玉米比较，大多数的豆科和牧草粗饲料中的 NFC 基本上是果胶和有机酸，它们是淀粉和少量的糖。与那些玉米青贮饲料为主要的粗饲料（NFC 主要是淀粉）比较，以豆科植物或者牧草为主要粗饲料的日粮（NFC 主要是果胶），略为提高 NFC 的含量（1% ~4%）是可以接受的。

在泌乳奶牛和干奶牛日粮中的 NDF，ADF 和 NFC 浓度的推荐量列在表 2 - 2 - 3 中。来源于粗饲料的 NDF 的数量（fNDF），以及日粮中总的 NDF（TNDF）和 ADF（TADF）的推荐量为最低量，而 NFC 的推荐量则是最大量即上限的指南。其他的日粮的影响因素包括谷物来源，瘤胃淀粉利用率，纤维物质源，纤维颗粒大小和纤维的消化率等应该一并给予考虑，确定最后的配制日粮的 NFC 的上限量。

当配制日粮时，建议用 NDF 指标决定日粮中纤维性物质的合理用量，随着日粮中总的 NDF 含量下降，则较高比较的 NDF 应该来自粗饲料，且日粮中 NFC 伴随下降。

表 2 – 2 – 3　奶牛日粮中的纤维性物质和 NFC 含量指南[1]（%DM）

泌乳牛	NDF	fNDF[3]	ADF	NFC[2]	Starch	Sugar
泌乳早期（0~50 天）	>28	>19	>18	37~44	24~26	5~6
泌乳中期（51~199 天）	29~32	20~22	>19	35~42	23~25	5
泌乳后期（>200 天）	>32	21~24	>19	35~42	22~25	5
干奶牛	>25	>35	>25	<35	<20	5

注：[1] 假定粗饲料颗粒尺寸适度，粉碎干玉米为淀粉的来源；

[2] NFC = 100 – （NDF + CP + Fat + Ash）；

[3] 来自粗饲料的 NDF，其他养分针对日粮而言

粗饲料颗粒大小：日粮中 NDF 的含量并不能反映日粮中物理有效 NDF（peNDF）的数量。peNDF 代表了那些刺激反刍食物的咀嚼的较长的纤维颗粒，并且被用来维持瘤胃团，其对瘤胃功能和动物健康是必需的要素。粗饲料是 peNDF 的主要来源。一些研究表明，最小的粗饲料颗粒的长度为 6.5 mm，以维持适度的瘤胃 pH 值和适度的反刍行为，以及预防终端产品乳脂的下降（Allen，1997；Beauchemin et al.，1994；Grant et al.，1990）。宾州大学颗粒箱是一种估测粗饲料和 TMR 日粮的颗粒大小的有效工具。

用宾州大学颗粒箱评定 TMR 颗粒尺寸的指南：上层筛比例 = 6%~10%，第二层筛比例 = 40%~50%，第三层筛比例 < 35%，及底层筛比例 < 20%。这些比例针对总的样品湿重量而言。

NDF 消化率：反映在给定的时间段内 NDF 在瘤胃消化的比例，可通过原位尼龙袋法加上数学模型计算获得。当前的俄亥俄州研究表明，在日粮中粗饲料的 NDF 消化率和整个日粮的消化率没有相关性。在粗饲料和日粮之间的差异并随同 NDF 消化率的变化分析可能要求在生产上的改变之前，粗饲料 NDF 消化率有 8% 或者再多一些（Oba and Allen，1999）。但是，NDF 消化率是评定不同牧草品种之间品质差异的合理测定指标。

7. 脂肪：泌乳奶牛

泌乳奶牛中总的脂肪应该限制在 DMI 的 6%。大多数牧草和谷物类饲料中的脂肪酸含量为 2%~4% DMI。因此，关于添加的脂肪水平的最大量是总的日粮 DMI 的 2%。但是，总的脂肪作为满足能量的脂肪饲养是一个笼统的方法。因为作为脂肪的组分，尤其是不饱和的脂肪酸会影响生产反应，如乳脂率下降和繁殖。

日粮中重要的脂肪酸是油酸（C18：1），亚油酸（C18：2）和亚麻酸（C18：3）。但是，日粮中这些脂肪酸的数量和（或）总多不饱和脂肪酸（PUFA）是否能够避免乳脂下降或者提高繁殖性目前尚不确定。

8. 蛋白质：泌乳奶牛和干奶牛

满足奶母牛的蛋白质需要量源于饲料，瘤胃微生物（来自饲料在瘤胃的发酵产生的

微生物蛋白）及少量的内源性蛋白质。饲料中，蛋白质要么在瘤胃被降解，即表述为瘤胃可降解蛋白质（RDP），主要用来支持饲料发酵和微生物蛋白生长；或者是不被降解即非降解蛋白（RUP）和逃离瘤胃发酵。日粮中，RUP 的浓度是动态的，并随 DMI 的增加而升高，是因为较快的日粮通过瘤胃速率，较少了饲料蛋白在瘤胃的降解时间。

在瘤胃，可降解的日粮蛋白质降解为氨和肽类。日粮蛋白的 50% ~ 95% 在瘤胃降解。如果与瘤胃可降解的碳水化合物保持平衡，降解的蛋白质的大部分将被瘤胃微生物捕获并转换为微生物蛋白（MCP）。在小肠，RUP，MCP 和内源蛋白（ECP）被消化后转化为氨基酸。从小肠部位吸收的氨基酸称之为可代谢蛋白质（MP）。有关泌乳奶牛各干奶牛 MP 的需要量显示在表 2 - 2 - 4 中，而日粮中的 CP 和 RUP 推荐的需要量提供在表 2 - 2 - 5 中（NRC，2001）。

表 2 - 2 - 4 泌乳牛和干奶牛可代谢蛋白（MP）的需要量

参数	MP 需要量，g/天
1. 维持体重，kg	
454	404
499	410
545	418
602	423
646	427
2. 妊娠天数（DIG）> 220 天	240 g + 2 g × (DIG - 220)；DIG > 220
3. 泌乳，乳中真蛋白含量,%，MPC	g/kg 牛奶
2.8	42
3.0	44
3.2	48
3.4	51
3.6	53

按表 2 - 2 - 4 所示的需要量要求，举例计算 MP 的需要量：

表 2 - 2 - 5 泌乳牛及干奶牛日粮中 CP 含量指南（BW = 680kg）

蛋白质组分	—泌乳奶牛—泌乳阶段—			干奶牛	
	泌乳早期 DIM = 0 ~ 50 天	泌乳中期 DIM = 51 ~ 199 天	泌乳后期 > 200 天	干奶前期（产犊前 60 ~ 30 天）	干奶近期（产犊前 30 ~ 25 天）
CP, % DM	17 ~ 18	16 ~ 17	15 ~ 16	12 ~ 13	13 ~ 14
RDP, % CP	60 ~ 65	64 ~ 68	64 ~ 68	65 ~ 68	62 ~ 66
RUP, % CP	35 ~ 40	32 ~ 36	32 ~ 36	32 ~ 35	34 ~ 38

例 1：计算奶牛空腹重即维持体重 EBW = 600kg，DIM = 150 天，DIG = 150 - 70 = 80 天（这里假定奶牛在产犊后第 70 天配上种，下同），MPC = 3.2%，乳产量 = 25kg 的奶牛每天对 MP 的需要量

$$MP（g/天）=423+25×48=1\ 623（g）$$

例2：计算奶牛空腹重即维持体重 EBW = 600kg，DIM = 300，DIG = 300 − 70 = 230 天，MPC = 3.2%，乳产量 = 25kg 的奶牛每天对 MP 的需要量：

$$MP（g/天）=423+240+2×（230-220）+25×48=1\ 883（g）$$

氨基酸 奶母牛需要氨基酸以满足自身的代谢和生产"蛋白"的需要。由于在瘤胃饲料蛋白的消化和在瘤胃发酵过程中微生物蛋白生产的复杂性，氨基酸需要量至今还没有确切地建立起来。但是，基于剂量—反应曲线，在泌乳奶牛日粮中关于赖氨酸和蛋氨酸推荐的水平，进入小肠的 MP 中分别为 6.6% ~ 6.8% 和 2.2%。或者 Lys/Met 两者比例为 3∶1（Schwab and Boucher，2007）。其他的氨基酸也可能是限制性的，如组氨酸，亮氨酸和缬氨酸，但是，为最大化的生产而给出决定性的日粮需要量或者水平尚不明了。

配制日粮以满足母牛的氨基酸需要量的益处，应包括饲喂的日粮在总的 CP 含量上可做到水平低一些，即低蛋白日粮但满足氨基酸的需要量，并增加动物利用蛋白的效率，增加乳蛋白和乳脂的产量并较少饲料成本。

9. 矿物质

泌乳奶牛和干奶牛的矿物质使用指南：吸收的矿物质是那些需要的满足组织和生产的需要量。日粮中并非所有的矿物质具有相同的吸收效率，且源于饲料的各个矿物质的吸收率取决于饲料原种中矿物元素的浓度、饲料类型以及与其他矿物元素和养分的互作。需要的满足吸收数量的日粮中矿物元素的最少的推荐量列在表 2 − 2 − 6 中。

DCAD 日粮阴阳离子差（DCAD）反映日粮中强的阳离子（具有正电荷离子）的浓度和阴离子（具有负电荷离子）浓度的差值。至今建议了一系列的方程用来确定 DCAD，但是通常采用的方程为：

$$DCAD（mEq/100\ g日粮DM）=[（\%Na×43.5+\%K×25.6）-（\%Cl×28.2+\%S×62.5）]$$

负的 DCAD 日粮会使用在产犊前 3 周内的日粮中，作为降低代谢紊乱的方法并用利用产犊。正的 DCAD 日粮应该使用在泌乳奶牛日粮中以促进泌乳生产与奶牛健康。

产期 3 周内的日粮：推荐的 DCAD 水平从 − 15 ~ − 10 mEq/100 g 日粮 DM。饲喂负的 DCAD 日粮能帮助在分娩及其后维持血液钙水平。骨质物是在体内用来控制酸碱平衡的缓冲物的主要来源。当奶牛消耗酸性日粮导致血液 pH 值下降时，钙就从骨质中释放进入血液。此外，酸性日粮导致钙从小肠的吸收增加。为确定负的 DCAD 日粮的有效性，可定期测量尿 pH 值。理想地，产犊前的后 2~3 周，尿 pH 值应该是 6.0~6.5。

泌乳奶牛：为最大化饲料采食量和牛乳生产，推荐的日粮 DCAD 是在 25 ~ 35 mEq/

100 g DM。在热应激条件下饲喂正项平衡的 DCAD 日粮是有益的，因为此时奶牛经历着重碳酸盐和钾的损失（Beede，2005）。

表 2-2-6　泌乳牛及干奶牛日粮中矿物元素含量指南[1]

常量元素，% DM	—泌乳奶牛—泌乳阶段—		干奶牛	
	泌乳早期	泌乳中期至后期	Far-Off	Close-up
Ca	>0.80	0.65~1.00	0.65~1.00	1.50
P	>0.40	0.38~0.40	0.36~0.40	0.40
Mg	>0.30	0.25~0.30	0.30	0.30~0.35
K	>1.60	1.50	<1.50	<1.3
Na	>0.20	>0.20	0.10	<0.1
Cl	0.30	0.30	0.15	<0.70
S	0.20~0.50	0.20~0.25	0.20~0.25	<0.40
食盐	0.35~0.50	0.35~0.50	0.20~0.25	0
DCAD-mEg/100gDM	25~35	25~35	—	-10~10
微量元素		日粮中额外添加的，mg/kg		
Co	0.50~1.0	0.2~0.5	0.51~1.0	0.52~1.0
Cu	14~16	12~16	14~16	14~16
I	0.9~1.0	0.70~0.90	0.90~1.0	0.9~1.0
Fe	0~30	0~30	0~30	0~30
Mn	50~70	40~60	50~70	50~70
Se	0.3	0.3	0.3	0.3
Zn	75~85	55~75	75~85	75~85

注：[1] 数据采纳于 Zinpro Corp 和 NRC（2001）

10. 维生素

脂溶性维生素（A，D，E，K）：关于泌乳奶牛和干奶牛的日粮中，推荐的脂溶性维生素（A，D，E，K）的浓度列在表 2-2-7 中。对于栓系饲养的奶牛，日粮中推荐添加维生素 A，维生素 D 和维生素 E。由于维生素 D 是在光照存在下合成的，当奶牛如果基本饲养在牧场地，添加维生素 D 可能是多余的。由于维生素 K_2 可以通过微生物合成及维生素 K_1 可以通过粗饲料中正常饲喂保证浓度，所以，泌乳牛中也不必添加维生素 K。

表 2-2-7　泌乳奶牛和干奶牛每天的脂溶性维生素推荐量（NRC，2001；Weiss，2007）

维生素	泌乳奶牛	干奶牛
	IU/天	
A	85 000~100 000	85 000~100 000
D	20 000~30 000	20 000~30 000
E	500	1 000[*]

＊ 产犊前 2~3 周每天添加 2 000~4 000IU 可能是有益的

水溶性维生素（B 族维生素和维生素 C）：在日粮中添加水溶性维生素以预防临床的缺乏是不必要的。因为维生素 C 可以在奶牛的肝脏和肾脏合成，大多数 B 族维生素也可以通过瘤胃和小肠的细菌合成，而且在饲喂给奶牛的典型饲料中具有可观的 B 族维生素。但是，在某些条件下，添加下列的水溶性维生素在奶牛日粮中，可以改善奶牛的健康和提高生产性能（Dairy NRC，2001；Weiss，2007）。

生物素：研究表明，当在奶牛日粮中每天添加 20mg 的生物素持续 2 ~ 6 个月，对牛只的蹄子健康和跛脚有改善的效果。同时也能观察到奶产量的增加（0.9 ~ 1.4kg/天）。

烟酸：烟酸与能量与脂肪代谢有关，因此对于牛奶的产量及乳成分而言是重要的。每天添加 12 g 烟酸可能对于泌乳早期少许促进牛奶、乳蛋白和乳脂的产量增加。每天向瘤胃饲喂未保护的 6 ~ 12 g 烟酸好像在减少酮症方面没有效果。烟酸在瘤胃很容易降解。因此，如果考虑添加烟酸，采用瘤胃保护来源的烟酸应该相对不做保护处理的烟酸更加有利。

氯化胆碱：如果不是包裹在胶囊中保护以免于瘤胃微生物的降解，胆碱会很快在瘤胃降解掉。当在奶牛日粮中每天添加 30g 过瘤胃保护的氯化胆碱，结果显示，具有相当一致的提高牛奶产量的效果（大约 2.3kg/天）。瘤胃保护的氯化胆碱也曾使用在过渡期（产犊前 25 ~ 30 天）奶牛的日粮中，用来降低脂肪肝和酮症的发生。

矿物元素和维生素对免疫的影响：很多矿物元素和维生素对于维持健康的免疫系统担当重要的角色。例如，维生素 E，硒和维生素 A 充当抗氧化剂，减少体内自由基对细胞的损害。铜和锌是过氧化物岐化酶必需的成分。因此，微量元素的缺乏可能损害免疫功能并影响抵御疾病的能力。

在奶牛的干奶期或者应激期间，奶牛的免疫系统已经处在妥协让步时，缺乏微量元素尤其不利。但是，获得最佳的免疫功能对微量元素的需要量尚不清楚。目前，关于奶牛的微量元素和免疫功能之间的关系进行的研究基本集中在硒、维生素 E、铜和锌（Spears，2000；Goff，2008）。

硒和维生素 E：可能由于损害的嗜中性细胞的功能，硒和维生素 E 的缺乏与胎盘不落和乳房炎的发生率的增加有关。推荐的日粮中硒添加量为 0.3 mg/kg（法定的限量）。当牧草来自生长于缺乏的土壤里，保证硒的添加量至关重要。新鲜的牧草是维生素 E 的好的来源。栓系饲养的母牛的日粮，在分娩前 3 周至分娩后 2 周即围产期每天添加 2 000 ~ 4 000 IU 维生素 E 非常有益处。

铜和锌：铜和锌的缺乏降低免疫功能，而且对繁殖性能也不利。适当数量的铜和锌及其他微量元素提供给干奶期的日粮中，保证胎盘向胎儿转移中，在肝脏和其他组织中累计它们的浓度，并达到初乳和牛奶中浓度的增加，以满足新生儿的需要。

第三章　奶牛营养与饲料

本部分翻译并整理了来自国际上有关奶牛饲养与营养调控的一些经验与做法。尽管有些做法对于大规模、标准化饲养奶牛的企业过时了，但对于我国很多散养户或者小规模的养殖场，收集的信息及数据还是具有一定的参考价值，可以指导奶牛的生产与管理。因此，读者需要具体结合生产实际，活学活用别人的经验或者验证国际同行的做法，做到"洋为中用"。

1. 饲喂奶犊牛

（1）综述

A. 从商业规模上讲，尽可能快地将初生犊牛与母牛分开饲养是很必要的。实质上，在挤奶设施中没有牛犊的空间。

B. 产犊后的奶牛需要特别的营养和饲喂设施，以使它们的泌乳能力达到最大化。因而犊牛可以被高效地安置在不同的设施。

C. 新生小牛的健康和活力状况依赖于母牛在妊娠期最后 60 天的营养情况；其中，小牛初生重的 70% 在这一期间发育而成。

D. 初乳：

● 不但提供新生牛缺少的抗体，而且有通便作用，以开启消化道的功能。

● 在商业条件下，牛犊很少得到母牛的初乳，但是对于"新鲜的，冷冻的/解冻的，发酵的"初乳的效能没有什么明显的区别。

（2）牛犊出生至 4 个月龄

A. 新生牛有与反刍动物消化系统相关的所有必需器官，但是消化和代谢过程与非反刍动物类似。

B. 瘤胃中直到接近 60 天时，才会出现特有的微生物区系，因而在刚开始有必要提供乳/代乳品。

C. 为牛犊提供常规饲料

——包含初乳、全乳料和犊牛开食料以及干草或者牧草。

● 初乳—依情况而定，但是犊牛或许在 24 小时之内离开母牛，然后给予其他的饲养方案。

● 全乳料——一种极佳的十分昂贵的饲料，尤其是有好的牛奶市场存在的地方。

- 代乳品—营养规格见表 2 – 3 – 1。
- 高乳副产品饲料以粉末形式出售，饲喂时添加水。
- 优质代乳料至少在前三周使用。
- 或许，太复杂而自己不能混合，因而需购买。
- 一种典型的代乳品包含脱脂乳粉或者乳清或者 10% ~ 30% 的动物脂肪，同样也包含附加的维生素，微量元素和抗生素。

表 2 – 3 – 1　代乳品（Aseltine，1998）

营养素	推荐量	营养素	推荐量
粗蛋白,%	22.0	钴，mg/kg	0.10
粗脂肪,%	10.0	铜，mg/kg	10
钙,%	0.70	锰，mg/kg	40
磷,%	0.60	锌，mg/kg	40
镁,%	0.07	碘，mg/kg	0.25
钾,%	0.65	硒，mg/kg	0.30
钠,%	0.10	维生素 A，IU/Kg	3 810.6
硫,%	0.29	维生素 D，IU/Kg	601.3
铁，mg/kg	100	维生素 E，IU/Kg	39.6

注：*数据均为最低水平。在某些营养素水平上，很多商业产品超过了 NRC 规定的量

- 犊牛开食料。
- 大约在一周龄左右，犊牛应该采食一定量的开食料。
- 开食料的配给量—饲喂小犊牛高能，高蛋白（16% ~ 20%），低纤维的精料（表 2 – 3 – 2）。
- 通常，基于玉米和豆粕，为了流散性和适口性添加燕麦。
- 一般情况下，添加钙、磷、微量元素和盐。
- 低剂量抗生素（22mg/kg 开食料）能够改善饲料适口性，而治疗剂量（220.3 ~ 1 101.3mg/天）能够抵抗家畜腹泻病。
- 谷物原料应该得到粗略的研磨。

D. 液体饲料饲喂方案——两种类型。

- 开放的喂乳系统
- 肉犊牛—给肉用小犊牛提供最大量的乳或代乳品，同样，供给的日粮包含了高浓度的脂肪以提高能量的摄入量。
- 牛群替代品（后备牛）。

①一种昂贵的方法：牛群生长很好。除了牛奶之外，也应该提供谷类和盐类。

②饲喂体重的 8% ~ 10%（或者等量的代用乳），直到 3 ~ 4 月龄。

- 限量的喂乳系统。

- 传统方法

①饲喂牛乳、代乳品或者贮藏的初乳，饲喂量占体重8%～10%的水平，直到消耗开食料0.91～1.36kg/天，此时，"牛奶饲喂"已减少，并且在4～7周龄时没有奶剩余。

②在1周龄的时候开始饲喂干草。或者延迟到1月龄时饲喂以促进早期开食料的摄入。

- 早期断奶

①1月龄时完全断奶，但需要好的管理措施和早期对饲喂开食料的调整与适应。

②犊牛或许在1月龄时不是很强壮，但看上去与3～4月龄的也没有区别。

③建议牛奶饲喂计划。

对0～3天，4～24天，25～31天，每天分别饲喂1.82～2.72kg，2.27～3.18kg和1.36～1.82kg的牛奶。

④在断奶时，除了奶，也应该以1.5%体重的比例提供干饲料。

E. 犊牛白痢

- 犊牛断奶前主要考虑的一个问题。

- 在温和条件下（例如，不断料，不消沉和不发烧），供给口服的电解质溶液或许有重要意义。

- 除掉或者大量减少乳或者代乳品的供给量。

- 一些人提出优质方法，也有一些人坚持犊牛饲喂常规量的代乳品。

- 提供或饲喂电解质液3～6次，这取决于牛的粪便成型需要多久。45kg的牛犊应该每天消耗5qt的电解液，即占体重的10%。

F. 饲喂犊牛干草或者青贮料

- 在5～10天时，犊牛可能开始咀嚼优质干草，但是在8～10周之前不会消耗大量的优质干草。

- 不便饲喂粗饲料。

- 或许在开食料中加入一种粗饲料成分（20%～25%）（如纤维）。

- 适量的纤维对于瘤胃乳头状凸起的健康是必要的，犊牛渴望采食粗饲料。

- 由于青贮料水分含量的缘故，在3月龄前应限量饲喂。

表2-3-2　建议的犊牛开食料日粮（Jurgens, 2002）

营养素	1	2	3	4	5	6
原料,%						
玉米，压碎的	50	39	54	50	34	28

（续表）

营养素	1	2	3	4	5	6
燕麦，压碎的	35	—	12	26	34	30
大麦，压碎的	—	39	—	—	—	—
甜菜渣	—	—	—	—	—	20
玉米芯，粉碎的	—	—	—	—	14	—
小麦麸	—	10	11	—	—	—
大豆粕	13	10	8	17	16	15
亚麻籽粕	—	—	8	—	—	—
糖蜜，液体的	—	—	5	5	—	5
磷酸氢钙	1	1	1	1	1	1
TM 盐和维生素	1	1	1	1	1	1
	100	100	100	100	100	100
计算的养分浓度						
饲喂状态：						
粗蛋白,%	14.5	14.0	14.5	15.4	14.7	14.8
TDN,%	73.1	73.0	72.5	72.9	68.2	70.5
NEm, Mcal/kg	1.83	1.76	1.80	1.83	1.68	1.75
NEg, Mcal/kg	1.25	1.19	1.22	1.25	1.11	1.19
钙 Ca,%	0.29	0.29	0.35	0.34	0.32	0.45
磷 P,%	0.54	0.61	0.64	0.54	0.52	0.49
干物质	88.5	88.4	87.8	87.8	88.9	88.5
绝干状态：						
粗蛋白,%	16.4	15.8	16.5	17.5	16.5	16.7
TDN,%	82.6	82.6	82.5	83.0	76.7	79.7
NEm, Mcal/kg	2.07	1.99	2.05	2.08	1.89	1.98
NEg, Mcal/kg	1.41	1.35	1.39	1.42	1.25	1.34
钙 Ca,%	0.33	0.33	0.40	0.39	0.36	0.51
磷 P,%	0.61	0.69	0.73	0.61	0.58	0.55

注：[1]配方以饲喂状态为基础。日粮 1、日粮 2、日粮 3 和日粮 4 被推荐使用在 4 周龄断奶的和接受牧草的犊牛。日粮 5 和日粮 6 被推荐使用在 4 周龄断奶的和不接受牧草的犊牛；

[2]犊牛开食料应该从第 3 天开始饲喂直到 12 周龄。采食量应该限制在每天每头牛 1.36～1.82kg；

[3]维生素预混料在日粮的推荐量为：维生素 A：2 000IU/kg；维生素 D：500IU/kg

2. 饲喂小母牛、公牛和奶牛

（1）4～12 月龄

A. 如果小母牛在断奶前恰当地供给固体饲料，用于生长的日粮会被逐步改变，从而在 15 月龄时进入青春期。

B. 瘤胃性能—仅用草料饲喂动物来满足能量需要是不足的，因而，饲喂牛群某些精料到 1 年龄左右是有必要的。

- 夏天—牧草，干草和精料（1.36～3.18kg/天依据体型和草料质量而定）。

- 冬天—干草，青贮料和精料（1.36～3.18kg/天依据体型和草料质量而定）。

C. 粗饲料和精料用于挤奶牛群的同样可以用于小母牛。

- 应该将精料和饲草的蛋白质含量调换一下。

- 推荐自由采食矿物质混合料。应该包括钙，磷，盐和微量元素。

- 为生长牛提供精料—连同自由采食的草料量一起不能超过2.27～3.18kg/天（表2-3-3）。

表2-3-3　200kg犊牛在4～12月龄的谷物需要量

营养素	1	2	3	4
营养素组成,%				
玉米，破碎的	78			50
燕麦，压碎的	20	35		27
大麦，压碎的		50		
带穗玉米，粉碎的			76	
液体糖蜜		5	5	
大豆粕		8	17	20
石灰石				1
磷酸氢钙	1	1	1	1
矿物元素盐	1	1	1	1
	100	100	100	100
计算的养分含量				
饲喂状态:				
粗蛋白,%	9.2	13.8	13.9	16.7
TDN,%	74.9	70.0	71.1	72.8
NEm, Mcal/kg	1.87	1.71	1.84	1.82
NEg, Mcal/kg	1.29	1.16	1.27	1.25
钙,%	0.25	0.33	0.35	0.68
磷,%	0.48	0.56	0.49	0.56
干物质,%	87.9	88.4	86.7	88.6
绝干状态:				
粗蛋白,%	10.5	15.6	16.0	18.8
TDN,%	85.2	79.2	82.0	82.2
NEm, Mcal/kg	2.13	1.93	2.12	2.05
NEg, Mcal/kg	1.47	1.31	1.46	1.41
钙,%	0.28	0.37	0.40	0.77
磷,%	0.55	0.63	0.56	0.63

注:[1]配方以饲喂状态为基础。日粮1被推荐为饲喂含有豆科植物干草如苜蓿草（14%～17%CP）的日粮；日粮2和日粮3被推荐为含有饲喂豆科干草及牧草混合的干草（10%～13%CP）的日粮；日粮4被推荐为饲喂含有牧草干草（6%～9%）的日粮。

[2]奶用犊牛每天应该消化的饲料：粗饲料的干物质量占体重的2%～2.5%，精饲料的干物质重占体重的0.5%～1%

D. 额外的脂肪 如果有必要，为避免犊牛变肥而限制谷物的用量。

● 过度肥胖会出现繁殖问题。

● 同样，与在适当环境中饲养的牛比较，肥胖的奶牛在以后产奶量低，可能是由于乳房中过多的脂肪组织的缘故。

（2）从 12 月龄到产犊

A. 应该有较好的瘤胃性能从优质牧草中以满足营养需要。

● 每天增重 0.68~0.82kg/天。

● 只有当草料质量差或者限量使用时才能饲喂精料。

● 夏天

——使用牧草或者干草，如果有必要，饲喂 0.91~3.63kg/天精料（依据体形而定）。

● 冬天

——使用干草和青贮料，也饲喂 0.91~3.63kg/天精料（依据体形而定）。

● 提供自由采食矿物质的条件。包括钙，磷和盐以及如果饲喂劣质饲草应添加微量元素等。

B. 在 15 月龄配种时，母牛体重应在 250kg（娟珊牛）到 363kg（荷斯坦牛和瑞士褐牛）之间。从出生开始每天增重 0.79kg。

C. 生长牛以一种不可逆转的顺序利用营养物质：① 日常维持需要，② 生长需要，③ 排卵和受孕。

D. 避免过度调节造成生殖效率的损害和由于乳房脂肪组织的沉积减少了牛奶的产量。

E. 受孕早期的一些管理技术。

● 催情补饲——在恰当的年龄增加母牛所有营养物质的摄入量。

● 过瘤胃蛋白——在第一次繁殖期时用。

● 矿物元素络合蛋白——可能提高繁殖效率。

● 离子载体——不但能减少生成甲烷造成的浪费（同样作为抗球虫药），而且能够减少瘤胃氨的产生以节约摄入的蛋白。

F. 育成牛的营养。

● 预产期前 60 天进料。目标应该是生长，然而应避免过多的脂肪沉积，尤其在乳房。

● 妊娠期或者围产期的最后 60 天。开始饲喂精料并且逐渐增加供给量，使母牛适应高谷类的摄入量，这对于产后泌乳是必要的。做到：

● 调节瘤胃区系增加微生物种群的数量，从而可以发酵泌乳期供给的特定饲料。

- 增加养分摄入量以增加身体贮备,这对泌乳早期以及自身的生长是必要的。
- 可为迅速生长的胎儿提供增加的营养需要。

(3) 饲养公牛

A. 公犊为育种目的

- 由于现今人工受精技术的广泛使用,饲养少数公犊就能达到繁殖的目的。
- 和小母牛的饲喂及处理方式大致相同,但是公牛的生长比母牛要快些,因而,也应该供给更多的饲料。

B. 青年公牛

- 应饲养在生长迅速的、有活力的条件下,但是不能太肥。
- 成熟公牛维持每100kg体重补充0.51kg谷物类饲料的水平,如果需要——饲喂泌乳奶牛同样的谷物饲料水平。

(4) 饲养肉用奶牛品种

A. 在美国,每年大约生产400万头的荷斯坦阉牛。

B. 一小部分作为小牛,饲养剩下的大部分犊牛是为了在商业牛肉市场上销售。

C. 不作为后备母牛或者公牛的小牛,饲养后以牛肉的形式出售。

D. 荷斯坦肥育牛的几种饲养方案:

- 在圈栏和小圈舍中饲养,断奶后和后备牛一起,然后实施全饲养方案。
- 断奶犊牛在实施育肥饲养方案前,应该采用舍饲生长饲养方案。
- 断奶犊牛在育肥之前,应饲养在牧场。

E. 两种最常见的育肥方案和出场重。

- 高能日粮/低出场重——饲喂高谷物类日粮使得体重从136kg到363~454kg的出场重。
- 高粗饲料/高出场重——以粗饲料(玉米或者高粱秸秆,小麦或者其他多余的牧草)为主生长到272~363kg,然后,在养殖场育肥阶段饲喂高谷物日粮。一般出场重在522~635.6kg。

3. 饲喂奶制品

(1) 综述

A. 奶和奶制品

- 美国的饮食习惯　人均年消费约280kg奶制品,它们提供大约75%的膳食钙。同样,也是其他一些营养物质的重要来源,比如,能量、蛋白质、维生素和一些矿物元素。
- 其他国家　在有些国家消费量比美国的高出50%~100%,而且世界人均消费量高于100kg,甚至包括那些消费奶制品极少的国家。

B. 在美国，大约有 950 万头奶牛，每头奶牛大约每年生产 9 300kg 的牛奶。

C. 美国使用的饲养体系的种类依地域和饲料供应而定。

● 牧场饲养——传统的饲养继续在人烟稀少的地方。

● 圈养体系，用最少量的粗饲料和大量的浓缩饲料如浓缩料—用于大城市环绕的地方。

D. 奶牛需要消耗大量的饲料/营养物质才能实现如今期望的牛奶产量，而且，饲料成本占总成本的 50%。

● 因此，饲养方案比起其他的单一因素更能够决定泌乳期奶牛的生产率和收益率。

● 奶牛之间产奶量不同的原因 75% 是由环境因素决定的，其中，饲料因素占了大部分。

● 在产奶高峰期，奶牛需要的蛋白质和能量是妊娠晚期的 3～10 倍，但是，奶牛的食欲经常出现在营养需求之后。

（2）泌乳和妊娠周期

A. 产奶量，干物质摄入量和体重改变之间的关系如下图所示。

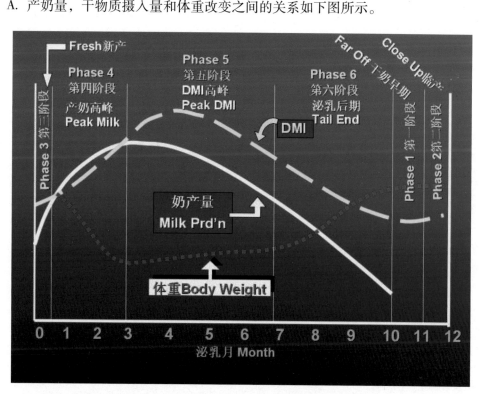

图 奶牛体重变化曲线、泌乳曲线及干物质采食量曲线（Schingoethe，1998）

B. 产奶量，—迅速增加并且在产犊后 6～8wk 达到高峰。

C. 饲料摄入量，—延后于产奶量，比如，最大干物质摄入量直到产犊后 12～15wk

才出现。

D. 体储备，——通过动员体贮备来弥补需要量和供应量之间的差额。通常 90～135kg 的体重。

（3）粗饲料

A. 奶牛在泌乳期不能消耗足够的粗饲料来满足它的营养需求，即使它们有相当大的容量。

● 日常粗饲料的摄入量由体重和粗饲料的质量来评估测定（表 2－3－4——干物质基础）

表 2－3－4　粗饲料质量与日摄入量之关系

粗饲料质量	日摄入量（%BW）
优质	3.0
良好	2.5
平均水平	2.0
中等	1.5
超差水平	1.0

● 允许任意采食所有粗饲料。然而，没有留下足够的空间来消耗必需的精料来满足高产奶牛需要的能量，因而，粗饲料的摄入量限制在体重的 1.75%～2.0%。

● 估计青贮料的摄入量（饲喂基础）

——每摄入 1kg 干草应添加 3.02kg 青贮料。

● 牧草摄入——通常，在相同干物质含量的情况下高于青贮料的摄入。

B. 通过每天饲喂多次和供给多种多样的粗饲料的方法来增加粗饲料的摄入量。

（4）精料

A. 精料混合物包含了谷类、面粉厂下脚料、蛋白质补充料和矿物元素（表 2－3－5）

表 2－3－5　饲喂不同品质饲草的泌乳奶牛采食精料的推荐量[a]

成分	高蛋白		中等蛋白			低蛋白	
	1	2	3	4	5	6	7
玉米，粉碎的	—	70	—	—	—	50	—
带穗玉米，粉碎的	92	—	85	74	78	—	61
燕麦，粉碎的或压碎的	—	28	—	—	—	—	—
小麦麸	—	—	—	—	—	23	—
液体糖蜜	—	—	—	—	—	—	6
尿素（281%蛋白质当量）[b]	—	—	1	—	—	—	—
大豆粕[c]	6	—	12	—	20	24	30
大豆，压碎的	—	—	—	24	—	—	—

（续表）

	高蛋白		中等蛋白			低蛋白	
磷酸氢钙[d]	1	1	1	1	1	1	1
石灰石	—	—	—	—	—	1	1
盐 & 维生素	1	1	1	1	1	1	1
	100	100	100	100	100	100	100
分析计算							
饲喂基础							
粗蛋白,%	9.9	9.5	14.9	15.2	15.2	18.9	18.7
TDN,%	71.4	74.2	70.8	73.5	71.7	71.6	70.5
NE_L, MJ/kg	6.90	7.20	6.82	7.11	6.90	6.95	6.82
钙,%	0.29	0.25	0.30	0.34	0.32	0.70	0.75
磷,%	0.45	0.48	0.47	0.51	0.51	0.76	0.55
干物质,%	86.9	88.1	87.3	88.1	87.4	88.6	87.1
干物质基础							
粗蛋白,%	11.4	10.8	17.1	17.2	17.4	21.3	21.4
TDN,%	82.2	84.2	81.1	83.4	82.0	80.8	80.9
NE_L, MJ/kg	7.95	8.16	7.82	8.08	7.91	7.82	7.82
钙,%	0.33	0.28	0.34	0.38	0.37	0.79	0.87
磷,%	0.52	0.54	0.54	0.58	0.58	0.86	0.63

注：[a]饲料配方建立在饲喂基础上；[b]尿素占能提供蛋白质的精料的1%；[c]其他的高蛋白饲料或者商业补充料在蛋白质水平上能够替代豆粕；[d]其他的高钙—磷矿物元素混合物，如蒸骨粉或者商业混合物能够替代磷酸氢钙

- 饲喂的混合物的种类会随着粗饲料的种类（如高蛋白混合物需要低蛋白粗饲料）、利用率和成本等因素。

- 精料混合物的饲喂量依赖于：

·耗料量

·产奶量

·奶成分（乳脂率）

- 不管谷类和粗饲料的比较成本如何，精料最大限制量在60%左右。

- 精料比例超过60%会导致瘤胃VFA的比例发生改变，发过来会导致乳脂的降低。

B. 精料摄入量受饲料的适口性以及在谷仓或者挤奶间能够消耗精料的时间的影响。

C. 依情况而定，但是倾向于过度饲喂低产奶牛和饥饿高产奶牛。

（5）阶段饲养体系

A. 饲养阶段通常分为4~5个—参照"2. 泌乳和妊娠周期"

- 阶段1—泌乳的前10周。高峰产奶和体贮备用来补足营养缺失。

- 阶段2—泌乳期的10~20周。最大的干物质采食量，摄入量与需要量平衡。

- 阶段3—摄入量超过需要量。是为下一个泌乳期做准备的体贮备的主要时期。

- 阶段 4&5—干奶期,而且也可以被看成只有一个阶段。但是:
- 阶段 4—干奶期的大部分时期,为下一个泌乳期提供充裕的体贮备和再生分泌组织。
- 阶段 5—产前 1~3 周。开始增加精饲料摄入量,是为瘤胃适应逐渐增长的营养需要做准备的方式。

B. 干奶期牛及育成牛(阶段 4~5)

- 牛需要一段短时间的休养,为下一个泌乳期做准备。最佳的干奶期是 6~8 周。
- 少于 40 天—乳房再生的时间不足,因而造成生产率降低。
- 多于 60 天—不能增加产量,可能导致多余的体况和产犊出现问题。
- 育成牛
- 营养需要稍高于同体尺的干奶牛—还处在生长阶段。
- 优质干草能够提供妊娠早期需要的所有营养物质。
- 在妊娠期的最后 3~4 个月需要摄入一些谷物和饲草,以支撑生长和胎儿发育所需要的营养物质。
- 对于干奶牛,应该处于良好的状态,但是,在产犊时不能太肥。
- 在干奶期,饲草的质量或许不是最关键的,但是奶牛需要充足的营养来满足胎儿以及自身身体储备的需要,这个是前几个阶段不可代替的。
- 牛营养需要仅靠摄入粗饲料而不用精料就能满足,但是,可能要依据体况每天需要摄入 1.82~2.72kg 的谷物(干物质摄入量大约占体重的 2%)。
- "肥胖母牛综合征"—饲喂高水平的玉米青贮料或者谷物饲料将会导致肝脏脂肪的过度沉积。
- 以高血脂和脂肪肝为特征。
- 可能会导致难产,真胃后移,酮病和其他一些疾病。
- 比起玉米青贮料,饲喂干草或者半干青贮料很少出现问题。
- 产犊前两周,增加谷物的摄入量,即奶牛产犊时每天消耗 5.45~7.26kg 谷物(体重的 1%)。
- 帮助奶牛习惯产犊后需要的大量的谷物摄入量,而且能够减少泌乳期酮病的发生率。
- 最好是逐渐地增加谷物的供给量,或许可以减少产乳热发生的几率。大多数精料有一个合适的钙磷比例。
- 分娩前给存在产乳热问题的奶牛饲喂低钙日粮(< 0.2%,钙摄入量减少到 14~18g/天)2 周或许有益处。
- 同样,饲喂负的 DCAD(日粮阴阳离子差)的日粮(−15~−10Meq/100gDM)或许能够消除产乳热问题。

C. 产奶高峰期（阶段1）

• 奶牛在产犊后应该尽快地进入产奶高峰期。应该通过饲喂稍高于推荐量的量直到产奶量不能升高为止，然后再相应地调整谷物摄入量。

• 产奶量迅速增长，产犊后6~8周出现高峰期。

• 奶牛最关键的时期是"从分娩到产奶高峰期"。

• 这个阶段的目标—尽快地增加饲料摄入量。

• 产犊后每天多增加0.45~0.91kg谷物以满足能量需要。

• 避免过多的谷类饲料（>65%总干物质），并且维持日粮中17%~19%的酸性洗涤纤维以减少瘤胃疾病。

• 多余的日粮蛋白摄入，能够更高效地动用体脂肪产奶，因为奶牛常常损失体重。

• 更多的瘤胃非降解蛋白源（例如，过瘤胃蛋白）会被推荐用于高产奶牛的泌乳早期。

• 奶牛产奶（5kg/100kg体重）的蛋白质需要可以通过瘤胃微生物蛋白来满足，加上正常数量的过瘤胃蛋白，但是产奶量更多的奶牛会受益于额外的过瘤胃蛋白。

• 限制尿素的用量在0.09~0.18kg/天。一些调查显示当蛋白水平很高时，尿素的利用效率很低。

• 增加饲料的能量密度可能能够满足奶牛的能量需要。当维持充足的纤维摄入量，每天饲喂0.45~0.68kg额外的脂肪可能增加能量摄入量。

• 缓冲液，如仅用碳酸氢钠或者联合氧化镁，在泌乳早期可能是有益的—能帮助维持瘤胃的pH值，以减少酸中毒，降低消化紊乱，从而增加干物质的采食量。

D. 干物质采食高峰期（阶段2）

• 为了维持产奶的高峰期，应该在泌乳早期尽早地达到最大干物质摄入量。通常，在12~14周达到最大。

• 最大干物质摄入量：

• 在泌乳早期能够降低可能发生的负营养平衡。

• 受孕率在正能量平衡时更高，这是一个要着重考虑的问题，因为奶牛常常在这一阶段繁育。

• 对于大多数牛，最大干物质摄入量很可能达到体重的3.5%~4%，但是也存在变异情况（一些奶牛的摄入量可能达到体重的5%）。

• 谷物摄入量能达奶牛体重的2.5%，干物质摄入量应至少为奶牛体重的1%~1.25%以维持瘤胃的作用和乳脂的检测。

• 每天应饲喂草料和谷物多次。

• 高产奶牛（如 > 31.8kg 4% 校正乳）应该饲喂天然蛋白质而不是尿素。

• 蛋白质

——需要的蛋白质的百分含量比泌乳早期要低，可能是因为大量的蛋白质被消耗。

——过瘤胃蛋白益处较小—微生物蛋白的合成会由于干物质摄入量的增加而增加，但是仍然要维持瘤胃降解蛋白和非降解蛋白之间的平衡。

E. 泌乳中后期（阶段 3）

• 可能是最简单的阶段，因为产奶量日趋减少，营养摄入量超过需要量（尽管奶牛在这一阶段已经怀孕）。

• 应该记住青年牛仍在生长，如对于 2 岁年龄的牛生长的营养需要占维持需要的20% 。同样，对于 3 年龄的牛占 10% 。

• 平衡好产奶量和精饲料摄入量，避免低产牛的谷物浪费—或许这一段是减少饲料成本的机会。

• 非蛋白氮可能被较好地利用，如果需要的话，可以利用尿素（每头牛每天0.18 ~ 0.23kg）降低成本。

• 如果需要的话，饲喂额外的营养物质来替代泌乳早期损失的体组织。奶牛在泌乳期比在干奶期更能有效地更换体组织，但是，避免过度调节。

（6）饲喂产奶牛的一些思考

A. 泌乳期最佳采食量

• 饲料含水量

•当饲喂青贮料或者新鲜饲草或者其他一些高水分饲料如高水分玉米，湿啤酒糟，液体乳清时应慎重考虑。

•水分以新鲜饲草的形式存在，比以青贮料或者其他发酵饲料的形式存在时，对干物质摄入量的影响小——即当来自青贮料中的水分含量超过 50% 时，会降低干物质的摄入量，部分是由于饲料中的化学成分而不是水分本身造成的。

• 饲喂频率

•最少一天 4 次给料——交替更换粗饲料和精料或许是增加采食量的最好的方法。

•总的混合比例——饲喂频率或许不能增加采食量，但是，可以帮助稳定瘤胃的发酵。

•高产牛　显然，有必要使采食量达到最大化：

•应该每天接触饲料 18 ~ 20 小时，可能需 12 ~ 22 餐消耗它们的日摄入量，从而增加采食量。

•一次消耗高于 4.5kg 的精料会导致酸中毒。

•一些电子饲喂器通过设置程序来限制奶牛在短时间内消耗的精料量，这样对减少酸中毒的发生有重要作用。

B. 饲喂青年牛足够的饲料来满足其生长，维持和产奶需要。最好依据产奶量将奶牛分组作为一种引导饲养法。

C. 一般而言，更多的奶牛是供应的能量比起蛋白质量要低［大多数泌乳日粮中包括13%～17%CP和60%～70%TDN（1.14～1.52 Mcal/kg NEL）］，即能量不足是大多数奶牛饲养的主要问题，在中国更是如此。

D. 饲草或者谷实类的粉料或者颗粒料不应该单独地饲喂泌乳牛，因为它可以降低乳脂检测的准确度。

E. 饲喂青贮料时最好添加干草。

F. 泌乳期的奶牛每生产1kg牛奶需要消耗6.6～11.0kg水（包括饲料中的水含量）。冬天是否可以随时摄入温水。

G. 考虑到饲料和奶味之间的关系。如奶牛在挤奶前应远离牧场几小时以防止牛奶出现异味。

H. 额外的脂肪供应

● 处在泌乳期内前12～16周的高产奶牛受益最多。处在热应激条件下的奶牛也会受益。

● 泌乳奶牛每天饲喂0.45～0.68kg的额外脂肪能够增加能量密度。

● 混入精料中，占总配比的8%或者4%。更高的比例可能会降低饲料的摄入量，降低纤维的消化率，导致消化紊乱，尤其是不饱和脂肪酸。

● 饲喂全或者加工的油菜籽作为额外脂肪的一种来源。

——油菜籽包含多不和脂肪酸，但是，它们能够慢慢地被消化，油能够逐渐地释放到瘤胃里。因而，对脂肪酸的饱和度和纤维消化率降低或者乳脂降低的几率低。

——油菜籽能够提供一些蛋白质和纤维。可能每天每头牛采食2.27～3.18kg油菜籽（whole or rolled）。

——热处理的大豆比未经过热处理的大豆油有更高的蛋白质过瘤胃性能。

● 饲喂脂肪时，增加日粮中钙含量到0.9%，镁含量到0.3%，中性洗涤纤维到20%，同样增加粗蛋白的含量1%或者2%。

I. 蛋白质

● 在泌乳期开始时蛋白质需要量的增长要比能量需要量的增长更显著，因为在乳固体中含有27%的粗蛋白。

● 实现最优蛋白质利用

● 提供充足的瘤胃可降解蛋白＆发酵能合成最大量的微生物蛋白。

● 提供高质量的瘤胃非降解蛋白即过瘤胃蛋白以满足小肠蛋白质的不足。

● 在标准配比中的相对比例——60%瘤胃降解蛋白和40%的瘤胃非降解蛋白。

• 添加瘤胃保护性氨基酸是增加摄入胃肠道氨基酸量的另一种方式。但是，必须补充最多的限制性氨基酸，这些限制性氨基酸是很难决定的。

• 微生物蛋白合成：

● 微生物蛋白的数量会随着多种因素而改变，但是，可能限制到 2~3kg/天。

● 高产奶牛 （>5kg/100kg BW） 将会受益于过瘤胃蛋白。

J. 牛生长激素（BST）

● 为了增加奶产量赞同其在泌乳奶牛中的使用。预期增加奶产量 3.6~4.5kg/天。

● 它被标记为 "Posilac"，14 天延长释放牛生长激素，每 14 天注射 500mg 的剂量（36mg/牛·天）。

● 给健康奶牛从泌乳期的第 9 周开始注射直至干奶期。

● 对基础代谢和维持代谢或者饲料的消化没有影响：

• 避开其他组织直接对乳腺提供营养。

• 营养物质的利用效率没有改变，但是，产奶量升高，而且对能量和营养物质的需求增多。

• 注射 BST 的奶牛在 3~6 周内采食量增加用以支持产奶量的增加，但是，奶牛在开始时会损失体况。

● 使用 BST 时，养殖户应该对奶牛体况进行评分，以减少繁殖性能降低的发病率。

第三部分　种猪场生产管理数字化网络平台

第一章　基础数据的维护

基础数据是猪场生产的原始记录的数字化，应该高度重视基础数据的维护工作，因为系统的一切分析统计工作的好坏和正确与否都依赖于基础数据。基础数据不但要及时录入，还要记住经常备份。

1. 基本信息录入

种猪基本信息（图3-1-1）是种猪最基本的情况记录，主要包括15位的猪号、出生日期、性别、胎次、品种品系、入种群日期、父号、母号、近交系数和在群情况等，当前信息包括当前场名、猪舍和栏号，以及饲养员和责任兽医。是一只种猪的核心资料，其他所有表的基础数据记录如果包含有如上字段信息的话，则都是以"种猪基本信息"为准并自动调用。

编辑录入界面（图3-1-2）中带红色"＊"符号的项目是必填项，必填项填好后方可保存。为了提高录入速度，凡是可选的项目都设计成下拉框。下拉框的内容大部分来自"代码表"，可在菜单"场内管理"的"代码表编辑"子菜单中修改。猪号、父号、母号等则来自本表，如果下拉框没有所要的选项，可以在旁边的空格里录入新的内容。

近交系数，如果是外购的种猪有近交的需要手工输入，场内出生的猪的近交系数系统会统一计算，不必输入。

系统所有的列表和录入修改界面中的全局性定义：

①本系统内部规定：日期数据如果录入"1900-01-01"或当天日期，均视为无效的"空"日期，不当作正常日期处理；

②数据录入按钮：录入新的一条记录；

③页面设置按钮：设置打印时的页面属性（纸张大小、打印方向等）；

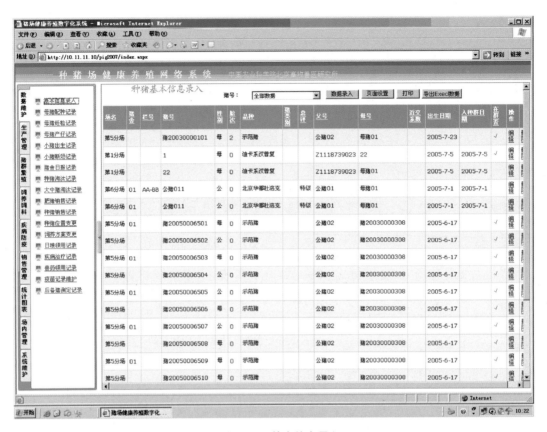

图 3-1-1 基本信息录入

图 3-1-2 编辑录入界面

④打印按钮：直接打印当前列表内容；

⑤导出 Excel 数据按钮：将当前列表内容直接导出到 Excel 文件；

⑥编辑操作：编辑修改当前记录；

⑦删除操作：删除当前记录，不可恢复！

2. 母猪配种记录

母猪配种是猪场工作的重中之重，必须详细记录。配种方式分自然爬跨和人工授精两种。母猪一个发情期常有配种一两次的情况，因此，这里一条记录里可以录入 3 次配种的信息。但从总的方面来看，一条记录只算该母猪一个发情期的一次配种。系统会自动计算出预产期（图 3 - 1 - 3）。

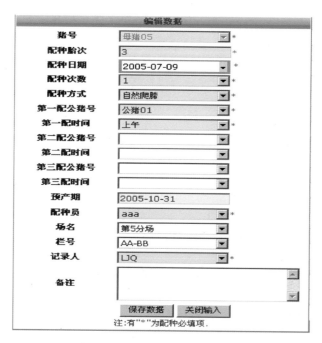

图 3 - 1 - 3　母猪配种记录

3. 母猪妊检记录

母猪配种后 24 天时进行第一次孕检，没有怀上的就要准备再次配种，正常的则在配后 30 天、50 天再做两次孕检（图 3 - 1 - 4）。这里一条记录需要分 4 次录入才可完成。系统自动计算预产期（图 3 - 1 -5）。

母猪妊检记录　猪号：全部数据　数据录入　页面设置　打印　导出Excel数据

场名	栏号	猪号	胎次	配种日期	预产期	妊检24天	妊检30天	妊检50天	记录人	操作	
第5分场	AAA	母猪05	3	2005-7-9	2005-10-31	正常			LJQ	编辑	删除
第5分场	4	母猪04	5	2005-7-1		正常			LJQ	编辑	删除
		母猪12	5	2005-6-15		正常	正常	正常		编辑	删除
		猪20030000202	3	2005-6-15		正常	正常	正常		编辑	删除
		母猪18	5	2005-6-14		空怀				编辑	删除
		母猪23	5	2005-6-13		正常	正常	正常		编辑	删除
		母猪27	5	2005-6-13		空怀				编辑	删除
第5分场		母猪01	2	2005-6-9	2005-10-1	正常	正常	正常	LJQ	编辑	删除
		猪20030000508	2	2005-6-8		空怀				编辑	删除
		母猪35	5	2005-6-7		正常	正常	正常		编辑	删除
		猪20030000606	2	2005-6-7		正常	正常	正常		编辑	删除
		母猪41	5	2005-6-6	2005-9-28	正常	正常	正常	小张	编辑	删除
		猪20030000101	3	2005-6-6		正常	正常	正常		编辑	删除
		母猪38	5	2005-6-4		正常	正常	正常		编辑	删除
		猪20030000606	2	2005-6-3	2005-9-25	正常	空怀		小花	编辑	删除
		母猪29	5	2005-6-1		正常	正常	正常		编辑	删除
		母猪35	5	2005-6-1		空怀				编辑	删除
		猪20030000508	2	2005-5-31		正常	正常	空怀		编辑	删除
		猪20030000606	2	2005-5-27		正常	空怀			编辑	删除
		母猪22	5	2005-5-25		正常	正常	正常		编辑	删除

图 3－1－4　母猪妊检记录

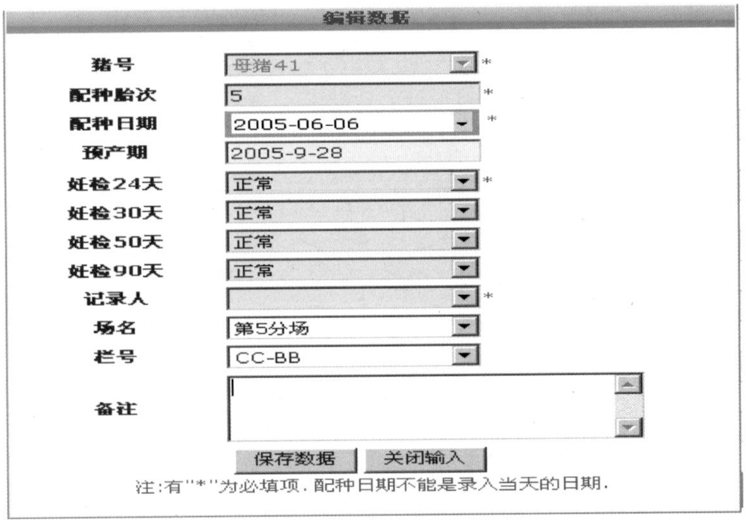

图 3－1－5　母猪预产期

4. 母猪产仔记录

母猪分娩一次记录一条完整的记录，包括产仔和哺乳仔猪直到断奶的全过程。黄色的项目是计算机自动计算的。因为有时间跨度，该记录要分两次录入，母猪产仔时录入一次，母猪断奶时再录入一次（图 3－1－6、图 3－1－7）。

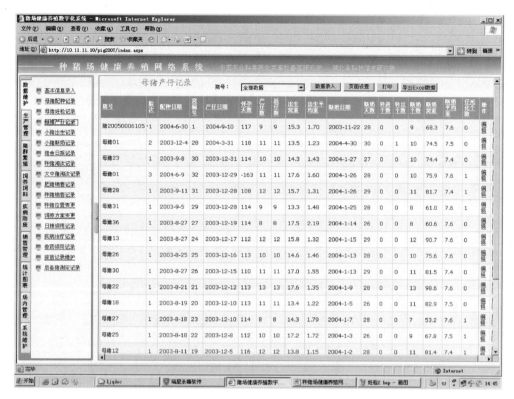

图 3 - 1 - 6   母猪产仔记录

图 3 - 1 - 7   母猪产仔记录编辑数据

5. 出生育仔育肥记录

这是小猪出生后第一次进行档案登记，随后的断奶、育仔育肥以及将来的出售或入种群等都在这里修改（图 3－1－8）。该表的记录将伴随猪的一生，是统计分析的重要依据，与种猪基本信息表同等重要！也是某个肥育猪“在群否”的唯一依据。

出生育仔育肥记录　选项：　=　－

本页第8条记录,总共35条记录　多个条件(与)［注：有范围时必需给出范围］

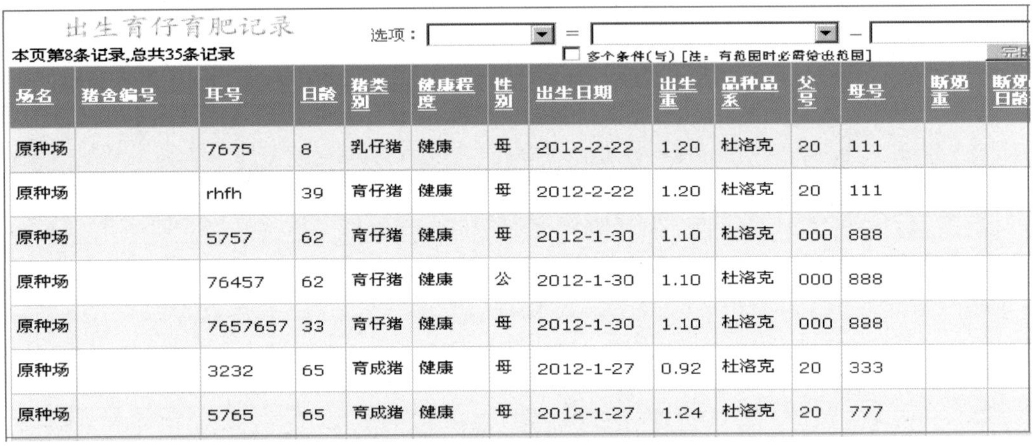

场名	猪舍编号	耳号	日龄	猪类别	健康程度	性别	出生日期	出生重	品种品系	父号	母号	断奶重	断奶日龄
原种场		7675	8	乳仔猪	健康	母	2012-2-22	1.20	杜洛克	20	111		
原种场		rhfh	39	育仔猪	健康	母	2012-2-22	1.20	杜洛克	20	111		
原种场		5757	62	育仔猪	健康	母	2012-1-30	1.10	杜洛克	000	888		
原种场		76457	62	育仔猪	健康	公	2012-1-30	1.10	杜洛克	000	888		
原种场		7657657	33	育仔猪	健康	母	2012-1-30	1.10	杜洛克	000	888		
原种场		3232	65	育成猪	健康	母	2012-1-27	0.92	杜洛克	20	333		
原种场		5765	65	育成猪	健康	母	2012-1-27	1.24	杜洛克	20	777		

图 3－1－8　出生育仔育肥记录

这里的耳号、性别、出生日期及父母号等会在小猪将来入种群时录入种猪基本信息表时调用（图 3－1－9）。猪类别、日龄和断奶日期等，系统会自动按时计算。

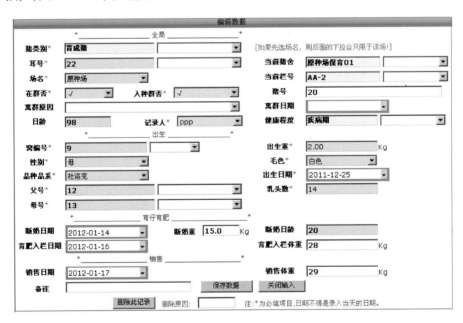

图 3－1－9　出生育仔育肥记录编辑数据

6. 猪舍日报记录

如图 3 – 1 – 10 所示，猪舍日报记录的是每天猪舍的变动情况。如果没有变化就不必每天录入，存栏统计时系统会自动处理。如果有变化就要如实记录。对于相同场名、品种、位置和猪类别的一条记录而言，其期初数就是上一条记录的期末数，其期末数则是下一条记录的期初数，不能有错。新记录录入时系统自动调上一时间的期末数定为本记录的期初数，而期末数则由电脑计算得出（图 3 – 1 – 11）。

场名	品种品系	猪位置	猪类别	日期	期初数	转入数	购入数	转出数	出售数	死亡数	淘汰数	自宰数	期末数	记录人	操作	
第1分场	迪卡系汉普复	产房	乳仔猪	2005-7-17	14	1	1	1	1	1	1	1	11	aaa	编辑	删除
第1分场	迪卡系汉普复	产房	乳仔猪	2005-7-1	20	2	2	2	2	2	2	2	14	aaa	编辑	删除
第5分场	示范猪	产房	乳仔猪	2005-6-12	6	9		8					7	LJQ	编辑	删除
第5分场	示范猪	产房	乳仔猪	2005-6-10	6								6	LJQ	编辑	删除
第5分场	示范猪	产房	乳仔猪	2005-6-9	6								6	LJQ	编辑	删除
第5分场	示范猪	产房	乳仔猪	2005-6-8	6								6	LJQ	编辑	删除
第5分场	示范猪	产房	乳仔猪	2005-6-7	6								6	LJQ	编辑	删除
第5分场	示范猪	产房	乳仔猪	2005-6-6	6								6	LJQ	编辑	删除
第5分场	示范猪	产房	乳仔猪	2005-6-5	7	7		6		2			6	LJQ	编辑	删除
第5分场	示范猪	产房	乳仔猪	2005-6-3	7								7	LJQ	编辑	删除
第5分场	示范猪	产房	乳仔猪	2005-6-2	7								7	LJQ	编辑	删除
第5分场	示范猪	产房	乳仔猪	2005-6-1	7								7	LJQ	编辑	删除
第5分场	示范猪	产房	乳仔猪	2005-5-31	7								7	LJQ	编辑	删除
第5分场	示范猪	产房	乳仔猪	2005-5-30	7								7	LJQ	编辑	删除
第5分场	示范猪	产房	乳仔猪	2005-5-29	3	12		8					7	LJQ	编辑	删除
第5分场	示范猪	产房	乳仔猪	2005-5-27	3								3	LJQ	编辑	删除
第5分场	示范猪	产房	乳仔猪	2005-5-26	3								3	LJQ	编辑	删除
第5分场	示范猪	产房	乳仔猪	2005-5-25	3								3	LJQ	编辑	删除
第5分场	示范猪	产房	乳仔猪	2005-5-24	3								3	LJQ	编辑	删除
第5分场	示范猪	产房	乳仔猪	2005-5-23	3								3	LJQ	编辑	删除

1 2 3 4 5 6 7 8 9 10 …

图 3 – 1 – 10　猪舍日报记录

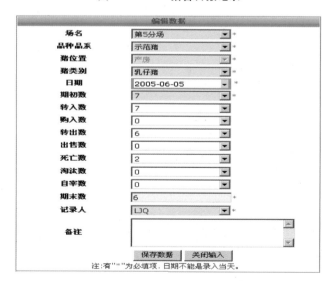

图 3 – 1 – 11　猪舍日报记录界面

7. 种猪淘汰记录

如图 3-1-12 所示，凡是淘汰种猪或种猪死亡，都要翔实记录，其中的淘汰死亡原因是统计分析时的重要指标。

图 3-1-12　种猪淘汰记录

8. 大中猪淘汰记录

如图 3-1-13 所示，大中猪的淘汰记录，有利于分析原因，改进管理。

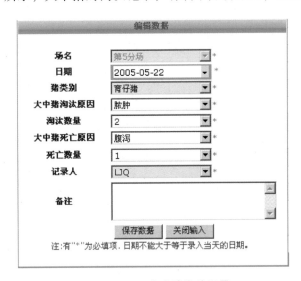

图 3-1-13　大中猪淘汰记录

9. 肥猪销售记录

肥猪的单条销售记录，数据用于统计报表（图3－1－14）。

图3－1－14　肥猪销售记录

10. 种猪销售记录

种猪的分品种销售记录（图3－1－15、图3－1－16）。

场名	日期	品种品系	性别	头数	重量	单价	小计	记录人	备注
第3分场	2005-8-30	长白	公	11	1282.9	35.55	45607.10	LJQ	模拟数据
第5分场	2005-8-29	示范猪	公	1	109.4	43.53	4762.18	LJQ	模拟数据
第5分场	2005-8-29	示范猪	母	17	1829.4	25.87	47326.58	LJQ	模拟数据
第5分场	2005-8-29	迪卡系长白	公	23	2550.9	35.27	89970.24	LJQ	模拟数据
第3分场	2005-8-27	示范猪	母	13	1356.4	22.24	30166.34	LJQ	模拟数据
第5分场	2005-8-27	迪卡系长白	公	12	1247.2	39.77	49601.14	LJQ	模拟数据
第5分场	2005-8-26	长白	母	4	450.6	27.71	12486.13	LJQ	模拟数据
第5分场	2005-8-26	示范猪	公	4					
第5分场	2005-8-25	长白	母	6					
第5分场	2005-8-25	示范猪	公	1					
第5分场	2005-8-22	示范猪	母	23					
第5分场	2005-8-22	示范猪	公	15					
第5分场	2005-8-22	示范猪	公	5					
第5分场	2005-8-20	示范猪	公	4					
第2分场	2005-8-19	迪卡系长白	公	6					
第5分场	2005-8-19	示范猪	母	8					
第5分场	2005-8-18	示范猪	母	16					
第5分场	2005-8-18	迪卡系长白	公	9					
第5分场	2005-8-17	长白	母	11					
第5分场	2005-8-16	示范猪	母	4					

图3－1－15　种猪销售记录

图 3-1-16　种猪销售记录界面

11. 种猪位置变更

猪场经营中，种猪的位置是经常会变动的，这里需要如实记录种猪的位置变更情况，同时更新基本信息表的种猪当前位置信息（图 3-1-17、图 3-1-18、图 3-1-19）。可进行单个移动、整栏移动和整舍移动。整栏移动和整舍移动时要小心，因为是产生一批新的移动记录，一旦出错就麻烦了。

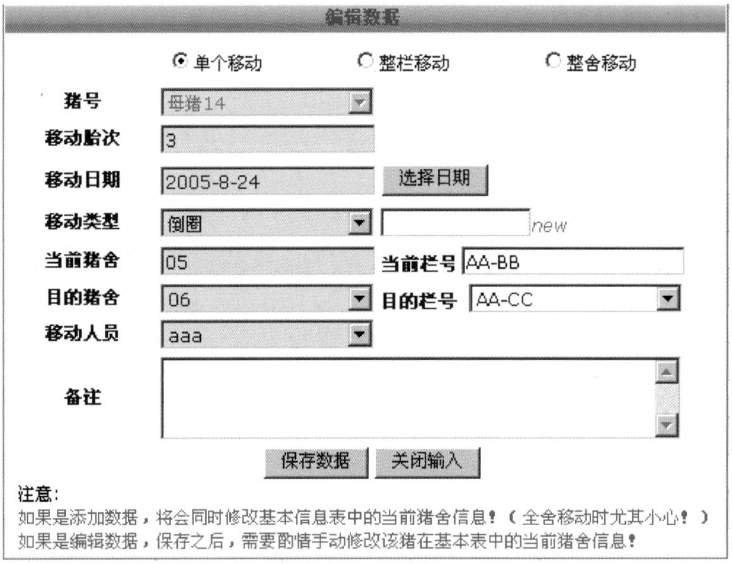

图 3-1-17　种猪位置变更

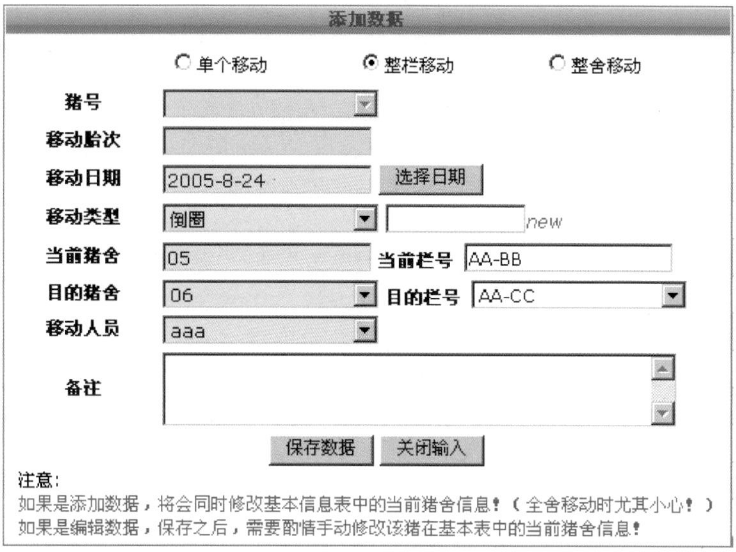

图 3 − 1 − 18　种猪位置变更编辑—整栏移动

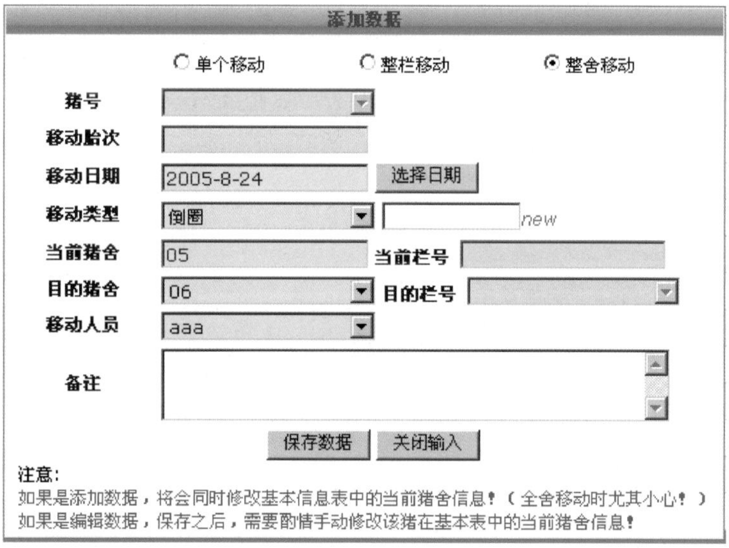

图 3 − 1 − 19　种猪位置变更编辑—整舍移动

12. 饲养方案变更

种猪的饲养方案发生变化时应该如实记录（图 3 − 1 − 20）。这里提供了单个变更、整栏变更和整舍变更。整栏和整舍变更时要小心，因为是成批的记录变更，一旦出错要修改会很麻烦。当前栏舍的情况完全依据种猪基本信息表，因此，种猪基本信息表中种猪的当前栏舍记录必须正确无误。

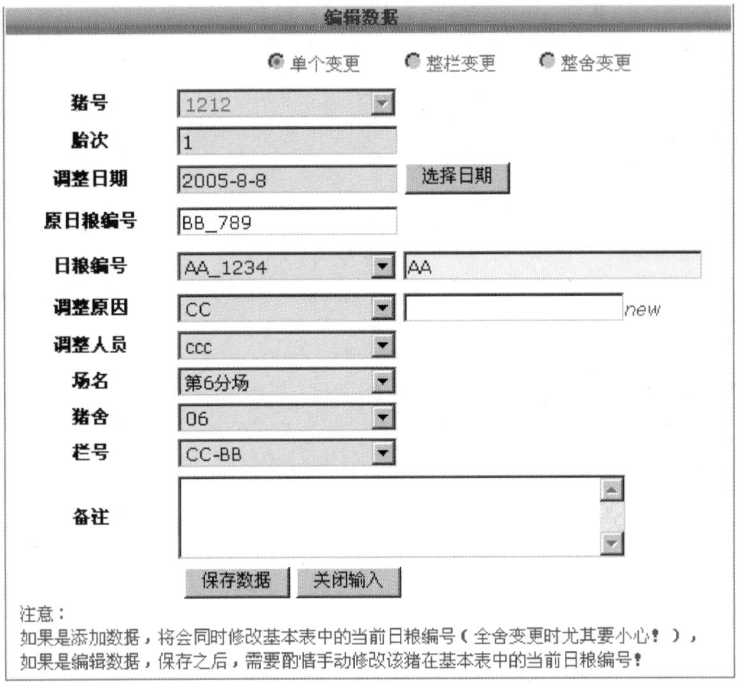

图 3 - 1 - 20　饲养方案变更

13. 日粮领用记录

饲养员领用饲料的详细记录。单位固定为 kg。录入时界面自动显示库存量（图 3 - 1 - 21）。

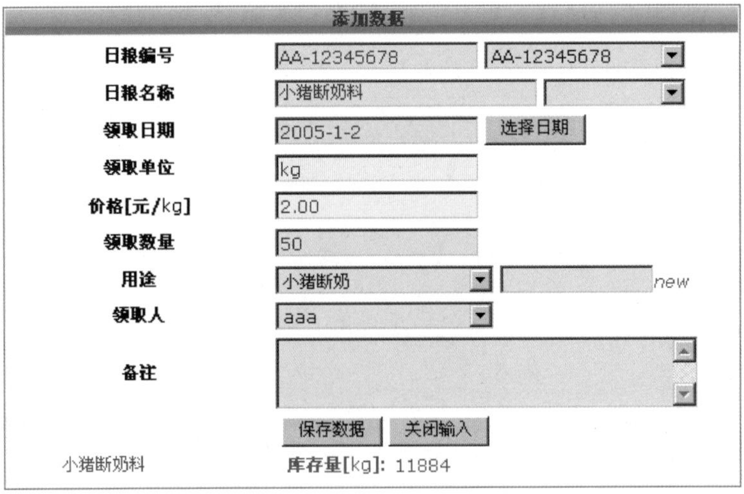

图 3 - 1 - 21　日粮领用记录

14. 疾病治疗记录

种猪疾病治疗的详细记录，数据供给疾病监测统计分析（图3－1－22）。

图3－1－22　疾病治疗记录

15. 兽药领用记录

兽医的兽药领用记录。其中，"最小领取单位"与兽药入库时相一致（图3－1－23）。

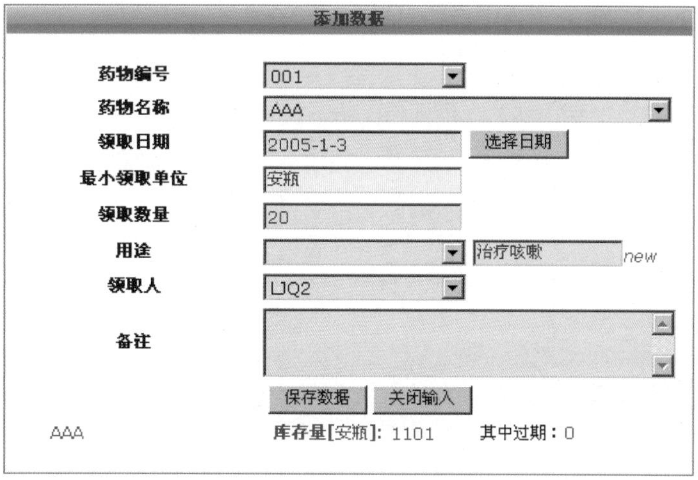

图3－1－23　兽药领用记录

16. 疫苗记录维护

疫苗入库记录，要如实记录购入日期、免疫有效期和保存有效期，系统统计分析时需要用到（图3-1-24）。

图3-1-24 疫苗记录维护

17. 后备猪测定记录

作种用的小猪一般都要进行测定，这里记录后备猪的测定记录（图3-1-25）。如果是长白、大白或杜洛克品种，录入的数据也达到要求，系统就会自动算出该猪的综合指数。

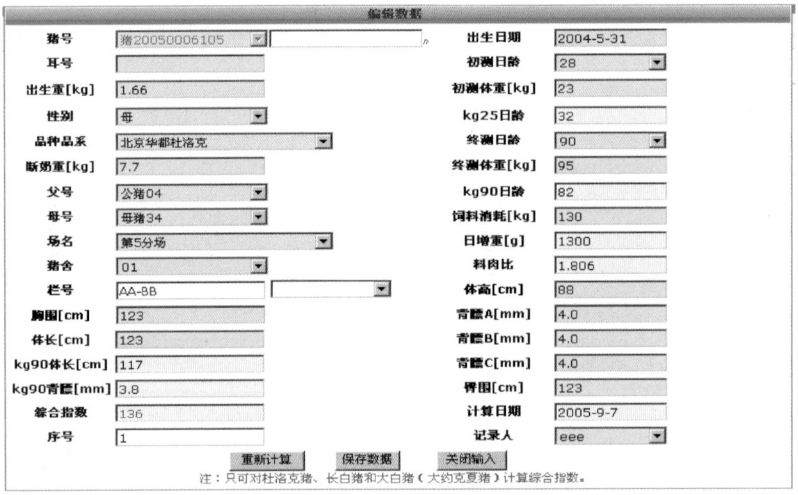

图3-1-25 后备猪测定记录

第二章　生产管理

1. 各猪舍清单

列出当前在群的全部猪的猪号、场名、品种、性别、猪舍、周岁、胎次和入种群日期（图 3 - 2 - 1）。

	全 体 在 群 猪 一 览 表						
各猪舍在群猪合计：2005年1月18日							打印
场名	品种品系	猪舍	猪号	性别	周岁	胎次	入种群日期
第1分场	示范猪	06	公猪03	公	3.0	0	2003-6-22
第1分场	示范猪	06	公猪04	公	3.0	0	2003-6-22
第1分场	示范猪	06	公猪05	公	3.0	0	2003-6-22
第1分场	示范猪	02	母猪01	母	2.8	2	2003-6-22
第1分场	示范猪	06	母猪04	母	3.0	4	2003-6-22
第1分场	迪卡系汉普复		1	母		0	2003-6-22
第1分场	迪卡系汉普复	01	22	母		0	2003-6-22
第1分场	示范猪	01	1212	母		1	2003-6-22
第4分场	示范猪	06	公猪02	公	4.0	0	2003-6-22
第5分场	示范猪	06	母猪05	母	3.0	1	2003-6-22
第5分场	示范猪	06	母猪12	母	3.0	4	2003-6-22
第5分场	示范猪	06	母猪13	母	3.0	4	2003-6-22
第5分场	示范猪	06	母猪14	母	3.0	3	2003-6-22
第5分场	示范猪	06	母猪15	母	3.0	1	2003-6-22
第5分场	示范猪	06	母猪18	母	2.8	1	2003-6-22
第5分场	示范猪	06	母猪22	母	2.8	1	2003-6-22
			1 2 3 4 5 6 7 8 9 10 ...				

图 3 - 2 - 1　全体在群猪一览表

2. 已产仔母猪

列出在群并且已经生产过的全部母猪（图 3 - 2 - 2）。

在 群 已 产 仔 母 猪 一 览 表								
母猪数：14		2005年1月18日		排序：场名,品种品系,猪舍,栏号,猪号				打印
场名	品种品系	猪舍	栏号	猪号	耳号	周岁	胎次	繁殖状态
第1分场	示范猪	02	AA-CC	母猪01		2.8	2	配种
第1分场	示范猪	06	CC-BB	母猪04		3.0	4	配种
第5分场	示范猪			猪20050006105		0.0	0	
第5分场	示范猪	06	CC-BB	母猪05	AAA	3.0	1	配种
第5分场	示范猪	06	CC-BB	母猪12		3.0	4	配种
第5分场	示范猪	06	CC-BB	母猪13		3.0	4	配种
第5分场	示范猪	06	CC-BB	母猪15		3.0	1	配种
第5分场	示范猪	06	CC-BB	母猪18		2.8	1	配种
第5分场	示范猪	06	CC-BB	母猪22		2.8	1	配种
第5分场	示范猪	06	CC-BB	母猪23		3.0	4	配种
第5分场	示范猪	06	CC-BB	母猪26		2.8	1	配种

图 3 - 2 - 2　已产仔母猪

3. 未产仔母猪

列出在群，还未生产过的全部母猪。

4. 产后未配母猪

列出产后尚未配种的母猪。

5. 怀孕母猪

列出当前已经确诊怀孕的母猪，即配后24天检查有孕，配后30天、50天和90天正常（或空格）的母猪。

6. 空怀母猪

列出当前已经确诊未孕的母猪，即配后24天检查未孕或者配后30天、50天和90天为非正常（如流产）的母猪。

7. 产仔间隔

统计列出经产母猪8胎以内每两胎间的产仔间隔天数。

8. 低产母猪

指"胎均产活仔数"低于种猪参数理论值中的"高低产仔分界"数的母猪。

9. 高产母猪

指"胎均产活仔数"等于和高于种猪参数理论值中的"高低产仔分界"数的母猪。

10. 提示母猪临产

按理论值母猪怀孕天数为114天，这里提前一周提示母猪临产。

11. 提示母猪断奶

按种猪参数理论值中的"哺乳天数"提示母猪断奶。如果是"全进全出"模式，则规矩到同一周后同时提示。

12. 提示母猪配种

系统经过复杂判断，显示出应该配种的母猪。那些近期配过种的、初复检有孕的

（怀孕的）、正在哺乳的母猪则不会提示。

13. 提示母猪妊检

配种后 24 天、30 天、50 天和 90 天的母猪都会被提示应该进行妊检。

14. 提示公猪淘汰

系统依据日常生产提示参数中的"公猪使用年限"、"与配母猪返情率高于数"、"与配母猪活仔数少于数"、"与配母猪产仔数少于数"和"公猪生病次数"等参数判断提示公猪淘汰。

15. 提示母猪淘汰

系统依据日常生产提示参数中的"母猪几胎后淘汰"、"超龄母猪周岁"、"母猪连续返情次数"、"母猪活仔数少于数"、"母猪产仔数少于数"、"母猪返情率高于数"和"母猪生病次数"等参数判断提示母猪淘汰。

16. 近 12 个月母猪断奶

图表显示最近 12 个月的断奶母猪数。

17. 近 12 个月配种

图表显示最近 12 个月的公母猪配种数（图 3 - 2 - 3）。

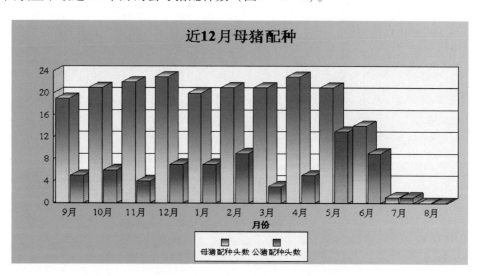

图 3 - 2 - 3 近 12 个月配种柱形图

18. 近12个月空怀

图表显示最近 12 个月妊检为空怀（非正常）的母猪数量（图 3 - 2 - 4）。

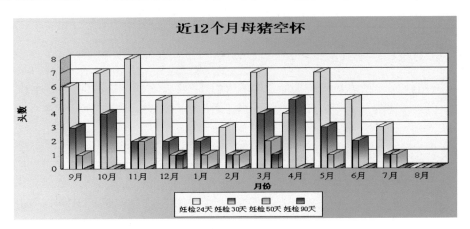

图 3 - 2 - 4　近 12 个月母猪空怀柱形图

19. 近 12 个月怀孕

图表显示最近 12 个月妊检为正常（有孕）的母猪数（图 3 - 2 - 5）。

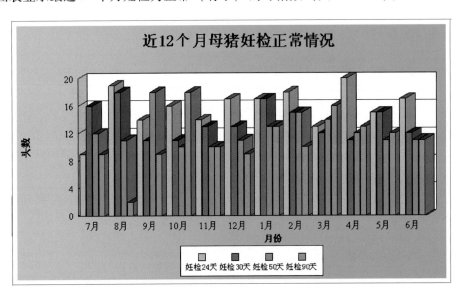

图 3 - 2 - 5　近 12 个月母猪妊检正常情况柱形图

20. 近 12 个月产仔母猪

图表显示最近 12 个月的产仔母猪数和活仔数。

21. 近 12 个月产仔数量

图表显示最近 12 个月的产仔数、活仔数、木乃伊数和死胎数。

22. 近 12 个月种猪发病

图表显示最近 12 个月的种猪发病情况（图 3 - 2 - 6）。

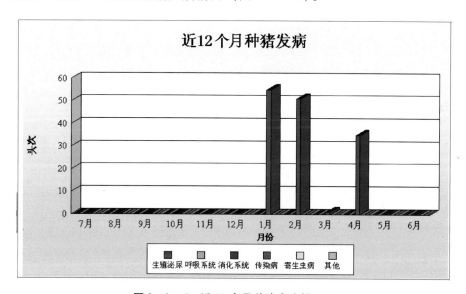

图 3 - 2 - 6　近 12 个月种猪发病柱形图

第三章 猪群繁殖

1. 公猪繁殖状态查询

统计列出全部公猪的繁殖状况，包括猪号、周岁、栏号、出生日期、入种群日期、初配日期、新配日期、已配种次数、平均配种间隔和发情率（亦即所配母猪的发情率的平均值）（图3-3-1）。

公猪繁殖状态一览　　　　排序：猪号　　　　[数据更新] [打印]

序号	猪号	周岁	栏号	出生日期	入种群日期	初配日期	新配日期	已配次数	平均配种间隔	返情率	在群否
1	公猪01	6.5		1999-1-1	2000-1-1	2003-7-16	2005-7-9	69	10.4	37.68	
2	公猪02	3.8	BB-AA	2001-12-21	2003-6-22	2003-7-4	2005-6-13	146	4.8	39.73	√
3	公猪03	3.8	CC-BB	2001-12-21	2003-6-22	2003-7-16	2005-6-4	91	7.5	37.36	√
4	公猪04	3.8	CC-BB	2001-12-21	2003-6-22	2003-7-9	2005-6-14	73	9.6	43.84	√
5	公猪05	3.8	CC-BB	2001-12-21	2003-6-22	2003-7-3	2005-4-25	35	18.9	48.57	√

图3-3-1　公猪繁殖状态查询

2. 母猪繁殖记录浏览

列出全部母猪的各胎次从配种到断奶的繁殖情况（图3-3-2）。

母猪繁殖记录一览　　　　排序：猪号,胎次　　　　[繁殖信息更新] [打印]

猪号	在群否	胎次	与配公猪	配种日期	妊检24天	妊检30天	妊检50天	妊检90天	产仔日期	活仔数	死胎数	木乃伊数	出生窝重
母猪01	√	1	公猪01	2003-12-4	正常	正常	正常	正常	2004-3-27	11	0	0	13.52
母猪01		2	公猪02	2005-6-9	正常	正常	正常	正常	2005-10-1	11	0	0	17.62
母猪02		1	公猪04	2003-7-10	正常	正常	正常	正常	2003-10-31	10	0	0	15.42
母猪02		2	公猪02	2004-1-14	空怀								
母猪03		1	公猪02	2003-7-24	正常	正常	空怀		2003-11-12	10	0	0	142
母猪03		2	公猪01	2004-1-5	正常	空怀							
母猪04	√	1	公猪01	2003-8-11	正常	空怀			2003-12-2	10	0	0	15.32
母猪04	√	2	公猪02	2004-1-15	正常	正常	正常	正常					
母猪05		1	公猪02	2003-7-21	正常	正常	正常	正常	2003-11-10	8	0	0	15.62
母猪05	√	2	公猪01	2003-12-25	正常	正常	正常	正常					
母猪06		1	公猪02	2003-7-12	正常	正常	正常	正常	2003-11-6	11	1	0	13.52
母猪08		1	公猪02	2003-7-16	空怀				2003-11-3	11	0	0	15.72
母猪08		2	公猪02	2003-12-17	正常	正常	正常	正常					

图3-3-2　母猪繁殖记录浏览

3. 公猪近交预测

系统对某个公猪与所有在群适龄母猪的模拟交配后代的近交系数进行预测（图3-3-3）。其值对公母猪的选种选配计划关系重大。如果种猪基本信息库有变化，应该先点击"更新数据"按钮将数据更新。

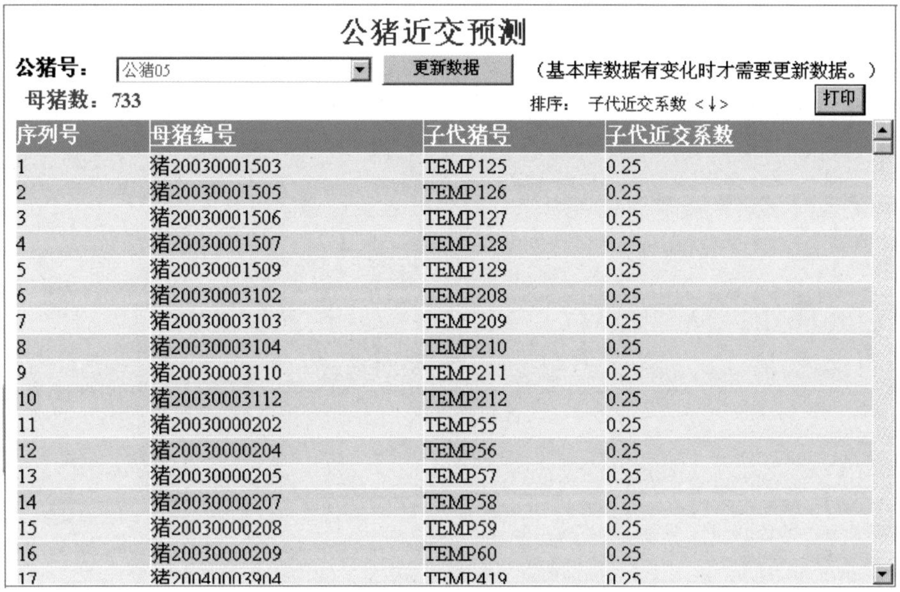
公猪近交预测

公猪号：公猪05　更新数据　（基本库数据有变化时才需要更新数据。）

母猪数：733　排序：子代近交系数 <↓>　打印

序列号	母猪编号	子代猪号	子代近交系数
1	猪20030001503	TEMP125	0.25
2	猪20030001505	TEMP126	0.25
3	猪20030001506	TEMP127	0.25
4	猪20030001507	TEMP128	0.25
5	猪20030001509	TEMP129	0.25
6	猪20030003102	TEMP208	0.25
7	猪20030003103	TEMP209	0.25
8	猪20030003104	TEMP210	0.25
9	猪20030003110	TEMP211	0.25
10	猪20030003112	TEMP212	0.25
11	猪20030000202	TEMP55	0.25
12	猪20030000204	TEMP56	0.25
13	猪20030000205	TEMP57	0.25
14	猪20030000207	TEMP58	0.25
15	猪20030000208	TEMP59	0.25
16	猪20030000209	TEMP60	0.25
17	猪20040003904	TEMP419	0.25

图 3－3－3　公猪近交预测

4. 母猪近交预测

系统对某个在群母猪与所有公猪的模拟交配后代的近交系数进行预测（图 3－3－4）。其值对公母猪的选种选配计划关系重大。如果种猪基本信息库有变化，应该先点击“更新数据”按钮将数据更新。

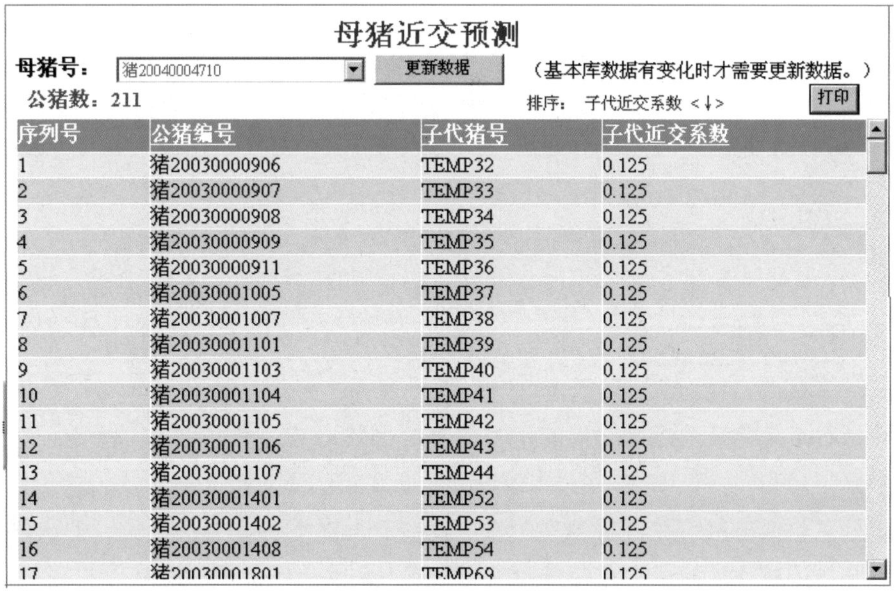
母猪近交预测

母猪号：猪20040004710　更新数据　（基本库数据有变化时才需要更新数据。）

公猪数：211　排序：子代近交系数 <↓>　打印

序列号	公猪编号	子代猪号	子代近交系数
1	猪20030000906	TEMP32	0.125
2	猪20030000907	TEMP33	0.125
3	猪20030000908	TEMP34	0.125
4	猪20030000909	TEMP35	0.125
5	猪20030000911	TEMP36	0.125
6	猪20030001005	TEMP37	0.125
7	猪20030001007	TEMP38	0.125
8	猪20030001101	TEMP39	0.125
9	猪20030001103	TEMP40	0.125
10	猪20030001104	TEMP41	0.125
11	猪20030001105	TEMP42	0.125
12	猪20030001106	TEMP43	0.125
13	猪20030001107	TEMP44	0.125
14	猪20030001401	TEMP52	0.125
15	猪20030001402	TEMP53	0.125
16	猪20030001408	TEMP54	0.125
17	猪20030001801	TEMP69	0.125

图 3－3－4　母猪近交预测

5. 计算近交系数

自动计算基本信息表中所有猪的近交系数。从外面购入的猪如果没有系谱，则其近交系数不会改变，保持初始录入状态（图3-3-5）。当某个猪的近交系数的计算结果为零时，将不改写该猪在基本信息表中原有录入的近交系数。

重新计算全体近交系数

开始计算　　更新数据　　（基本库数据有变化时才需要更新数据。）

排序：　近交系数 <↓>　　打印

序号	猪号	近交系数	父号	母号	在群否
1	猪20040007802	0.25	公猪02	猪20030000104	✓
2	猪20040007806	0.25	公猪02	猪20030000104	✓
3	猪20040007809	0.25	公猪02	猪20030000104	✓
4	猪20040009406	0.25	公猪02	猪20030000403	✓
5	猪20040009302	0.25	公猪02	猪20030000401	✓
6	猪20040009304	0.25	公猪02	猪20030000401	✓
7	猪20040009307	0.25	公猪02	猪20030000401	✓
36	母猪04	0.25	Z1118739023	1212	✓
37	猪20040003002	0.1875	公猪02	母猪04	✓
38	猪20040003003	0.1875	公猪02	母猪04	✓
39	猪20040003007	0.1875	公猪02	母猪04	✓
40	猪20040003009	0.1875	公猪02	母猪04	✓
41	猪20040003010	0.1875	公猪02	母猪04	✓
42	猪20040003011	0.1875	公猪02	母猪04	✓

图3-3-5　重新计算全体近交系数

近交系数、表示某一个体，由于近交而造成的任何一个位点上具有相同等位基因的概率，也即形成该个体的两个配子间的相关系数。

计算公式：

$$F_X = \sum \left[\left(\frac{1}{2} \right)^N \times (1 + F_A) \right]$$

式中：F_X——X 个体的近交系数；

$\sum$——总和的符号；

F_A——共同祖先本身的近交系数；

N——从个体的父亲通过共同祖先到个体的母体的连线上所有的个体数。

6. 母猪资料卡查询

母猪资料卡是将某个母猪的当前基本信息、事件记录、产仔记录、测定记录、繁殖记录、健康记录和照片集中在一起同时查询（图3-3-6、图3-3-7、图3-3-8）。当前基本信息包括猪号、在群状态、胎次、日龄、上次配种、上次产仔、上次移动、上次配方调整，还有该猪的系谱和后裔列表，母猪当前的产仔状态统计等。

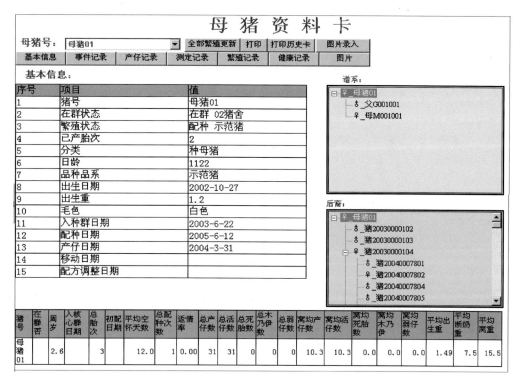

母猪资料卡

母猪号：母猪01 ▾　全部繁殖更新　打印　打印历史卡　图片录入

基本信息　事件记录　产仔记录　测定记录　繁殖记录　健康记录　图片

基本信息：

序号	项目	值
1	猪号	母猪01
2	在群状态	在群 02猪舍
3	繁殖状态	配种 示范猪
4	已产胎次	2
5	分类	种母猪
6	日龄	1122
7	品种品系	示范猪
8	出生日期	2002-10-27
9	出生重	1.2
10	毛色	白色
11	入种群日期	2003-6-22
12	配种日期	2005-6-12
13	产仔日期	2004-3-31
14	移动日期	
15	配方调整日期	

谱系：
- ♀ _母猪01
  - ♂ _父G001001
  - ♀ _母M001001

后裔：
- ♀ _母猪01
  - ♂ _猪20030000102
  - ♂ _猪20030000103
  - ♀ _猪20030000104
    - ♂ _猪20040007801
    - ♀ _猪20040007802
    - ♂ _猪20040007804
    - ♂ _猪20040007805

猪号	在群否	周岁	入核心群日期	总胎次	初配日期	平均空怀天数	总配种次数	返情率	总产仔数	总活仔数	总死胎数	总木乃伊数	总弱仔数	窝均产仔数	窝均活仔数	窝均死胎数	窝均木乃伊	窝均弱仔数	平均出生重	平均断奶重	平均离重
母猪01		2.6		3		12.0	1	0.00	31	31	0	0	0	10.3	10.3	0.0	0.0	0.0	1.49	7.5	15.5

图 3-3-6　母猪资料查询

母猪资料卡

母猪号：母猪01 ▾　全部繁殖更新　打印　打印历史卡　图片录入

基本信息　事件记录　产仔记录　测定记录　繁殖记录　健康记录　图片

事件记录：5　　　　　　　　　　　　　　　　　排序：事件日期 ＜↓＞

序号	猪号	事件日期	事件分类	事件名称	事件描述
1	母猪01	2003-9-28	繁殖	妊检	第1胎第4次妊检，正常
2	母猪01	2003-8-19	繁殖	妊检	第1胎第3次妊检，正常
3	母猪01	2003-7-30	繁殖	妊检	第1胎第2次妊检，正常
4	母猪01	2003-7-24	繁殖	妊检	第1胎第1次妊检，正常
5	母猪01	2003-6-30	繁殖	配种	第1胎第1次配种

图 3-3-7　母猪资料卡

事件记录则列出该猪除健康以外的所有事件；产仔记录列出该猪的全部产仔断奶信息；测定记录列出母猪的测定信息；健康记录列出母猪生病治疗和免疫等事件；图片则可列出该母猪的 3 幅照片。

母猪资料卡中的各项都可以单独打印（图 3-3-9）。

母 猪 资 料 卡

母猪号: 母猪01 ▼ 全部繁殖更新 打印 打印历史卡 图片录入

基本信息 事件记录 产仔记录 测定记录 繁殖记录 健康记录 图片

产仔记录: 2   排序: 产仔日期 < ↓ >

序号	猪号	胎次	产仔日期	活仔数	死胎数	木乃伊数	畸形个数	弱仔个数	转进个数	转出个数	断奶个数	仔死化个数	出生窝重	断奶日期	断奶窝重	窝编号
1	母猪01	2	2005-10-1	11	0	0	0	0	0	0	11	0	17.6	2005-11-1	75.932	
2	母猪01	1	2004-3-27	11	0	0	0	0	0	1	10	0	13.5	2004-4-30	74.528	

图 3 - 3 - 8　母猪资料卡

母猪01当前状态

记录数: 15

序号	项目	值
1	猪号	母猪01
2	在群状态	在群 02猪舍
3	繁殖状态	配种 示范猪
4	已产胎次	2
5	分类	种母猪
6	日龄	1122
7	品种品系	示范猪
8	出生日期	2002-10-27
9	出生重	1.2
10	毛色	白色
11	入种群日期	2003-6-22
12	配种日期	2005-6-12
13	产仔日期	2004-3-31
14	移动日期	
15	配方调整日期	

图 3 - 3 - 9　母猪资料打印

"打印历史卡"是指卡片式地打印出母猪的全部繁殖资料和部分基本信息,即"母猪历史资料卡"(图 3 - 3 - 10)。

另外,在母猪资料卡界面中,还可进行所有母猪繁殖记录的全部更新以及母猪的图片录入。

7. 系谱查询

系谱查询可查询个体上朔 4 代的系谱(图 3 - 3 - 11)。

母猪历史资料卡

猪号：母猪01　　胎次：1　　　品种：示范猪　　场名：　　　　　状态：配种

出生日期：2002-10-27　父号：G001001　母号：M001001　新配日期：2005-6-9　预产期：2006-03-14

项目	一胎	二胎	三胎	四胎	五胎	六胎	七胎	八胎	合计值	平均值
配种次数	1	1							2.00	1.00
配种日期	2003-12-4	2005-6-9								
与配公猪	公猪02	公猪04								
流产个数										
产仔日期	2004-3-27	2005-10-1								
产仔数	11	11							22.00	11.00
活仔数	11	11							22.00	11.00
死胎数	0	0							.00	.00
木乃伊数	0	0							.00	.00
畸形个数	0	0							.00	.00
弱仔数	0	0							.00	.00
出生窝重	13.5	17.6							31.10	15.55
出生平均重	1.23	1.6							2.83	1.42
产仔间隔	158	553							711.00	355.50
怀孕天数	114	114							228.00	114.00
断奶日期	2004-4-30	2005-11-1								
转进个数	0	0							.00	.00
转出个数	1	0							1.00	.50
断奶个数	10	11							21.00	10.50
断奶天数	34	31							65.00	32.50
断奶窝重	74.5	75.9							150.40	75.20
断奶平均重	7.5	6.9							14.40	7.20
仔死化个数	0	0							.00	.00

（单位：天、Kg、%）　　　2005年10月23日

图 3 - 3 - 10　母猪历史资料卡打印

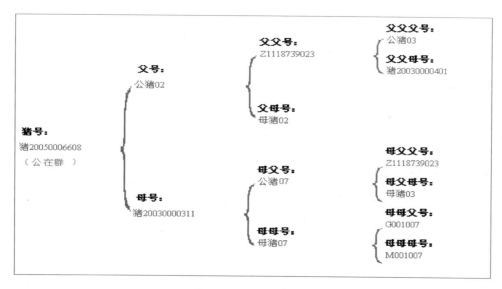

图 3 - 3 - 11　系谱查询

8. 非生产天数

非生产繁殖母猪天数包含了既没有妊娠，也没有哺乳等阶段总的天数。非生产天数包含了猪群进入和首次配种之间的天数，在断奶和下次配种之间的天数以及所有的导致

阴性怀孕检查（空怀）、重复配种、流产或淘汰等妊娠天数。从猪群到来到猪只入群的间隔天数（后备繁殖母猪天数）不考虑在母猪生产力分析报告中。

非生产性天数 = 繁殖母猪总天数 - 生产性天数

生产性天数 = 妊娠天数 + 哺乳天数。

如图 3 -3 -12 所示，显示了选定的种猪场的“A 区 2 舍—妊娠舍”，统计分析后，平均在栏母猪数为 116. 43 头，而记录的生产窝数仅有 2 胎，在指定的年份内计算得到的群体平均的非生产天数为 362. 47 天，说明了该群猪基本上处在非繁殖状态。

母猪非生产天数统计

刷 新　猪场：岔路河种猪场　猪舍：A区2舍-妊娠舍　重新统计　导出到Excel

开始：2013-01-01　结束：2013-12-31　非生产天数=365一年均胎次 *（妊娠天数+哺乳天数）

序号	场名	猪舍编号	开始日期	结束日期	总天数	头天	母猪存栏数	生产窝数	年均胎次	非生产天数
1	岔路河种猪场	A区2舍-妊娠舍	2013/1/1	2013/12/31	365	42497	116.43	2	0.01	362.47

图 3 -3 -12　母猪非生产天数统计（群体）

显然，上述计算的制定群体的平均非生产性天数。

9. 个体非生产天数

与图 3 -3 -12 对应的则是个体母猪的非生产天数统计，即计算每头母猪在指定的时间区段内的非生产天数（图 3 -3 -13），以帮助管理者进行更详细的分析与管理。

个体非生产天数一览表

☑统计未产母猪

母猪数：192　刷 新　猪场：岔路河种猪场　猪舍：A区2舍-妊娠舍　重新统计　导出到Excel

序号	场名	猪舍编号	猪号	周岁	已产胎次	在群否	一胎前	二胎前	三胎前	四胎前	五胎前	合计
1	岔路河种猪场	A区2舍-妊娠舍	CLHA10035	2.5	0	√	282					282
2	岔路河种猪场	A区2舍-妊娠舍	CLHA10066	2.5	0	√	295					295
3	岔路河种猪场	A区2舍-妊娠舍	CLHA10086	1.3	1		41					41
4	岔路河种猪场	A区2舍-妊娠舍	CLHA10138	2.4	0	√	653					653
5	岔路河种猪场	A区2舍-妊娠舍	CLHA10143	1.8	0		815					815
6	岔路河种猪场	A区2舍-妊娠舍	CLHA10168	1.4	0		45					45
7	岔路河种猪场	A区2舍-妊娠舍	CLHA10184	1.3	0		631					631
8	岔路河种猪场	A区2舍-妊娠舍	CLHA10227	1.1	0		733					733
9	岔路河种猪场	A区2舍-妊娠舍	CLHA10257	2.5	1	√	137					137
10	岔路河种猪场	A区2舍-妊娠舍	CLHA10271	2.4	0	√	659					659
11	岔路河种猪场	A区2舍-妊娠舍	CLHA10277	2.4	1	√	85					85
12	岔路河种猪场	A区2舍-妊娠舍	CLHA10287	2.6	0	√	702					702
13	岔路河种猪场	A区2舍-妊娠舍	CLHA10292	2.5	0	√	310					310
14	岔路河种猪场	A区2舍-妊娠舍	CLHA10317	1.4	0		666					666
15	岔路河种猪场	A区2舍-妊娠舍	CLHA10326	2.4	0	√	246					246
16	岔路河种猪场	A区2舍-妊娠舍	CLHA10334	2.6	0	√	703					703
17	岔路河种猪场	A区2舍-妊娠舍	CLHA10351	1.2	0		91					91
18	岔路河种猪场	A区2舍-妊娠舍	CLHA10357	2.5	1	√	92					92
19	岔路河种猪场	A区2舍-妊娠舍	CLHA10462	2.4	0	√	644					644
20	岔路河种猪场	A区2舍-妊娠舍	CLHA10475	1.5	0		768					768

1 2 3 4 5 6 7 8 9 10

图 3 -3 -13　个体非生产天数统计（个体）

第四章　饲养与饲料

1. 配方原料

用来管理用户饲料原料，系统提供了对猪用户原料的编辑、删除等功能。用户可以从系统猪用饲料成分表向用户猪用饲料成分表中添加新的饲料原料，也可直接向用户表中添加系统表中没有原料的添加功能，也可以对用户猪用饲料成分表中饲料成分进行修改。在修改饲料原料数据时，"饲料编号"、"饲料名称"及"干物质"为必须填写的项目，而且"饲料编号"为不允许重复项目，请在添加新原料时注意。建议用户在"数据来源"中注明"用户修改原料"。

图 3 - 4 - 1 为用户原料浏览界面，用户可以分页浏览系统原料以及几个主要营养成分数据（干物质、粗蛋白、钙、有效磷等）。

猪临时饲料成分及营养价值表

	序号	饲料名称	饲料描述	干物质（%）	粗蛋白（%）	钙	有效磷（%）
☐	1	向日葵仁饼	NY/T 3级 壳仁比：35:65	88.0	29.0	0.24	0.13
☐	2	玉米(普通2级)	成熟，GB/T 17890-1999, 2级	86.0	8.7	0.02	0.12
☐	3	小麦麸	传统制粉工艺 NY/T 1级	87.0	15.7	0.11	0.24
☐	4	大豆粕	浸提或预压浸提 NY/T 2级	89.0	44.0	0.33	0.18
☐	5	鱼粉(CP60.2%)	沿海产的海鱼粉,脱脂,12样平均值	90.0	60.2	4.04	2.90
☐	6	磷酸氢钙		98.0	0.1	23.20	16.50
☐	7	石粉		97.0	0.0	35.00	0.00
☐	8	蛋氨酸	DL-蛋氨酸	99.8	0.0	0.00	0.00
☐	9	赖氨酸	L-赖氨酸盐酸盐	98.5	0.0	0.00	0.00
☐	10	玉米油		99.0			
☐	11	食盐		98.0			
☐	12	复合预混料		92.0			
☐	13	填充料	填充料	99.0			
☐	14	合计	优化配方		18.5	0.75	0.36
☐	15	合计	优化配方		18.7	0.60	0.25

（全选　重置　删除　编辑　　添加原料）

图 3 - 4 - 1　猪临时饲料成分及营养价值表

如果需要修改或浏览某个饲料的全部养分数据，既可以用鼠标双击，也可以选中记录左面的选择框，然后点击"编辑"，即可见到如图 3 - 4 - 2 类似的用户原料维护界面。在原料维护界面中，用户可以浏览或修改饲料原料的养分数据。在使用过程中，请用户注意使用与养分单位一致的数据，否则，后面的计算结果会出现错误。输入完毕并检查核对后，按"提交"即可。然后点击"取消"，返回用户原料分页浏览管理界面。

点击"添加原料"，出现如图3－4－2所示的用户饲料原料添加界面。插入位置是指新添加的饲料原料将添加在用户饲料原料表的位置。可以一个一个原料添加，也可以一次选择多个饲料添加，点击"添加"即可完成向用户原料表中添加所选择的饲料原料。

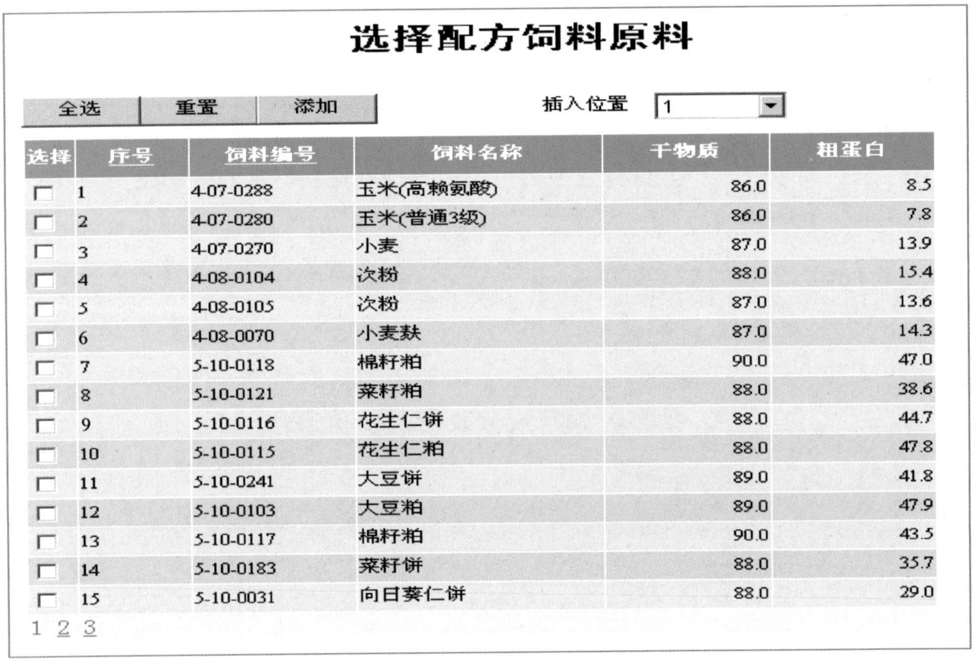

选择配方饲料原料

| | | | | 插入位置 | 1 | ▼ |
全选　　重置　　添加

选择	序号	饲料编号	饲料名称	干物质	粗蛋白
☐	1	4-07-0288	玉米(高赖氨酸)	86.0	8.5
☐	2	4-07-0280	玉米(普通3级)	86.0	7.8
☐	3	4-07-0270	小麦	87.0	13.9
☐	4	4-08-0104	次粉	88.0	15.4
☐	5	4-08-0105	次粉	87.0	13.6
☐	6	4-08-0070	小麦麸	87.0	14.3
☐	7	5-10-0118	棉籽粕	90.0	47.0
☐	8	5-10-0121	菜籽粕	88.0	38.6
☐	9	5-10-0116	花生仁饼	88.0	44.7
☐	10	5-10-0115	花生仁粕	88.0	47.8
☐	11	5-10-0241	大豆饼	89.0	41.8
☐	12	5-10-0103	大豆粕	89.0	47.9
☐	13	5-10-0117	棉籽粕	90.0	43.5
☐	14	5-10-0183	菜籽饼	88.0	35.7
☐	15	5-10-0031	向日葵仁饼	88.0	29.0

1 2 3

图3－4－2　选择配方饲料原料

2. 配方标准

用来管理配方临时饲养标准。系统提供了对配方临时饲养标准的编辑、删除、添加等功能。在标准的编辑界面中，用户可以对系统提供的原有配方临时饲养标准数据进行修改。在添加或修改饲养标准时，"标准编号"、"标准名称"及"干物质"为必须填写的项目，而且"标准编号"为不允许重复项目，请在添加新饲养标准时注意。

图3－4－3为配方临时饲养标准管理的主界面，用户可以分页浏览配方临时饲养标准以及几个主要营养成分数据（干物质、粗蛋白、钙、有效磷等）。左下角是分页浏览饲养标准的页面数据，点击可以切换浏览响应的配方临时饲养标准。

如果需要修改或浏览某个配方临时饲养标准的全部数据，既可以用鼠标双击，也可以先选中左面的选择框，然后点击"编辑"，即可见到如图 3 - 1 - 23 类似的配方临时饲养标准维护界面。在配方临时饲养标准维护界面中，用户可以浏览或修改配方临时饲养标准的数据。输入完毕并检查核对后，按"提交"即可。在输入养分数据时，请注意使用与界面上养分单位一致性的数据。导航按钮"首条"、"上一条"、"下一条"、"尾条"在该页面的用户饲养标准大于一条时有效。

图 3 - 4 - 3　猪饲养标准临时表

3. 配方优化

用于猪全价料配方优化计算。如图 3 - 4 - 4 所示，主要包括配方优化计算所需要的配方原料、配方标准、配方模型、配方结果及配方诊断等子模块。

点击"配方原料"，在页面表格中显示配方优化使用的临时饲料原料。用户可以在表格中添加或修改各个饲料原料的原料价格（必须）、某些原料的使用上限和使用下限等，然后点击"原料修改"，保存数据。

要注意输入并检查各原料的价格、上下限的数据。当需要输入用量上下限数据时，"用量上限"数据不能小于"用量下限"，否则，输入数据不被接受。如果需要原料用量为一固定值，则可以输入上下限相同的数据。原料的"饲料名称"中不要含有"."等不适合作为数据表字段的字符，否则，系统不能产生配方优化模型。

点击"配方标准"，在页面表格中，显示配方优化使用的临时饲养标准。用户可以在表格中修改该饲养标准的养分标准数据（在优化中涉及的养分数据不要为零或空），然后点击"标准修改"，保存数据。

点击"生成模型"，系统将根据当前的饲料原料、饲养标准和优化养分参数生成配方优化需要的配方模型并在表格中显示。在生成的模型表格中，系统提供了用户修改饲养标准和各饲料原料养分数据的功能，用户在修改后点击"模型修改"，把修改的模型数据保存好。

点击"配方优化"，系统将根据所生成的当前配方模型优化计算配方，并把结果显示在表格中。用户可依对表格中的结果进行微调，以适应实际配方生产加工工艺的需要。

点击"养分诊断"，系统对当前配方进行养分计算，得出当前配方的养分含量数据，并显示在当前表格中。用户可以根据结果，点击"配方结果"调出当前配方，再次进行手工调整，点击"结果修改"，保存配方调整数据。

点击"配方保存"，系统将当前的饲料原料、饲养标准、配方结果和配方诊断结果保存到数据库中。

猪饲料配方优化计算

序号	饲料名称	原料价格 (元/kg)	用量下限 (%)	用量上限 (%)	干物质 (%)	粗蛋白 (%)	钙 (%)	有效磷 (%)
1	向日葵仁饼				88.0	29.0	0.24	0.13
2	玉米(普通2级)	2.00			86.0	8.7	0.02	0.12
3	小麦麸	1.60	4.00		87.0	15.7	0.11	0.24
4	大豆粕	3.80			89.0	44.0	0.33	0.18
5	鱼粉(CP60.2%)	5.20		10.00	90.0	60.2	4.04	2.90
6	磷酸氢钙	2.60			98.0	0.1	23.20	16.50
7	石粉	0.20			97.0	0.0	35.00	0.00
8	蛋氨酸	35.00			99.8	0.0	0.00	0.00
9	赖氨酸	26.00			98.5	0.0	0.00	0.00
10	玉米油	4.80		4.00	99.0			
11	食盐	1.20	0.35	0.35	98.0			
12	复合预混料	15.00	1.00	1.00	92.0			
13	填充料				99.0			
14	合计	2.71				18.5	0.75	0.36
15	合计	2.69				18.7	0.60	0.25

图3-4-4　猪饲料配方优化计算

4. 配方管理

配方文件管理及维护设计列出了系统当前全部的全价料配方、浓缩料配方、微量元素配方和维生素配方，系统提供了配方删除功能，可以删除一个或多个配方。用户可以直接双击需要维护或修改的配方，进入配方的修改设计界面（图3-4-5、图3-4-6）。

5. 日粮信息维护

一个日粮入库管理模块。如果是自行配制的日粮，购买日期也就是自配日期（图3-4-7）。

猪优化饲料配方管理表

全选　　重置　　删除

	配方编号	配方描述	日期
☐	PigF00001	瘦肉生长速率＝350g/天的母猪(80～120kg)	2007-10-15
☐	PigF00002	瘦肉生长速率＝350g/天的母猪(80～120kg)	2007-10-15
☐	PigF00005	瘦肉生长速率＝350g/天的母猪(80～120kg)	2007-10-15
☐	PigF00302	瘦肉生长速率＝350g/天的母猪(80～120kg)	2007-10-15
☐	PigF00303	瘦肉生长速率＝350g/天的母猪(80～120kg)	2007-10-15
☐	PigF00304	瘦肉生长速率＝350g/天的母猪(80～120kg)	2007-10-15
☐	PigF00305	瘦肉生长速率＝350g/天的母猪(80～120kg)	2005-10-17
☐	PigF00306	瘦肉生长速率＝350g/天的母猪(80～120kg)	2005-10-18
☐	PigF00307	瘦肉生长速率＝350g/天的母猪(80～120kg)	2005-10-18
☐	PigF00308	瘦肉生长速率＝350g/天的母猪(80～120kg)	2007-11-1
☐	PigF00309	生长肥育猪(自由采食，DM=90%)(20～50kg)	2007-11-1
☐	PigF00310	生长肥育猪(自由采食，DM=90%)(20～50kg)	2007-11-1
☐	PigF00311	生长肥育猪(自由采食，DM=90%)(20～50kg)	2007-11-1
☐	PigF00312	生长肥育猪(自由采食，DM=90%)(20～50kg)	2005-9-4

图 3 - 4 - 5　猪优化饲料配方管理表

猪饲料配方维护

配方编号 PigF00307　　生成模型　配方优化　养分诊断　提交
配方原料　配方标准　配方模型　配方结果　诊断结果　原料修改

序号	饲料名称	原料价格(元/kg)	用量下限(%)	用量上限(%)	干物质(%)	粗蛋白(%)	钙(%)	有效磷(%)
1	玉米(普通2级)	2.00			86.0	8.7	0.02	0.12
2	小麦麸	1.60	4.00		87.0	15.7	0.11	0.24
3	大豆粕	3.80			89.0	44.0	0.33	0.18
4	鱼粉(CP60.2%)	5.20		10.00	90.0	60.2	4.04	2.90
5	磷酸氢钙	2.60			98.0	0.1	23.20	16.50
6	石粉	0.20			97.0	0.0	35.00	0.00
7	蛋氨酸	35.00			99.8	0.0	0.00	0.00
8	赖氨酸	26.00			98.5	0.0	0.00	0.00
9	玉米油	4.80		4.00	99.0			
10	食盐	1.20	0.35	0.35	98.0			
11	复合预混料	15.00	1.00	1.00	92.0			
12	填充料				99.0			
13	合计	2.71				18.5	0.75	0.36
14	合计	2.71				18.4	0.75	0.36

图 3 - 4 - 6　猪饲料配方维护

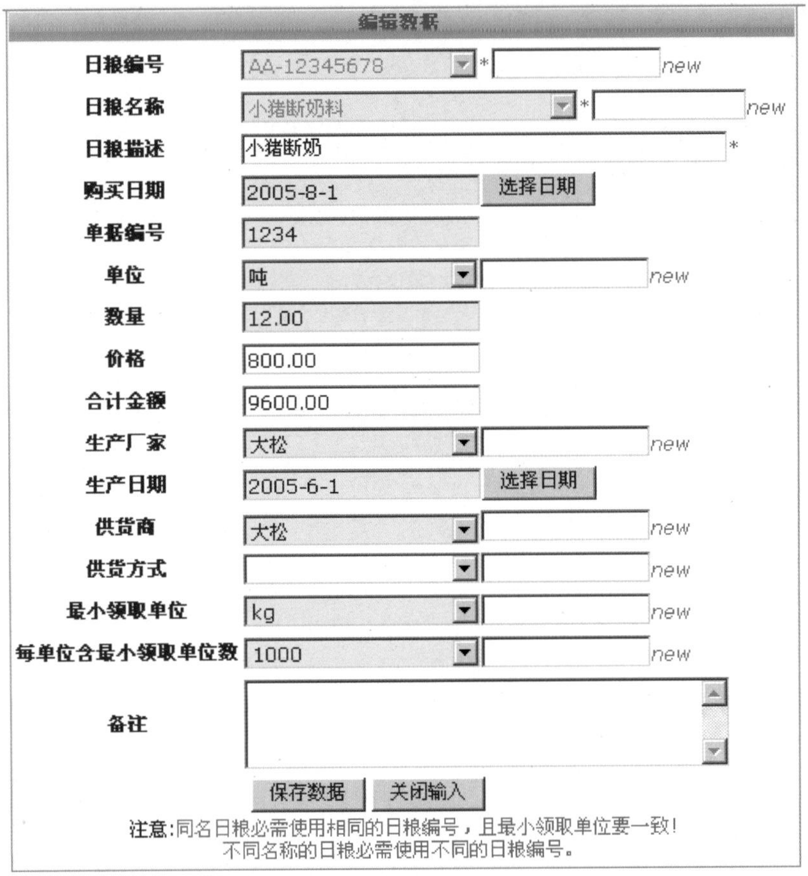

图 3 - 4 - 7　日粮信息维护

6. 日粮领用记录

（详见第一章）

7. 日粮库存查询

可查询现有日粮的库存情况，包括过期报废的数量（图 3 - 4 - 8）。

8. 饲养方案变更

（详见第一章）

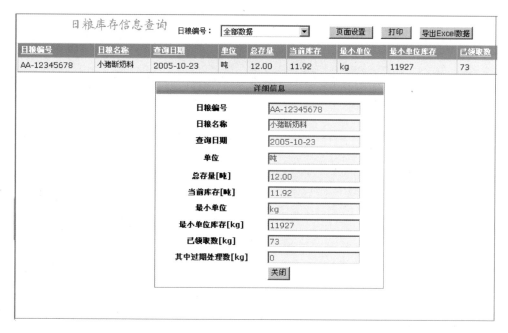

图 3 - 4 - 8　日粮库存信息查询

第五章　疾病与防疫

1. 今日免疫提示

依据疫苗信息表、基础免疫程序表、种猪基本信息表、小猪出生表、母猪配种表和母猪产仔表的信息，系统提供“按每年不同日期（季节）”、“按小猪日龄”、“按母猪配种前后”和“按母猪分娩前后”4种免疫提示（图3－5－1）。

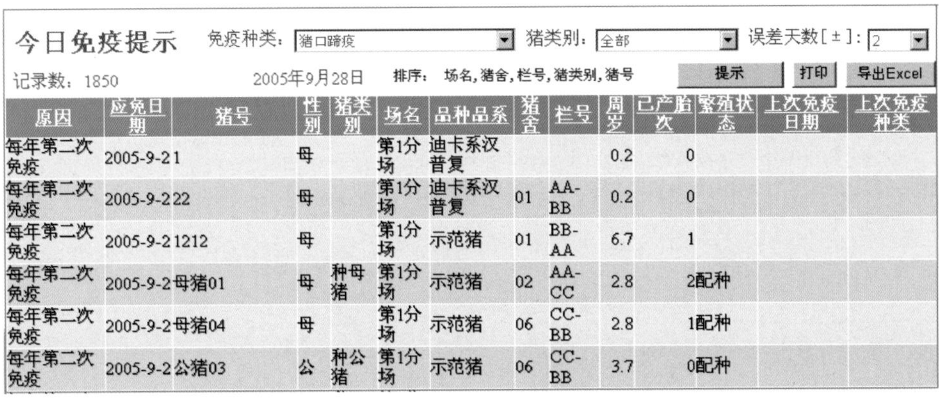
今日免疫提示　免疫种类：猪口蹄疫　猪类别：全部　误差天数[±]：2
记录数：1850　2005年9月28日　排序：场名，猪舍，栏号，猪类别，猪号　提示　打印　导出Excel

原因	应免日期	猪号	性别	猪类别	场名	品种品系	猪舍	栏号	周岁	已产胎次	繁殖状态	上次免疫日期	上次免疫种类
每年第二次免疫	2005-9-2	1	母		第1分场	迪卡系汉普复			0.2	0			
每年第二次免疫	2005-9-2	22	母		第1分场	迪卡系汉普复	01	AA-BB	0.2	0			
每年第二次免疫	2005-9-2	1212	母		第1分场	示范猪	01	BB-AA	6.7	1			
每年第二次免疫	2005-9-2	母猪01	母	种母猪	第1分场	示范猪	02	AA-CC	2.8	2	配种		
每年第二次免疫	2005-9-2	母猪04	母		第1分场	示范猪	06	CC-BB	2.8	1	配种		
每年第二次免疫	2005-9-2	公猪03	公	种公猪	第1分场	示范猪	06	CC-BB	3.7	0	配种		

图3－5－1　今日免疫提示

2. 猪常见病

猪常见病表存放的是猪常见病的基本信息，包括疾病编号、疾病名称、发病类型、感染部位、发病季节、疾病描述、发病原因、预防措施和治疗方法。猪常见病表的疾病名称也是系统录入时的下拉选项来源之一（图3－5－2）。

3. 疾病治疗记录

（详见第一章）

4. 猪群免疫记录

猪群免疫记录是猪场卫生保健的重要记录，一定要及时并详实录入，为统计分析做准备，这些记录同时也是“免疫提示”时的重要参考依据。

可分为单个猪免疫录入、整栏猪免疫录入和整舍猪免疫录入。整栏或整舍录入时，

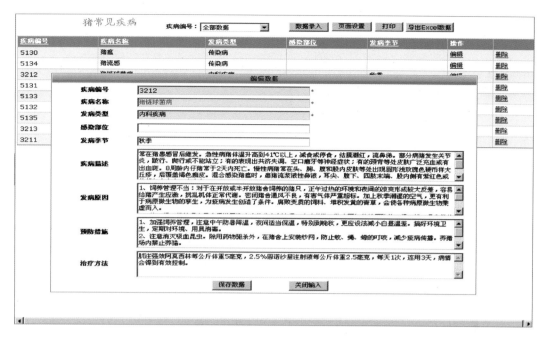

图 3 - 5 - 2　猪常见病

所根据的是基本信息表里的猪的当前位置，因此，基本信息表里的猪的当前位置信息一定要正确无误，这样整栏或整舍录入的数据才是正确的（图 3 - 5 - 3、图 3 - 5 - 4、

猪群免疫与检疫

第12条记录,总共276条记录

场名	猪舍	栏号	猪号	耳号	疫苗名称	免疫种类	免疫日期	检验日期	免疫结果	责任兽医	记录人	备注	操作
第1分场	02	AA-AA	1212		兽用乙型脑炎疫苗	乙型脑炎	2005-8-2		有效	aaa	aaa		编辑 删除
第1分场	01	BB-AA	1212		猪肺疫氢氧化铝菌苗	猪肺疫	2005-8-1		有效	aaa	AAA2		编辑 删除
第1分场		AA-AA	1212		兽用乙型脑炎疫苗	乙型脑炎	2005-8-1	2005-8-23	有效	aaa	AAA2		编辑 删除
第5分场		AA-BB	猪20030001401		猪细小病毒弱毒疫苗	猪细小病毒	2005-8-1	2005-8-23	有效	aaa	aaa		编辑 删除
第5分场			猪20050005211		猪细小病毒弱毒疫苗	猪细小病毒	2005-8-1	2005-8-23	有效	aaa	aaa		编辑 删除
第5分场			猪20050005305		猪细小病毒弱毒疫苗	猪细小病毒	2005-8-1	2005-8-23	有效	aaa	aaa		编辑 删除
第5分场			猪20050005309		猪细小病毒弱毒疫苗	猪细小病毒	2005-8-1	2005-8-23	有效	aaa	aaa		编辑 删除
第5分场			猪20050005402		猪细小病毒弱毒疫苗	猪细小病毒	2005-8-1	2005-8-23	有效	aaa	aaa		编辑 删除
第5分场			猪20050005405		猪细小病毒弱毒疫苗	猪细小病毒	2005-8-1	2005-8-23	有效	aaa	aaa		编辑 删除
第5分场			猪20050005409		猪细小病毒弱毒疫苗	猪细小病毒	2005-8-1	2005-8-23	有效	aaa	aaa		编辑 删除
第5分场			猪20050005411		猪细小病毒弱毒疫苗	猪细小病毒	2005-8-1	2005-8-23	有效	aaa	aaa		编辑 删除
第5分场			猪20050005501		猪细小病毒弱毒疫苗	猪细小病毒	2005-8-1	2005-8-23	有效	aaa	aaa		编辑 删除
第5分场			猪20050005503		猪细小病毒弱毒疫苗	猪细小病毒	2005-8-1	2005-8-23	有效	aaa	aaa		编辑 删除
第5分场			猪20050005506		猪细小病毒弱毒疫苗	猪细小病毒	2005-8-1	2005-8-23	有效	aaa	aaa		编辑 删除
第5分场			猪20050005508		猪细小病毒弱毒疫苗	猪细小病毒	2005-8-1	2005-8-23	有效	aaa	aaa		编辑 删除
第5分场			猪20050005602		猪细小病毒弱毒疫苗	猪细小病毒	2005-8-1	2005-8-23	有效	aaa	aaa		编辑 删除
第5分场			猪20050005604		猪细小病毒弱毒疫苗	猪细小病毒	2005-8-1	2005-8-23	有效	aaa	aaa		编辑 删除
第5分场			猪20050005606		猪细小病毒弱毒疫苗	猪细小病毒	2005-8-1	2005-8-23	有效	aaa	aaa		编辑 删除
第5分场			猪20050005609		猪细小病毒弱毒疫苗	猪细小病毒	2005-8-1	2005-8-23	有效	aaa	aaa		编辑 删除
第5分场			猪20050005702		猪细小病毒弱毒疫苗	猪细小病毒	2005-8-1	2005-8-23	有效	aaa	aaa		编辑 删除

1 2 3 4 5 6 7 8 9 10 ...

图 3 - 5 - 3　猪群免疫记录

图 3 –5 –5）。

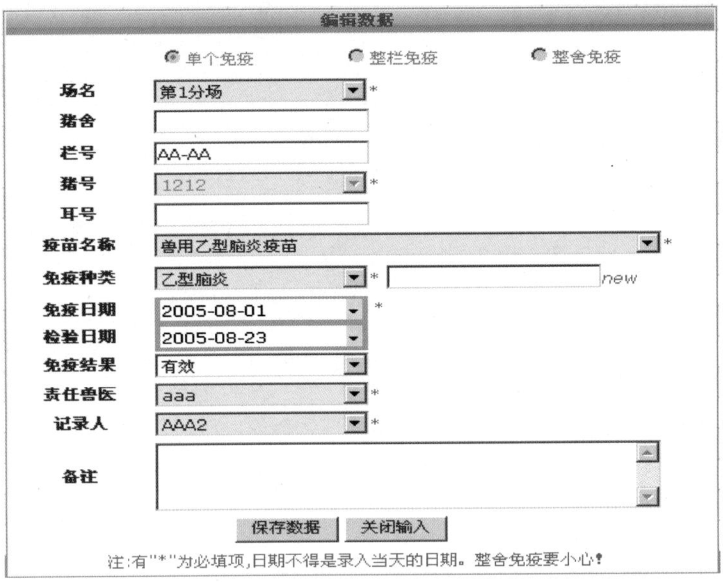

图 3 –5 –4　免疫猪信息

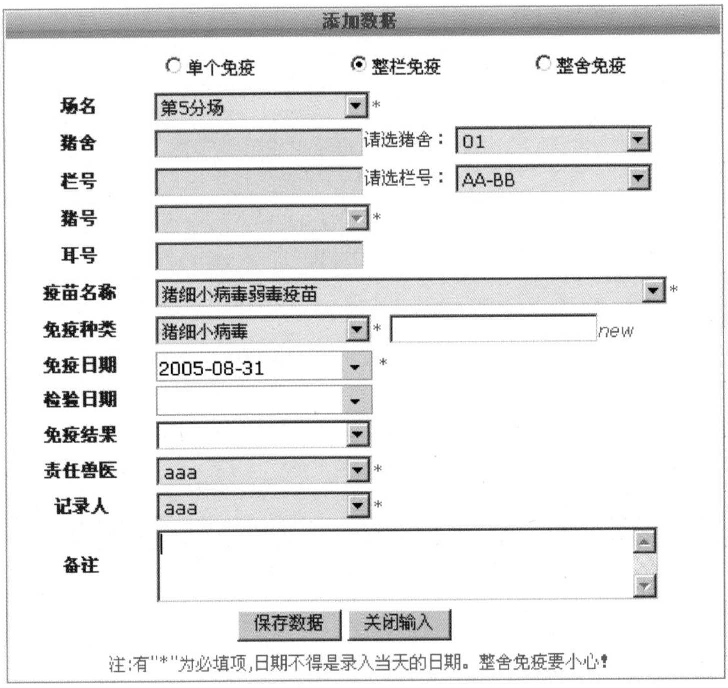

图 3 –5 –5　免疫猪情况

5. 驱虫记录

驱虫记录与免疫类似，也分单个驱虫、整栏驱虫和整舍驱虫（图3－5－6）。

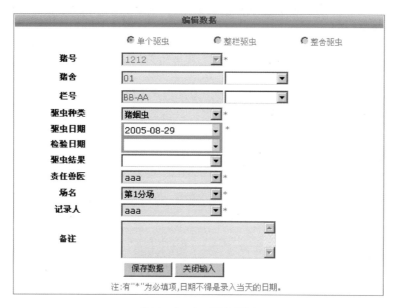

图3－5－6 驱虫记录

6. 疾病监测

可检测过去某个时段内猪场的疾病发病情况（图3－5－7）。

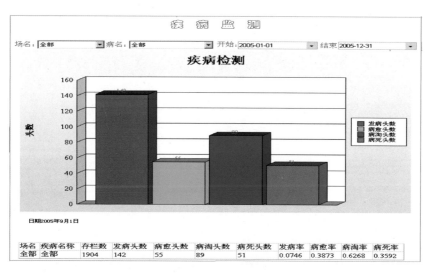

图3－5－7 疾病检测

名词解释：

- 发病头数：指猪场中感染某一种疾病的所有猪只数。
- 病愈头数：指猪场中感染某一种疾病的所有猪只中被治愈的头数。
- 病淘头数：指猪场中感染某一种疾病的所有猪只中被淘汰的头数。
- 病死头数：指猪场中感染某一种疾病的所有猪只中死亡的头数。

$$发病率 = \frac{发病头数}{存栏头数} \qquad 病愈率 = \frac{病愈头数}{发病头数} \qquad 病死率 = \frac{病死头数}{发病头数}$$

检测过去某个时段内猪场的疾病发病情况的百分比。发病率是发病头数除以存栏数计算，其他的则是以发病头数为分母计算（图 3 – 5 – 8）。

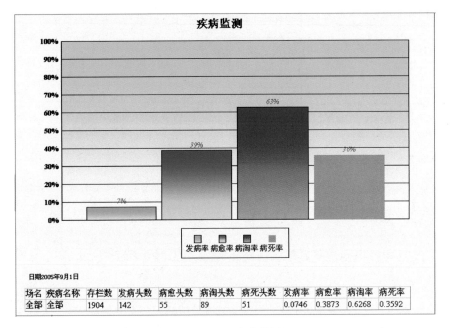

图 3 – 5 – 8　疾病监测

7. 驱虫监测

驱虫检测用于检测驱虫的效果（图 3 – 5 – 9）。
检测驱虫效果的百分比表示（图 3 – 5 – 10）。

8. 免疫监测

免疫检测用于检测免疫的情况（图 3 – 5 – 11）。应免头次是指按照基础免疫程序在指定年度内应该免疫的猪的头次，免疫头次是指实际已做免疫的头次，监测头次是指免疫后做了检查的头次，保护头次是指免疫有效的头次。

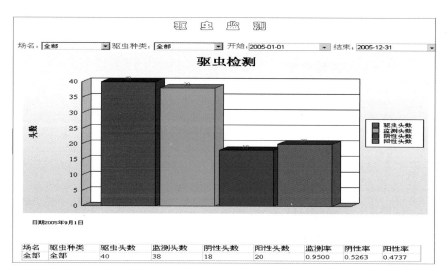

场名	驱虫种类	驱虫头数	监测头数	阴性头数	阳性头数	监测率	阴性率	阳性率
全部	全部	40	38	18	20	0.9500	0.5263	0.4737

图 3-5-9　驱虫监测—驱虫检测效果

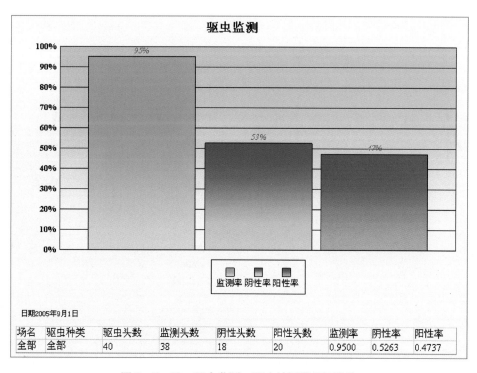

场名	驱虫种类	驱虫头数	监测头数	阴性头数	阳性头数	监测率	阴性率	阳性率
全部	全部	40	38	18	20	0.9500	0.5263	0.4737

图 3-5-10　驱虫监测—驱虫检测效果百分比

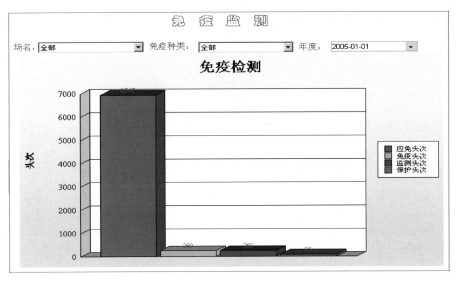

图 3 – 5 – 11　免疫检测

9. 兽药领用记录

（详见第一章）

10. 兽药库存查询

可查询当前库存的兽药的数量（图 3 – 5 – 12）。

图 3 – 5 – 12　兽药库存信息查询

11. 兽药产品维护

用于兽药的入库维护。最小领取单位是指领用时该兽药可分解的最小单位，如小包、安瓶、针剂、粒等。每单位含最小领取单位数是指每个入库单位（大包、箱、大瓶等）所含有的小分装（可分解的最小单位）的数量（表3-5-13）。

图3-5-13　兽药产品维护

12. 疫苗记录维护

（详见第一章）

13. 基础免疫程序

猪只的疾病免疫将按照基础免疫程序所设定的规程进行操作，针对不同的疾病，规定了各类猪只在不同阶段的疾病免疫种类及具体时间（图3-5-14、图3-5-15）。

名词解释：

每年第一次天数：指从当年1月1日开始的经过多少天后进行这一年度的第一次疾病免疫。

每年第二次天数：指从当年1月1日开始的经过多少天后进行这一年度的第二次疾病免疫。

每年第三次天数：指从当年1月1日开始的经过多少天后进行这一年度的第三次疾

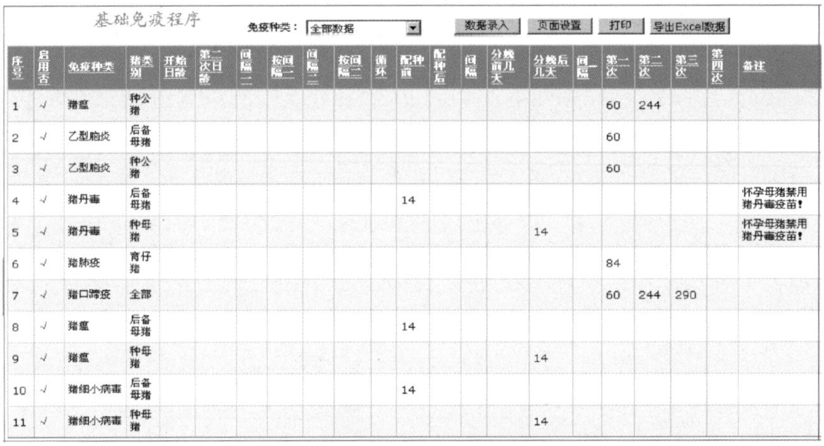

基础免疫程序　免疫种类：全部数据　数据录入　页面设置　打印　导出Excel数据

序号	启用否	免疫种类	猪类别	开始日龄	第二次日龄	间隔一	按间隔一	间隔二	按间隔二	循环	配种前	配种后	间隔	分娩前几天	分娩后几天	间隔	第一次	第二次	第三次	第四次	备注
1	√	猪瘟	种公猪														60	244			
2	√	乙型脑炎	后备母猪														60				
3	√	乙型脑炎	种公猪														60				
4	√	猪丹毒	后备母猪								14										怀孕母猪禁用猪丹毒疫苗！
5	√	猪丹毒	种母猪												14						怀孕母猪禁用猪丹毒疫苗！
6	√	猪肺疫	育仔猪														84				
7	√	猪口蹄疫	全部														60	244	290		
8	√	猪瘟	后备母猪								14										
9	√	猪瘟	种母猪												14						
10	√	猪细小病毒	后备母猪								14										
11	√	猪细小病毒	种母猪												14						

图 3－5－14　基础免疫程序

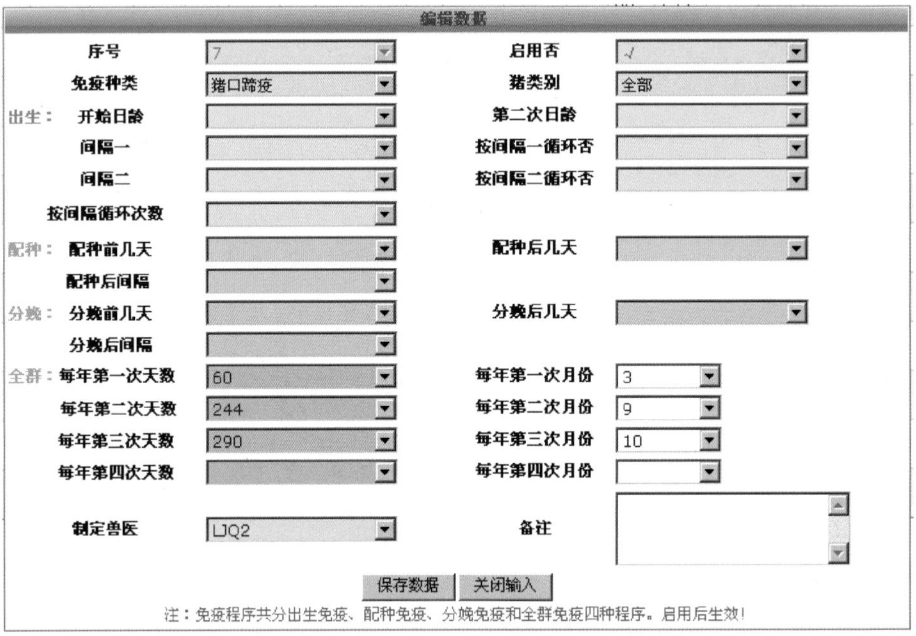

图 3－5－15　基础免疫程序编辑

病免疫。

每年第四次天数：指从当年 1 月 1 日开始的经过多少天后进行这一年度的第四次疾病免疫。

开始日龄：指猪只按日龄大小进行免疫时，进行第一次免疫应达到的日龄。

第二次日龄：指猪只按日龄大小进行免疫时，进行第二次免疫应达到的日龄。

间隔一：指猪只按日龄大小进行免疫时，在进行完第一次免疫或第二次免疫后过多少天再进行一次免疫。

间隔二：指猪只按日龄大小进行免疫时，在按间隔一进行完免疫后过多少天再进行一次免疫。

循环次数：指按间隔一或间隔二进行免疫时，每隔规定天数进行一次免疫的次数。

按间隔否一：指是否按"间隔一"规定的间隔天数和"循环次数"规定的次数进行免疫。

按间隔否二：指是否按"间隔二"规定的间隔天数和"循环次数"规定的次数进行免疫。

14. 疾病治疗中

该模块只是列出目前生病未愈，尚在治疗的猪的情况，可打印。

第六章 销售管理

1. 肥猪销售记录

（详见第一章）

2. 种猪销售记录

（详见第一章）

3. 销售数量统计

统计种猪和肥猪的销售头数和重量（图3－6－1）。

销 售 数 量 统 计

统计月份：2005-8　　　　　单位：头，Kg

类别	统计指标	第一周	第二周	第三周	第四周	第五周	月合计	周平均
肉猪	头数		4.00				4.00	0.80
	平均重		6732.09				6732.09	1346.41
	合计重量		26928.39				26928.39	5385.67
淘汰肉猪	头数	3.00					3.00	0.60
	平均重	8285.29					8285.29	1657.05
	合计重量	24855.89					24855.89	4971.17
长白	头数	40.00	32.00	33.00	10.00	11.00	126.00	25.20
	平均重	105.71	116.32	114.32	112.68	116.62	875.85	175.17
	合计重量	4228.59	3722.30	3772.80	1126.89	1282.90	14133.50	2826.70
迪卡系长白	头数	34.00	28.00	15.00	12.00	23.00	112.00	22.40
	平均重	75.65	117.70	116.28	103.93	110.90	634.89	126.97
	合计重量	2572.19	3295.70	1744.20	1247.19	2550.89	11410.19	2282.03
示范猪	头数	82.00	39.00	51.00	61.00	18.00	251.00	50.20
	平均重	108.18	108.12	110.66	107.97	107.71	580.12	116.02
	合计重量	8871.29	4217.00	5643.89	6586.59	1938.80	27257.59	5451.51
种猪合计	头数	156.00	99.00	99.00	83.00	52.00	489.00	97.80
其它猪合计	头数	3.00	4.00				7.00	1.40
数量总计	头数	159.00	103.00	99.00	83.00	52.00	496.00	99.20
种猪合计	重量	15672.09	11235.00	11160.89	8960.69	5772.59	52801.29	10560.25
其它猪合计	重量	24855.89	26928.39				51784.29	10356.85
重量总计	重量	40527.99	38163.39	11160.89	8960.69	5772.59	104585.59	20917.11

图3－6－1　销售数量统计

4. 销售结构统计

统计种猪和肥猪的分品种的销售头数和金额占总数的百分比（图3－6－2）。

5. 销售收入统计

统计种猪和肥猪的分品种的销售数量、重量和金额（图3－6－3）。

6. 品种销售统计

统计各分场分品种的销售头数和销售收入（图3－6－4）。

销 售 结 构 统 计

统计月份: 2005-8 单位: 头, %, 元

类别	统计指标	第一周	第二周	第三周	第四周	第五周	月合计	周平均
肉猪	头数		4.00				4.00	0.80
	百分比		0.80				0.80	0.16
	金额		270864.94				270864.94	54172.98
	百分比		12.43				12.43	2.48
淘汰肉猪	头数	3.00					3.00	0.60
	百分比	0.60					0.60	0.12
	金额	274230.52					274230.52	54846.10
	百分比	12.59					12.59	2.51
长白	头数	40.00	32.00	33.00	10.00	11.00	126.00	25.20
	百分比	8.06	6.45	6.65	2.01	2.21	25.40	5.08
	金额	90610.37	130867.51	137981.15	27865.19	45607.10	432931.32	86586.26
	百分比	4.16	6.00	6.33	1.27	2.09	19.88	3.97
迪卡系长白	头数	34.00	28.00	15.00	12.00	23.00	112.00	22.40
	百分比	6.85	5.64	3.02	2.41	4.63	22.58	4.51
	金额	89952.20	88192.59	62169.85	49601.14	89970.24	379886.02	75977.20
	百分比	4.13	4.05	2.85	2.27	4.13	17.44	3.48
示范猪	头数	82.00	39.00	51.00	61.00	18.00	251.00	50.20
	百分比	16.53	7.86	10.28	12.29	3.62	50.60	10.12
	金额	289451.15	134604.93	156042.35	187466.16	52088.76	819653.35	163930.67
	百分比	13.29	6.18	7.16	8.60	2.39	37.64	7.52
种猪合计	头数	156.00	99.00	99.00	83.00	52.00	489.00	97.80
其他猪合计	头数	3.00	4.00				7.00	1.40
数量总计	头数	159.00	103.00	99.00	83.00	52.00	496.00	99.20
	百分比	32.05	20.76	19.95	16.73	10.48	100.00	20.00
种猪合计	金额	470013.72	353665.03	356193.35	264932.49	187666.10	1632470.69	326494.13
其他猪合计	金额	274230.52	270864.94				545095.46	109019.09
金额总计	金额	744244.24	624529.97	356193.35	264932.49	187666.10	2177566.15	435513.23
	百分比	34.17	28.68	16.35	12.16	8.61	100.00	20.00

图3-6-2 销售结构统计

销 售 收 入 统 计

统计月份: 2005-8 单位: 头, Kg, 元

类别	统计指标	第一周	第二周	第三周	第四周	第五周	月合计	周平均
肉猪	头数		4.00				6732.09	1346.41
	总重		26928.39				26928.39	5385.67
	金额		270864.94				270864.94	54172.98
淘汰肉猪	头数	3.00					8285.29	1657.05
	总重	24855.89					24855.89	4971.17
	金额	274230.52					274230.52	54846.10
长白	头数	40.00	32.00	33.00	10.00	11.00	875.85	175.17
	总重	4228.59	3722.30	3772.80	1126.89	1282.90	14133.50	2826.70
	金额	90610.37	130867.51	137981.15	27865.19	45607.10	432931.32	86586.26
迪卡系长白	头数	34.00	28.00	15.00	12.00	23.00	634.89	126.97
	总重	2572.19	3295.70	1744.20	1247.19	2550.89	11410.19	2282.03
	金额	89952.20	88192.59	62169.85	49601.14	89970.24	379886.02	75977.20
示范猪	头数	82.00	39.00	51.00	61.00	18.00	580.12	116.02
	总重	8871.29	4217.00	5643.89	6586.59	1938.80	27257.59	5451.51
	金额	289451.15	134604.93	156042.35	187466.16	52088.76	819653.35	163930.67
种猪合计	头数	156.00	99.00	99.00	83.00	52.00	489.00	97.80
其他猪合计	头数	3.00	4.00				7.00	1.40
数量总计	头数	159.00	103.00	99.00	83.00	52.00	496.00	99.20
种猪合计	金额	470013.72	353665.03	356193.35	264932.49	187666.10	1632470.69	326494.13
其他猪合计	金额	274230.52	270864.94				545095.46	109019.09
金额总计	金额	744244.24	624529.97	356193.35	264932.49	187666.10	2177566.15	435513.23

图3-6-3 销售收入统计

各 场 品 种 销 售 统 计

统计月份: 2005-8 单位: 头, 元

统计指标	场名	长白	迪卡系长白	示范猪	合计
销售头数:	第1分场		12		12
	第2分场		6	5	11
	第3分场	11		13	24
	第4分场			11	11
	第5分场	115	94	222	431
头数合计:		126	112	251	489
销售收入:	第1分场		122		122
	第2分场		23931.95	16254.99	40186.94
	第3分场	45607.1		30166.34	75773.44
	第4分场			45283.09	45283.09
	第5分场	387324.22	355832.07	727948.93	1471105.22
收入合计:		432931.32	379886.02	819653.35	1632470.69

图3-6-4 品种销售统计

第七章 统计图表

1. 猪群生产报表

共有种猪存栏、大中猪存栏、乳仔猪存栏、妊检、公猪配种、母猪配种、产仔断奶、猪舍日报八大类统计模块，以及这些项目的明细。还可分别按场名、品种、或年报、月报、季报等不同组合进行统计（图 3－7－1、图 3－7－2）。

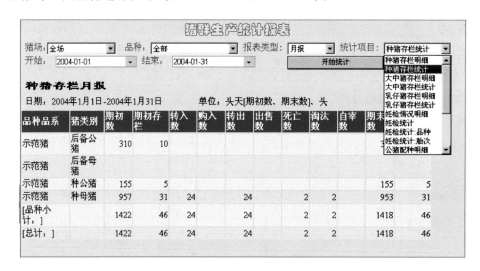

品种品系	猪类别	期初数	期初存栏	转入数	购入数	转出数	出售数	死亡数	淘汰数	自宰数	期末	
示范猪	后备公猪	310	10									
示范猪	后备母猪											
示范猪	种公猪	155	5								155	5
示范猪	种母猪	957	31	24		24		2	2		953	31
[品种小计：]		1422	46	24		24		2	2		1418	46
[总计：]		1422	46	24		24		2	2		1418	46

图 3－7－1　猪群生产统计报表

打印　直接打印　页面设置　打印预览

种猪存栏月报

日期：2004年1月1日-2004年1月31日 记录数　单位：头天[期初数、期末数]、头

品种品系	猪类别	期初数	期初存栏	转入数	购入数	转出数	出售数	死亡数	淘汰数	自宰数	期末数	期末存栏
示范猪	后备公猪	310	10								310	10
示范猪	后备母猪											
示范猪	种公猪	155	5								155	5
示范猪	种母猪	957	31	24		24		2	2		953	31
[品种小计：]		1422	46	24		24		2	2		1418	46
[总计：]		1422	46	24		24		2	2		1418	46

图 3－7－2　种猪存栏月报

2. 种猪存栏

全场当前种猪存栏数量结构图（图 3－7－3）。

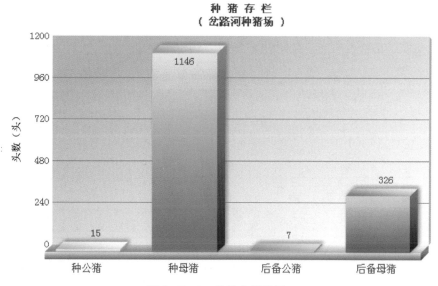

图 3 - 7 - 3 种猪存栏数量

3. 猪群存栏

全场当前各类大中小猪存栏数量结构图（图 3 - 7 - 4）。

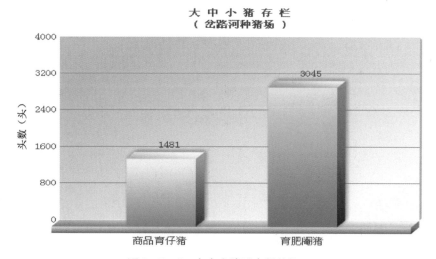

图 3 - 7 - 4 大中小猪群存栏结构

4. 各品种猪存栏

全场当前各品种猪存栏数量结构。

5. 各舍存栏

全场当前各类猪舍中猪只存栏数量结构图（图3-7-5）。

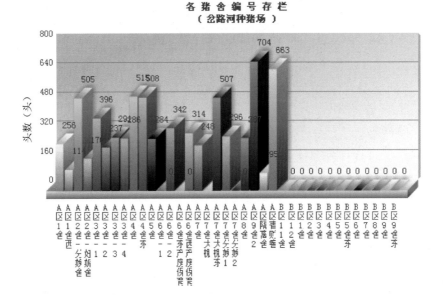

图3-7-5　各猪舍编号存栏状况

6. 母猪结构分析

全场当前各类母猪结构图（图3-7-6）。

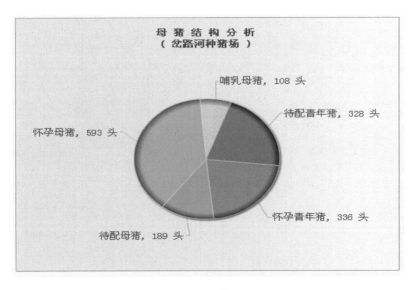

图3-7-6　母猪结构分析

7. 母猪胎次结构

全场母猪当前的胎次结构图（图3-7-7）。

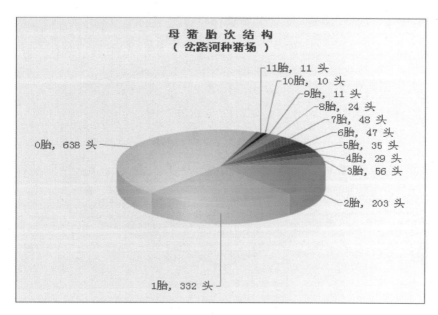

图3-7-7 母猪胎次结构

8. 种猪存栏对比

一个各分场种猪存栏数量的对比图（图3-7-8）。

种猪存栏对比

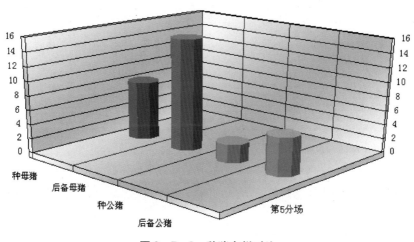

图3-7-8 种猪存栏对比

9. 各类猪存栏对比

一个各分场各类猪存栏数量的对比图（图3-7-9）。

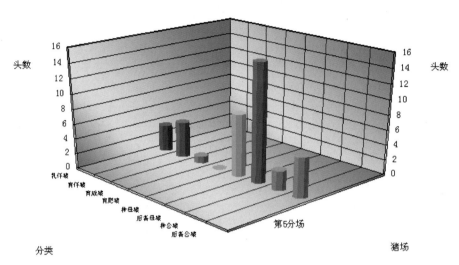

图3-7-9 各类猪存栏对比

10. 种猪配种对比

一个各分场公母猪配种情况的对比图（图3-7-10）。

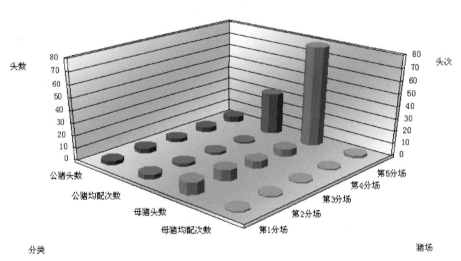

图3-7-10 种猪配种对比

11. 产仔断奶对比

一个各分场母猪产仔断奶情况的对比图（图 3 – 7 – 11）。

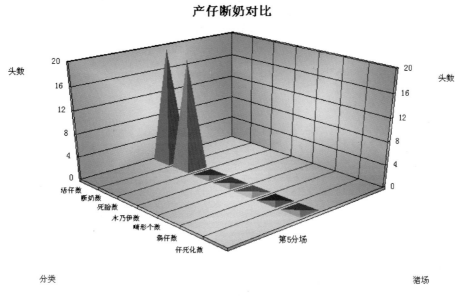

图 3 – 7 – 11　产仔断奶对比

12. 乳仔猪死亡对比

一个各分场乳仔猪死亡数量的对比图。

13. 大中猪死亡对比

一个各分场大中猪死亡数量的对比图。

14. 种猪淘汰对比

一个各分场种猪淘汰数量的对比图（图 3 – 7 – 12）。

15. 种猪死亡对比

一个各分场种猪死亡数量的对比图。

16. 种猪淘汰原因

一个各分场种猪淘汰原因的对比图。

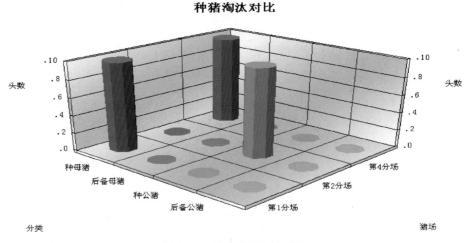

图 3 – 7 –12　种猪淘汰对比

17. 种猪死亡原因

一个各分场种猪死亡原因的对比图。

18. 猪存栏年度对比

各类猪不同年度间的存栏对比图（图 3 – 7 – 13）。

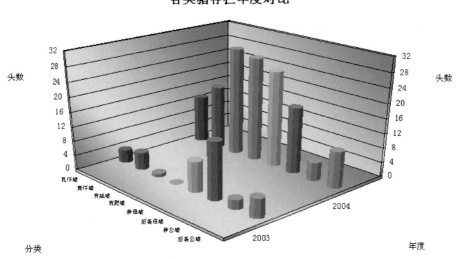

图 3 – 7 –13　各类猪存栏年度对比

19. 猪存栏月间对比

各类猪不同月间的存栏对比图。

第八章　场内管理

1. 特别关注

一些猪比如临产猪、配种猪、断奶猪或生病猪需要特别的护理，在这里提前进行记录，到时就可以指派专门人员进行护理（图3-8-1）。

图3-8-1　特别关注

2. 职员管理

管理场内所有员工的基本情况，如编号、姓名、性别、身份证号、职位、电话等。职员表也是系统操作中所有有关人员姓名下拉选单的来源。如需要填兽医的地方，下拉选单里就会列出全部职位是兽医的人员。

3. 猪舍管理

一个对猪舍的简单管理模块。

4. 业务单位管理

有业务往来的相关单位的基本情况管理。包括公司的编号、名称、类型、负责人、联系人、地址、电话、传真、电邮、网址等。

5. 事件查询

系统具有事件记录功能（图3-8-2）。系统内的所有操作如猪一生的各种事件以及兽药、饲料的进出库操作等，都会一一记录在事件日记表里。这对一个完善的管理系统而言是必须的。如选择某个猪号后，有关该猪的所有事件都会按时间倒序列出，一目了然，用户可全面查看该猪的所有信息。

事件日志表查询　猪号：母猪30　页面设置　打印　导出Excel数据

事件编号	猪号	事件日期	事件分类	事件描述	操作	
3306	母猪30	2004-11-25		第3胎断奶	详细	删除
3305	母猪30	2004-10-28		第3胎产仔	详细	删除
2596	母猪30	2004-10-6		第3胎第4次妊检，正常	详细	删除
2595	母猪30	2004-8-27		第3胎第3次妊检，正常	详细	删除
2594	母猪30	2004-8-7		第3胎第2次妊检，正常	详细	删除
2593	母猪30	2004-8-1		第3胎第1次妊检，正常	详细	删除
2690	母猪30	2004-7-14		瘫痪	详细	删除
2585	母猪30	2004-7-8		第3胎第1次配种	详细	删除
2123	母猪30	2004-6-23		第2胎断奶	详细	删除
2122	母猪30	2004-5-26		第2胎产仔	详细	删除
1459	母猪30	2004-5-2		第2胎第4次妊检，正常	详细	删除
1458	母猪30	2004-3-23		第2胎第3次妊检，正常	详细	删除
1457	母猪30	2004-3-3		第2胎第2次妊检，正常	详细	删除
1456	母猪30	2004-2-26		第2胎第1次妊检，正常	详细	删除
1406	母猪30	2004-2-21		第2胎第1次妊检，空怀	详细	删除
1449	母猪30	2004-2-2		第2胎第1次配种	详细	删除
1392	母猪30	2004-1-28		第2胎第1次配种	详细	删除
901	母猪30	2004-1-13		第1胎断奶	详细	删除
900	母猪30	2003-12-15		第1胎产仔	详细	删除
233	母猪30	2003-11-25		第1胎第4次妊检，正常	详细	删除

1 2

图 3－8－2　事件查询

6. 代码表编辑

系统在数据录入等界面中有许多下拉选框，其中，绝大部分下拉内容来自这里的代码表。代码表的维护是在线式的，编辑后一旦更新会立即生效。因为代码表的设计是一条记录包括多个项目，用户修改时务必小心谨慎。另外，只有“系统管理员”组的成员才有权利修改代码表（图 3－8－3）。

代码信息表编辑　即刻生效，小心编辑！

	场名码	场名	品种品系码	品种品系	饲料名称码	饲料名称	饲料来源码	饲料来源	猪类别码	猪类别	种猪死亡原因码	种猪死亡原因	种猪淘汰原因码	种猪淘汰原因
编辑	01	第1分场	A	迪卡系汉普复	01	种公猪料	ZP	自配	ZG	种公猪	01	难产	01	种用不良
编辑	02	第2分场	B	迪卡系杜洛克	02	前期母猪料	GR	购入	HG	后备公猪	02	瘫痪	02	体况不佳
编辑	03	第3分场	C	迪卡系大约克	03	哺乳母猪料	QT	其它	ZM	种母猪	03	子宫炎	03	生产成绩不好
编辑	04	第4分场	D	迪卡系长白	04	小猪料			HM	后备母猪	04	乳房炎	04	肢蹄原因
编辑	05	第5分场	X	北京华都杜洛克	05	断乳仔猪料			RZ	乳仔猪	05	胃出血	05	病淘
编辑	06	第6分场	Y	华都品系	06	育成中猪料			YZ	育仔猪	06	其它	06	其它
编辑			L	示范猪	07	育肥大猪料			YC	育成猪				
编辑					08	后期母猪料			YF	育肥猪				
编辑					09	颗粒料			CD	测定猪				
编辑									CL	出栏猪				
编辑														

图 3－8－3　代码表编辑

7. 猪群生产计划模拟

猪群生产计划模拟（正推）是根据猪场现有猪群条件，利用合理的猪群生产参数推导出未来一段时间的猪群发展状况。分为均衡模拟和非均衡模拟。均衡模拟即用户给出基础母猪数量，使用种猪理论参数进行理想化的均衡地推算未来的猪群状况。非均衡模拟即根据猪场现有猪群条件，使用半年前的猪群实际数据，计算出猪场实际参数（怀孕率、产仔率、乳仔成活率等），利用这一实际参数结合猪群现有数量和状况实际推算出未来的猪群发展状况。非均衡模拟因为结合了猪场实际，其推算结果具有较高的实用参考价值。

如果现有猪群数据不合理，实际参数计算不成功，也可以利用种猪理论参数结合猪群现有数量和状况进行推算（半均衡模拟）。

图3-8-4是均衡模拟的例子。

猪群生产计划模拟

使用该场的种猪参数表！　　　　　　　　　　　　　　　　　　场名：原种场　[种猪参数表]
基础母猪数：200　[计算参数]　开始：2012-03-01　结束：2013-02-28　[开始模拟]　[导出到Excel]
小母猪留种率[%]：50

计划日期	周次	待配母猪	配种母猪	怀孕母猪	产仔母猪	乳仔猪	育仔猪	育成猪	育肥猪	后备母猪	总存栏	出栏猪	淘汰
累计数量：			520	441	288	2880	2508	1971	1420	234		676	43
2013-2-21	52	14	30	117	32	240	456	511	497	198	1897	52	4
2013-2-14	51		30	117	32	240	456	511	497	198	1883	52	18
2013-2-7	50		30	117	32	240	456	511	497	198	1883	52	
2013-1-31	49		30	117	32	240	456	511	497	180	1883	52	
2013-1-24	48		30	117	32	240	456	511	497	162	1883	52	
2013-1-17	47		30	117	32	240	456	511	497	144	1883	52	
2013-1-10	46		30	117	32	240	456	511	497	126	1883	52	
2013-1-3	45		30	117	32	240	456	511	497	108	1883	52	
2012-12-27	44		30	117	32	240	456	511	497	90	1883	52	
2012-12-20	43		30	117	32	240	456	511	497	72	1883	52	
2012-12-13	42		30	117	32	240	456	511	497	54	1883	52	
2012-12-6	41		30	117	32	240	456	511	497	36	1883	52	
2012-11-29	40		30	117	32	240	456	511	497	18	1883	52	
2012-11-22	39		30	117	32	240	456	511	497		1883		
2012-11-15	38		30	117	32	240	456	511	426		1812		
2012-11-8	37		30	117	32	240	456	511	355		1741		
2012-11-1	36		30	117	32	240	456	511	284		1670		
2012-10-25	35		30	117	32	240	456	511	213		1599		
2012-10-18	34		30	117	32	240	456	511	142		1528		
2012-10-11	33		30	117	32	240	456	511	71		1457		
2012-10-4	32		30	117	32	240	456	511			1386		
2012-9-27	31		30	117	32	240	456	438			1313		

图3-8-4　猪群生产计划模拟——均衡模拟例子

图3-8-5是计算猪场实际参数的例子。

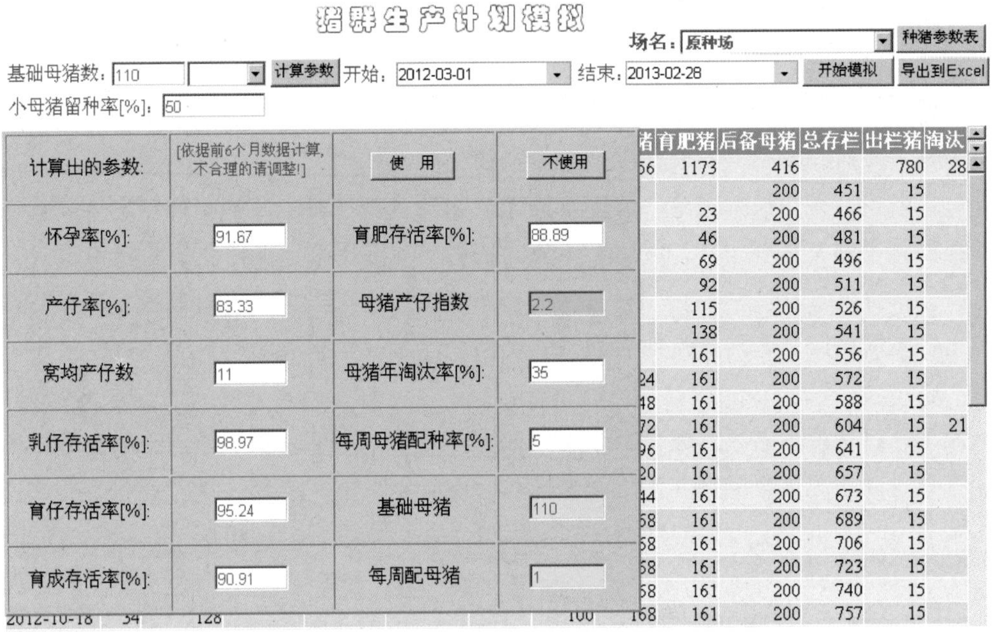

猪群生产计划模拟

图 3 - 8 - 5　猪群生产计划模拟——计算猪场实际参数例子

图 3 - 8 - 6 是非均衡模拟的例子。

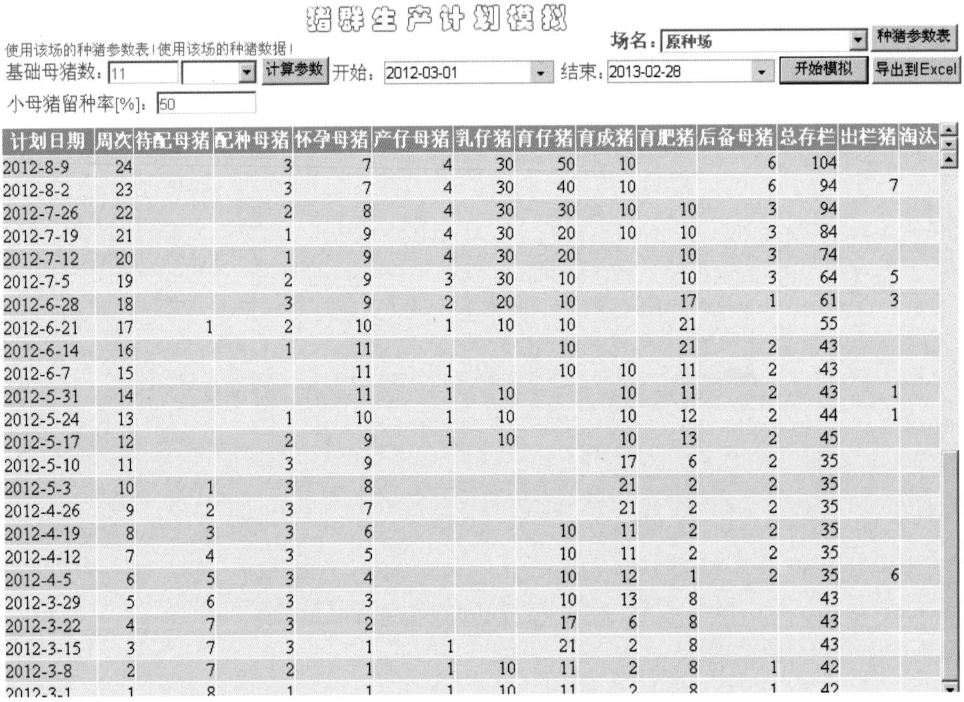

猪群生产计划模拟

图 3 - 8 - 6　猪群生产计划模拟——非均衡模拟例子

分场管理员只可以对自己场进行模拟，而系统管理员既可以对各分场进行模拟，还可以对总场（全部场）进行模拟。各分场具有自己的种猪参数，可以与总场的一致也可以不完全一致。

使用方法：

①如果没有进行"计算参数"运算，系统将调用该场的种猪参数进行"均衡模拟"。

②如果进行了"计算参数"运算并选择了"使用"，系统将调用该计算参数结合该场实际数据进行"非均衡模拟"。

③如果进行了"计算参数"运算但选择了"不使用"，系统将放弃"计算参数"，而是调用该场的种猪参数结合该场实际数据进行"半均衡模拟"。

8. 猪群生产计划反推

所谓猪群生产计划反推，是指用户给出未来某个时间的小母猪留种率（即后备母猪占出栏母猪的比例）以及每周的计划生猪出栏数，系统据此结合合理的猪群生产参数反向推导出该时间之前猪场应该具有的猪群数量和状况。分为均衡反推和非均衡反推。均衡反推即用户给出小母猪留种率和每周的计划生猪出栏数后，系统使用种猪理论参数进行理想化的均衡地反向推算出某个时间之前的猪群状况。非均衡反推即系统根据猪场现有猪群条件，使用半年前的猪群实际数据，计算出猪场实际参数（怀孕率、产仔率、乳仔成活率等），利用这一实际参数结合小母猪留种率和每周的计划生猪出栏数，反向推算出该时间之前猪场应该具有的猪群数量和状况。两者的区别在于，前者使用种猪理论参数而后者使用计算出的猪场实际参数。非均衡反推因为结合了猪场实际，其推算结果具有较高的实用参考价值。

如果现有猪群数据不合理，实际参数计算不成功，用户也就只能使用种猪理论参数进行均衡反推了。

图 3 - 8 - 7 是均衡反推的例子。

图 3 - 8 - 8 是计算猪场实际参数的例子。

图 3 - 8 - 9 是非均衡反推的例子。

分场管理员只可以对自己场进行反推，而系统管理员既可以对各分场进行反推，还可以对总场（全部场）进行反推。各分场具有自己的种猪参数，可以与总场的一致也可以不完全一致。

使用方法：

①如果没有进行"计算参数"运算，系统将调用该场的种猪参数进行"均衡反推"。

猪群生产计划反推

使用该场的种猪参数表！ 　　　　　　　　　　　　　　　　　　　场名：原种场　　　种猪参数表

基础母猪数：63　　计算参数　开始：2012-03-01　　结束：2013-02-28　　开始反推　导出到Excel

每周生猪出栏：15　　小母猪留种率[%]：50

计划日期	周次	待配母猪	配种母猪	怀孕母猪	产仔母猪	乳仔猪	育仔猪	育成猪	育肥猪	后备母猪	总存栏	出栏猪	淘汰
累计数量：			45	84	96	806	925	1056	1173	416		780	28
2013-2-21	52	251								200	451	15	
2013-2-14	51	243							23	200	466	15	
2013-2-7	50	235							46	200	481	15	
2013-1-31	49	227							69	200	496	15	
2013-1-24	48	219							92	200	511	15	
2013-1-17	47	211							115	200	526	15	
2013-1-10	46	203							138	200	541	15	
2013-1-3	45	195							161	200	556	15	
2012-12-27	44	187						24	161	200	572	15	
2012-12-20	43	179						48	161	200	588	15	
2012-12-13	42	171						72	161	200	604	15	21
2012-12-6	41	184						96	161	200	641	15	
2012-11-29	40	176						120	161	200	657	15	
2012-11-22	39	168						144	161	200	673	15	
2012-11-15	38	160						168	161	200	689	15	
2012-11-8	37	152					25	168	161	200	706	15	
2012-11-1	36	144					50	168	161	200	723	15	
2012-10-25	35	136					75	168	161	200	740	15	
2012-10-18	34	128					100	168	161	200	757	15	
2012-10-11	33	120					125	168	161	200	774	15	
2012-10-4	32	109			3		150	168	161	200	791	15	

图 3 – 8 – 7　猪群生产计划反推——均衡反推的例子

计算出的参数：	[依据前6个月数据计算,不合理的请调整!]	使用	不使用
怀孕率[%]：	91.67	育肥存活率[%]：	88.89
产仔率[%]：	83.33	母猪产仔指数	2.2
窝均产仔数	11	母猪年淘汰率[%]：	40
乳仔存活率[%]：	98.97	每周母猪配种率[%]：	5
育仔存活率[%]：	95.24	基础母猪	11
育成存活率[%]：	90.91	每周配母猪	1

图 3 – 8 – 8　猪群生产计划反推——计算猪场实际参数例子

计划日期	周次	待配母猪	配种母猪	怀孕母猪	产仔母猪	乳仔猪	育仔猪	育成猪	育肥猪	后备母猪	总存栏	出栏猪	淘汰
累计数量：			60	112	128	1085	1221	1408	1581	520		1040	36
2013-2-21	52	318								250	568	20	
2013-2-14	51	308							31	250	589	20	
2013-2-7	50	298							62	250	610	20	
2013-1-31	49	288							93	250	631	20	
2013-1-24	48	278							124	250	652	20	
2013-1-17	47	268							155	250	673	20	
2013-1-10	46	258							186	250	694	20	
2013-1-3	45	248							217	250	715	20	
2012-12-27	44	238						32	217	250	737	20	
2012-12-20	43	228						64	217	250	759	20	
2012-12-13	42	218						96	217	250	781	20	27
2012-12-6	41	235						128	217	250	830	20	
2012-11-29	40	225						160	217	250	852	20	
2012-11-22	39	215						192	217	250	874	20	
2012-11-15	38	205						224	217	250	896	20	
2012-11-8	37	195					33	224	217	250	919	20	
2012-11-1	36	185					66	224	217	250	942	20	
2012-10-25	35	175					99	224	217	250	965	20	
2012-10-18	34	165					132	224	217	250	988	20	
2012-10-11	33	155					165	224	217	250	1011	20	
2012-10-4	32	141			4		198	224	217	250	1034	20	

图 3 – 8 – 9　猪群生产计划反推——非均衡反推例子

②如果进行了"计算参数"运算并选择了"使用"，系统将调用该计算参数进行"非均衡反推"。

③如果进行了"计算参数"运算但选择了"不使用"，系统将放弃"计算参数"，而是调用该场的种猪参数进行"均衡反推"。

9. 种猪参数设置

系统具有提示入产房、提示配种、提示断奶等提示功能，所依据的条件就是这里给出的种猪参数理论值。总场有总场的种猪参数，各分场有各分场自己的种猪参数（图 3 – 8 – 10）。用户在这里可以进行微调，以适应本场的具体情况。点击"系统默认"则会全部恢复到系统默认值。点击"调总场参数"则会将总场种猪参数全部调过来。提交保存后立即生效。只有"管理员"组的成员才有权利修改种猪参数理论值。

10. 提示参数

系统具有提示公母猪淘汰的模块，所依据的条件就是这里给出的日常生产提示参数值（图 3 – 8 – 11）。用户在这里可以进行微调，以适应本场的具体情况。点击"系统默认"则会全部恢复到系统默认值。提交保存后立即生效。"全进全出式断奶"是指以自然周为单位进行断奶，即凡属于一个周到断奶期的母猪就同时提示断奶。"考虑生殖系统

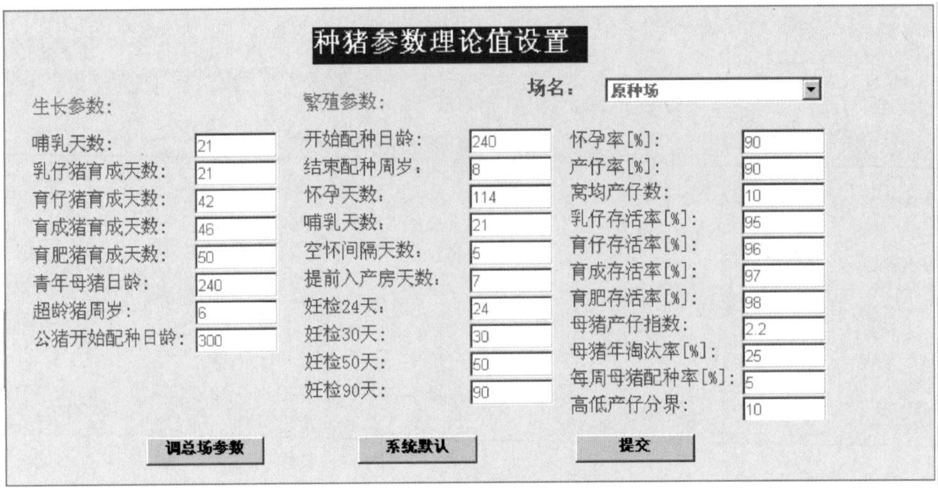

种猪参数理论值设置

场名：　原种场

生长参数：

哺乳天数：	21
乳仔猪育成天数：	21
育仔猪育成天数：	42
育成猪育成天数：	46
育肥猪育成天数：	50
青年母猪日龄：	240
超龄猪周岁：	6
公猪开始配种日龄：	300

繁殖参数：

开始配种日龄：	240
结束配种周岁：	8
怀孕天数：	114
哺乳天数：	21
空怀间隔天数：	5
提前入产房天数：	7
妊检24天：	24
妊检30天：	30
妊检50天：	50
妊检90天：	90

怀孕率[%]：	90
产仔率[%]：	90
窝均产仔数：	10
乳仔存活率[%]：	95
育仔存活率[%]：	96
育成存活率[%]：	97
育肥存活率[%]：	98
母猪产仔指数：	2.2
母猪年淘汰率[%]：	25
每周母猪配种率[%]：	5
高低产仔分界：	10

[调总场参数]　　　[系统默认]　　　[提交]

图 3 - 8 - 10　种猪参数理论值设置

疾病"是指凡是有生殖系统疾病的猪一律提示淘汰。只有"系统管理员"组的成员才有权利修改日常生产提示参数值。

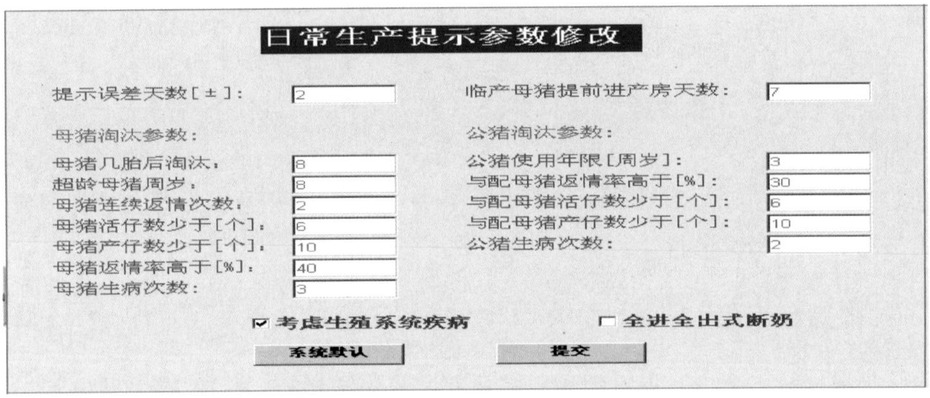

日常生产提示参数修改

提示误差天数[±]：	2

临产母猪提前进产房天数：　7

母猪淘汰参数：

母猪几胎后淘汰：	8
超龄母猪周岁：	8
母猪连续返情次数：	2
母猪活仔数少于[个]：	6
母猪产仔数少于[个]：	10
母猪返情率高于[%]：	40
母猪生病次数：	3

公猪淘汰参数：

公猪使用年限[周岁]：	3
与配母猪返情率高于[%]：	30
与配母猪活仔数少于[个]：	6
与配母猪产仔数少于[个]：	10
公猪生病次数：	2

☑ 考虑生殖系统疾病　　　□ 全进全出式断奶

[系统默认]　　　[提交]

图 3 - 8 - 11　日常生产提示参数修改

第九章 系统维护

1. 重新登录

用户通过重新登录可以登录到属于自己的用户名下，操作自己的数据库。用户通过"新注册"可以注册新的用户，新用户的默认数据库为演示库（pigdemo），在系统管理员指派一个猪场的数据库后，新用户就可正常工作了（图3-9-1、图3-9-2）。

图3-9-1 用户登录

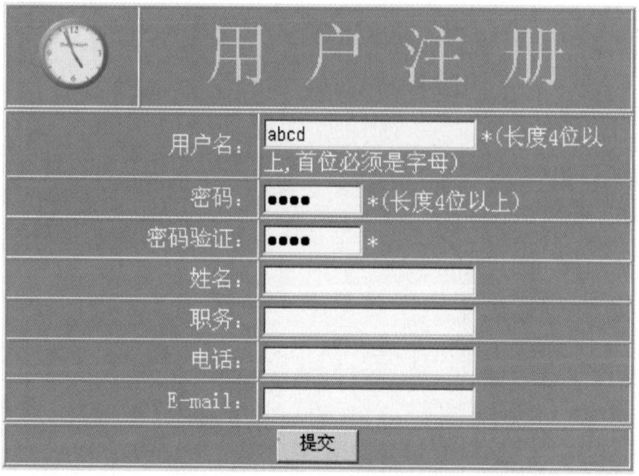

图3-9-2 用户注册

2. 用户自维护

用户自维护就是用户维护自己的相关资料，如姓名、职务和密码等，但用户名称、登记日期、默认库和用户组不可更改，如果要更改，只能由系统管理员在"用户管理"时另行指定默认库和用户组（图3-9-3）。

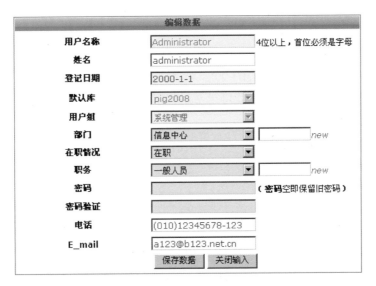

图3-9-3　用户自维护

3. 系统日志

与事件查询不同，系统日志记录的是系统使用方面的事件，如什么人什么时间登录系统，什么时间有新的人注册，哪个管理员对哪个数据库做了什么操作等，事无巨细统统记录在案，事后便于系统的安全检查。只有"系统管理员"组的成员才有权力查看系统日志（图3-9-4）。

4. 用户管理

用户管理是系统管理人员对使用系统的用户的管理，包括添加新用户、指派用户给用户组、指派数据库给用户、删除用户等（图3-9-5）。但对系统保留的内定用户如超级管理者（Administrator）和演示用户（demo）不可修改或删除！

超级管理者（Administrator）的初始密码为"admin"，系统启用后超级管理者可以自行更改密码。

"系统管理员"用户组的用户将会有最大的权限，如可以删除数据库等，因此，指派某用户为"系统管理员"用户组时要小心！

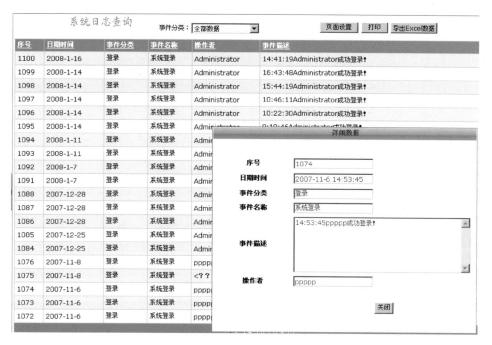

图 3 - 9 - 4 系统日志

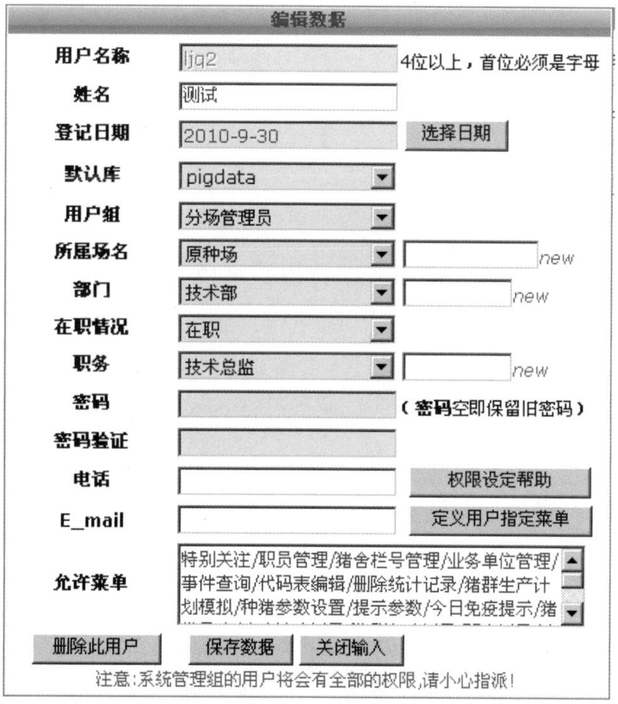

图 3 - 9 - 5 用户管理

当然，也只有"系统管理员"组的成员才有权进行用户管理（图3-9-6）。

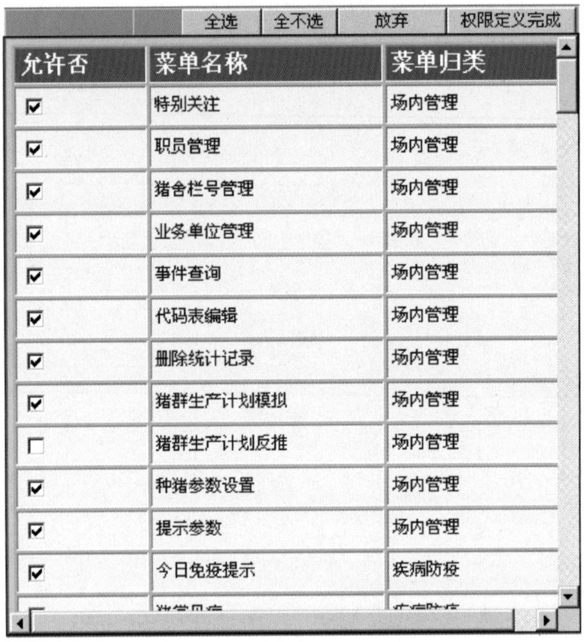

图3-9-6　用户管理权限设定

定义用户指定菜单：系统管理员除了给用户分配不同的组（即权限）外，在这里还可以给用户指定哪些用户可以进去的菜单。

只有具备一定的用户权限同时又具有进入某个菜单的权力，用户才能进入该菜单完成一定的操作。两者缺一不可。

原则：用户组身份决定用户能干什么操作。菜单权限则决定用户可以进入什么菜单。

（1）演示用户：可以进入大部分菜单，但只可以查看"演示数据［pigdemo］"，对生产数据不可见！拥有部分操作权限，其操作与"系统"无关！

（2）普通用户：进入"指定菜单"，查看分场的数据。没有分场内数据的操作权限。

（3）录入员：进入"指定菜单"，查看分场的数据，但只拥有分场内数据的录入和修改权限！。

（4）录入编辑员：进入"指定菜单"，查看分场的数据，只拥有分场内数据的录入、修改和删除权限！

（5）分场管理员：进入"指定菜单"，查看分场的数据，拥有分场内大部分操作权限！如数据的录入、修改、删除、导出和统计等。

（6）系统管理员：可以查看全部菜单，可以查看全部场的数据，拥有全部操作权限！

5. 数据库维护

所谓数据库维护是指"系统管理员"用户组的用户对数据库的增加或删除以及数据库的备份操作。本系统可以进行多个种猪场的多个数据库的管理，各个场的数据库绝对独立，相互完全隔离，每个特定的用户只能使用系统管理员所指定给自己的数据库，对其他场的数据库完全不可见。

因此，用户刚注册申请时，只是临时指派了演示"pigdemo"数据库，其后还需要系统管理员指派某个猪场的数据库后，用户方可正常操作。

系统管理员可以使用"备份当前数据库"功能对数据库进行完全备份。目前，从数据安全的角度考虑，数据备份仍是唯一最有效的手段。平时，系统管理员要定时或不定时地备份自己的数据库，以防不测事件的发生，保护好宝贵的猪场数据。

系统没有提供"数据还原"功能，由于 SQL2005 的安全性较高，数据还原只能在服务器上通过"SQL 服务器管理"进行。

图 3-9-7 是生成新数据库的界面。

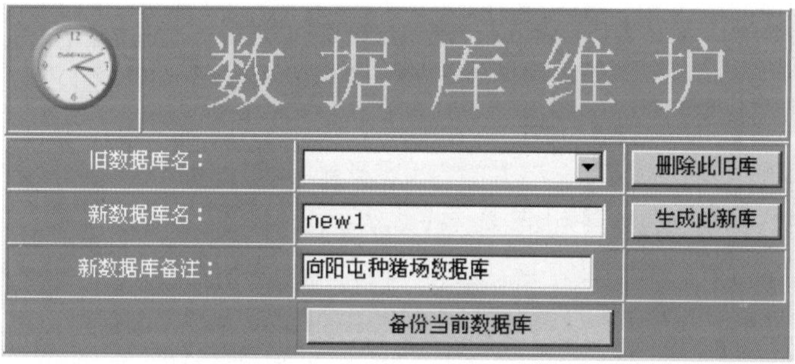

图 3-9-7 生成新的数据库

图 3-9-8 是新数据库生成成功的界面。

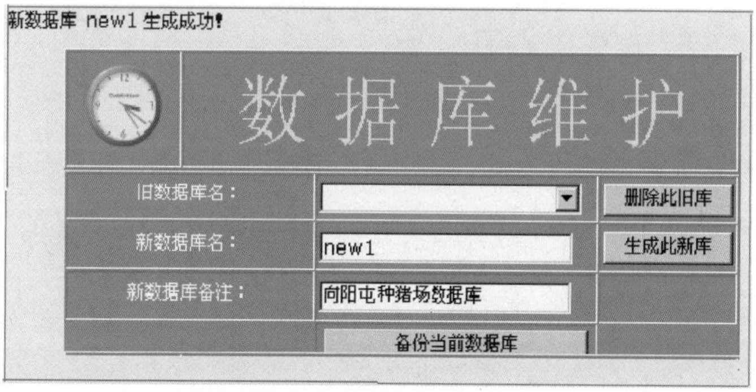

图 3-9-8 成功生成新的数据库

图 3-9-9 是数据库备份成功的界面。

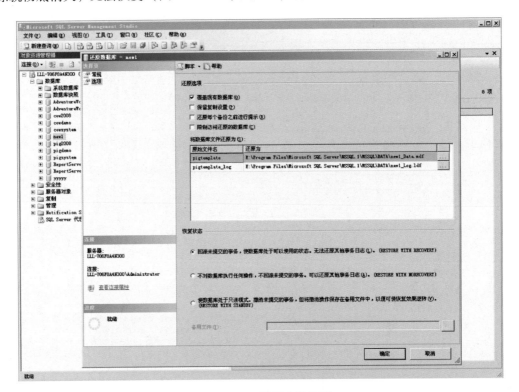

图 3-9-9 数据库已备份在服务器上

这里系统管理员还可删除作废的数据库。注意，如果没有做过备份，数据库一旦删除就彻底消失，无法恢复（图 3-9-10）！所以，删除作废的数据库时要十分小心！

图 3-9-10 数据库的还原

另外，只有那些没有人使用的数据库才可以被删除。如果要删除一个废数据库而又发现还有人在使用，就只有酌情修改那个人的默认库为另外的数据库后，才能删除该废数据库。

6. 数据初始化

正式使用系统前可以调用"数据初始化"功能将系统自带的演示数据一次清空！（平时不要轻易运行！）（图 3 - 9 - 11）

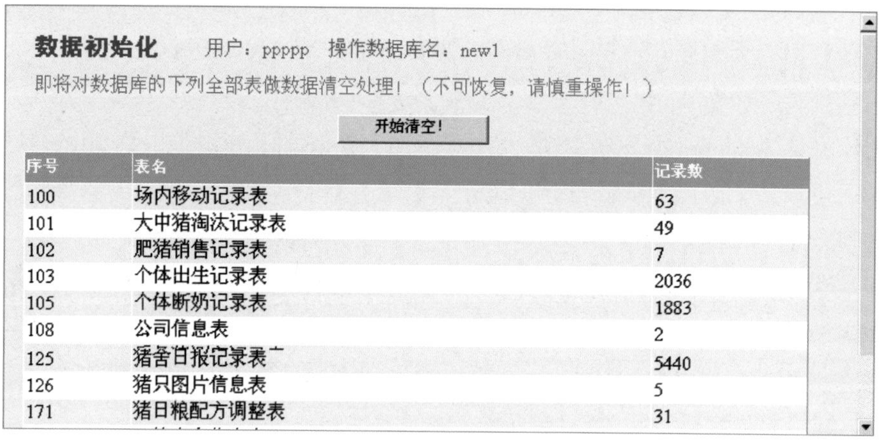

数据初始化　用户：ppppp　操作数据库名：new1

即将对数据库的下列全部表做数据清空处理！（不可恢复，请慎重操作！）

开始清空！

序号	表名	记录数
100	场内移动记录表	63
101	大中猪淘汰记录表	49
102	肥猪销售记录表	7
103	个体出生记录表	2036
105	个体断奶记录表	1883
108	公司信息表	2
125	猪舍日报记录表	5440
126	猪只图片信息表	5
171	猪日粮配方调整表	31

图 3 - 9 - 11　数据初始化

只有"系统管理员"组的成员可以执行该命令。

切记！数据表一旦清空，不可再恢复！！！

除非在清空之前，你利用"数据库维护"中的备份功能，在服务器上做了此数据库的备份！那时，你才可以利用你的备份文件从服务器上进行 SQL 数据库的还原。这也是唯一可以恢复错误"清空"数据的方法。

第十章 系统运行平台

系统编程语言为 Microsoft Visual Studio 2005，C#、VB. net 和 JavaScript。

图表系统为 FusionCharts + 水晶报表。

数据库系统为 Microsoft SQL 2005。数据存放于数据库服务器上，每天进行数据库完整双备份，可以最大限度地保障数据的安全。

系统运行于 windows 2003/2008 服务器平台，服务器需要安装 IIS 6. 0/7. 0。

客户端为 windows 系统，浏览器为 IE8. 0 – 10. 0（使用兼容模式），显示分辨率等于大于 1024X768。

如果客户端需要导出数据到 Excel，则客户端必须安装有 Office Excel 7. 0。

第四部分 猪的营养需要量（NRC，2012）

本部分数据摘自美国国家研究委员会（NRC）猪营养需要量研究分会 2012 年发布的《猪的营养需要量》中有关哺乳仔猪、生长猪、肥育猪、妊娠母猪及哺乳母猪、种公猪的营养需要量表格。所有的养分需要量均是针对无应激、舒适环境及无疾病侵害下获得的估测数据。涉及的养分指标包括能量、氨基酸、氮或蛋白质、矿物质、维生素及有机酸等。其中，氨基酸和蛋白质的需要量表达为标准回肠可消化的和表观回肠可消化为基础的数量，同时也表达为日粮为基础的需要量，并以玉米—大豆粕作为基础日粮描述的。类似的，磷的需要量也表达为标准校正的全消化道为基础的、表观的全消化道为基础的需要量。其他养分的需要量则包括了饲料原料中提供的这些养分的数量。

此外，本部分所有表格的数据，如果是以日粮为基础描述的，则日粮的干物质均是以 90% 考虑的。

每张需要量的表格都带有一些附件条件，因此，需要认真阅读表格的说明，并与实际饲喂情况结合起来，不可直接套用数据，而是有选择使用或参考发布的数据。

本部分所包含的表格及名称如下。

表 4-1A 生长猪日粮钙、磷、氨基酸的需要量（自由采食，日粮含 90% 干物质）

表 4-1B 生长猪每日钙、磷、氨基酸的需要量（自由采食，日粮含 90% 干物质）

表 4-2A 不同体重的阉公猪、母猪和公猪日粮钙、磷、氨基酸的需要量（自由采食，日粮含 90% 干物质）

表 4-2B 不同体重的阉公猪、青年母猪和公猪每日钙、磷、氨基酸的需要量（自由采食，日粮含 90% 干物质）

表 4-3A 平均体蛋白沉积量不同（25~125kg）的猪日粮钙、磷和氨基酸需要量（自由采食，日粮含 90% 干物质）

表 4-3B 平均体蛋白沉积量不同（25~125kg）的猪每天钙、磷和氨基酸需要量（自由食，日粮含 90% 干物质）

表 4-4A 免疫接种促性腺释放激素的公猪以及饲喂莱克多巴胺的公猪、阉猪和母猪日粮钙、磷和氨基酸需要量（自由采食，日粮含 90% 干物质）

表4-4B　免疫接种促性腺释放激素的公猪以及饲喂莱克多巴胺的公猪、阉猪和母猪每天钙、磷和氨基酸需要量（自由采食，日粮含90%干物质）

表4-5A　生长猪日粮矿物质、维生素和脂肪酸需要量（自由采食，日粮含90%干物质）

表4-5B　生长猪每天矿物质、维生素和脂肪酸需要量（自由采食，日粮含90%干物质）

表4-6A　妊娠母猪日粮钙，磷，氨基酸需要量（日粮含90%干物质）

表4-6B　妊娠母猪每天钙，磷，氨基酸需要量（日粮含90%干物质）

表4-7A　哺乳母猪日粮钙、磷、氨基酸需求量（日粮含90%干物质）

表4-7B　哺乳母猪每天钙、磷、氨基酸需求量（日粮含90%干物质）

表4-8A　妊娠期、哺乳期母猪日粮矿物质、维生素和脂肪酸需要量（日粮含90%干物质）

表4-8B　妊娠期、哺乳期母猪每天矿物质、维生素和脂肪酸需要量（日粮含90%干物质）

表4-9　种公猪配种期日粮和每天氨基酸、矿物质、维生素和脂肪酸需要量（日粮含90%干物质）

表 4 – 1A　生长猪日粮钙、磷、氨基酸的需要量（自由采食，日粮含 90% 干物质）ᵃ

项目 Item	体重范围 Body Weight Range（kg）						
	5～7	7～11	11～25	25～50	50～75	75～100	100～135
日粮中净能含量（kcal/kg）ᵇ NE content of the diet（kcal/kg）ᵇ	2 448	2 448	2 412	2 475	2 475	2 475	2 475
日粮中有效消化能含量（kcal/kg）ᵇ Effective DE content of diet（kcal/kg）ᵇ	3 542	3 542	3 490	3 402	3 402	3 402	3 402
日粮中有效代谢能含量（kcal/kg）ᵇ Effective ME content of diet（kcal/kg）ᵇ	3 400	3 400	3 350	3 300	3 300	3 300	3 300
估测有效代谢能摄入量（kcal/day）Estimated effective ME intake（kcal/day）	904	1 592	3 033	4 959	3 989	8 265	9 196
估测采食量＋损耗（g/day）ᶜ Estimated feed intake + wastage（g/day）ᶜ	280	493	953	1 582	2 229	2 636	2 933
增重（g/day）Body weight gain（g/day）	210	335	585	758	900	917	867
体蛋白沉积（g/day）Body protein deposition（g/day）	—	—	—	128	147	141	122
钙和磷 Calcium and phosphorus（%）							
总钙 Total calcium	0.85	0.80	0.70	0.66	0.59	0.52	0.46
标准全消化道可消化磷 STTD phosphorusᵈ	0.45	0.40	0.33	0.31	0.27	0.24	0.21
表观全消化道可消化磷 ATTD phosphorusᵉ˒ᶠ	0.41	0.36	0.29	0.26	0.23	0.21	0.18
总磷 Total phosphorusᶠ	0.70	0.65	0.60	0.56	0.52	0.47	0.43

（续表）

项目 Item	体重范围 Body Weight Range（kg）						
	5~7	7~11	11~25	25~50	50~75	75~100	100~135
氨基酸[g,h] Amino acids[g,h]							
以标准回肠可消化量为基础 Standardized ileal digestible basis（%）							
精氨酸 Arginine	0.68	0.61	0.56	0.45	0.39	0.33	0.28
组氨酸 Histidine	0.52	0.46	0.42	0.34	0.29	0.25	0.21
异亮氨酸 Isoleucine	0.77	0.69	0.63	0.51	0.45	0.39	0.33
亮氨酸 Leucine	1.50	1.35	1.23	0.99	0.85	0.74	0.62
赖氨酸 Lysine	1.50	1.35	1.23	0.98	0.85	0.73	0.61
蛋氨酸 Methionine	0.43	0.39	0.36	0.28	0.24	0.21	0.18
蛋+胱氨酸 Methionine + cysteine	0.82	0.74	0.68	0.55	0.48	0.42	0.36
苯丙氨酸 Phenylalanine	0.88	0.79	0.72	0.59	0.51	0.44	0.37
苯丙氨酸 + 酪氨酸 Phenylalanine + tyrosine	1.38	1.25	1.14	0.92	0.80	0.69	0.58
苏氨酸 Threonine	0.88	0.79	0.73	0.59	0.52	0.46	0.40
色氨酸 Tryptophan	0.25	0.22	0.20	0.17	0.15	0.13	0.11
缬氨酸 Valine	0.95	0.86	0.78	0.64	0.55	0.48	0.41
总氮 Total nitrogen	3.10	2.80	2.56	2.11	1.84	1.61	1.37
以表观回肠可消化量为基础 Apparent ileal digestible basis（%）							
精氨酸 Arginine	0.64	0.57	0.51	0.41	0.34	0.29	0.24
组氨酸 Histidine	0.49	0.44	0.40	0.32	0.27	0.24	0.19
异亮氨酸 Isoleucine	0.74	0.66	0.60	0.49	0.42	0.36	0.30
亮氨酸 Leucine	1.45	1.30	1.18	0.94	0.81	0.69	0.57
赖氨酸 Lysine	1.45	1.31	1.19	0.94	0.81	0.69	0.57
蛋氨酸 Methionine	0.42	0.38	0.34	0.27	0.23	0.20	0.16
蛋+胱氨酸 Methionine + cysteine	0.79	0.71	0.65	0.53	0.46	0.40	0.33
苯丙氨酸 Phenylalanine	0.85	0.76	0.69	0.56	0.48	0.41	0.34
苯丙氨酸 + 酪氨酸 Phenylalanine + tyrosine	1.32	1.19	1.08	0.87	0.75	0.65	0.54
苏氨酸 Threonine	0.81	0.73	0.67	0.54	0.47	0.41	0.35
色氨酸 Tryptophan	0.23	0.21	0.19	0.16	0.13	0.12	0.10
缬氨酸 Valine	0.89	0.80	0.73	0.59	0.51	0.44	0.36
总氮 Total nitrogen	2.84	2.55	2.32	1.88	1.62	1.40	1.16

（续表）

项目 Item	体重范围 Body Weight Range（kg）						
	5~7	7~11	11~25	25~50	50~75	75~100	100~135
	以总的日粮为基础 Total basis（%）						
精氨酸 Arginine	0.75	0.68	0.62	0.50	0.44	0.38	0.32
组氨酸 Histidine	0.58	0.53	0.48	0.39	0.34	0.30	0.25
异亮氨酸 Isoleucine	0.88	0.79	0.73	0.59	0.52	0.45	0.39
亮氨酸 Leucine	1.71	1.54	1.41	1.13	0.98	0.85	0.71
赖氨酸 Lysine	1.70	1.53	1.40	1.12	0.97	0.84	0.71
蛋氨酸 Methionine	0.49	0.44	0.40	0.32	0.28	0.25	0.21
蛋 + 胱氨酸 Methionine + cysteine	0.96	0.87	0.79	0.65	0.57	0.50	0.43
苯丙氨酸 Phenylalanine	1.01	0.91	0.83	0.68	0.59	0.51	0.43
苯丙氨酸 + 酪氨酸 Phenylalanine + tyrosine	1.60	1.44	1.32	1.08	0.94	0.82	0.70
苏氨酸 Threonine	1.05	0.95	0.87	0.72	0.64	0.56	0.49
色氨酸 Tryptophan	0.28	0.25	0.23	0.19	0.17	0.15	0.13
缬氨酸 Valine	1.10	1.00	0.91	0.75	0.65	0.57	0.49
总氮 Total nitrogen	3.63	3.29	3.02	2.51	2.20	1.94	1.67

[a] 公母猪按 1∶1 混养，体重 25~125kg，拥有高一中水平的瘦肉型生长率，平均每天沉积体蛋白 135 g。

[b] 日粮能量含量适用于玉米—豆粕型日粮。根据生长猪低于或高于 25kg 的体重，通过相应的转换值将 NE 转换成有效 DE 和有效 ME 的含量。对于玉米—豆粕型日粮未说，有效 DE 和有效 ME 的含量与 DE 和 ME 的真实含量很相似。最优日粮的能量含量会随当地饲料原料的可用性和成本发生变化。当使用替代的饲料原料时，我们建议根据 NE 含量和营养需要量来制定日粮，以维持恒定的营养—净能比。

[c] 假设饲料频耗 5%。

[d] 标准全消化道可消化磷。

[e] 表观全消化道可消化磷。

[f] 表观全消化道可消化磷和总的需要量只适用于玉米—豆粕型日粮，它们的数据可以通过计算标准全消化道可消化磷的需要量以及玉米，去壳浸提大豆粕和磷酸二钙的可消化磷来计算。我们假设日粮中含有 0.1% 额外的赖氨酸—盐酸盐以及 3% 额外的维生素和矿物质。玉米和豆粕中的氨基酸需要量，基于这些氨基酸和赖氨酸的比例推算出来的。5~25kg 生长猪的赖氨酸百分比是根据经验数据估计出来的。25~135kg 生长猪的需要量则通过生长模型进行估计。

[g] 5~25kg 生长猪的赖氨酸和总氨基酸需要量适用于玉米—豆粕型日粮，它们的数据可以通过计算标准回肠可消化氨基酸的需要量和玉米，去壳浸提大豆粕氨基酸含量而获得。玉米—豆粕型日粮含有 0.1% 额外的赖氨酸—盐酸盐以及 3% 额外的维生素和矿物质。对每种氨基酸而言，日粮中，玉米和豆粕的标准回肠可消化磷。

[h] 表观回肠可消化氨基酸和总氨基酸需要量含有 0.1% 额外的赖氨酸—盐酸盐以及 3% 额外的维生素和矿物质的水平，都要满足该氨基酸的标准回肠可消化需要量

161

表4-1B 生长猪每日钙、磷、氨基酸的需要量（自由采食，日粮含90%干物质）[a]

项目 Item	\multicolumn{7}{c}{体重范围 Body Weight Range（kg）}
	5~7	7~11	11~25	25~50	50~75	75~100	100~135
日粮中净能含量（kcal/kg）[b] NE content of the diet（kcal/kg）[b]	2 448	2 448	2 412	2 475	2 475	2 475	2 475
日粮中有效消化能含量（kcal/kg）[b] Effective DE content of diet（kcal/kg）[b]	3 542	3 542	3 490	3 402	3 402	3 402	3 402
日粮中有效代谢能含量（kcal/kg）[b] Effective ME content of diet（kcal/kg）[b]	3 400	3 400	3 350	3 300	3 300	3 300	3 300
估测有效代谢能摄入量（kcal/day） Estimated effective ME intake（kcal/day）	904	1 592	3 033	4 959	3 989	8 265	9 196
估测采食量 + 损耗（g/day）[c] Estimated feed intake + wastage（g/day）[c]	280	493	953	1 582	2 229	2 636	2 933
增重（g/day） Body weight gain（g/day）	210	335	585	758	900	917	867
体蛋白沉积（g/day） Body protein deposition（g/day）	—	—	—	128	147	141	122
\multicolumn{8}{c}{钙和磷 Calcium and phosphorus（g/day）}
总钙 Total calcium	2.26	3.75	6.34	9.87	12.43	13.14	12.80
标准全消化道可消化磷 STTD phosphorus[d]	1.20	1.87	2.99	4.59	5.78	6.11	5.95
表观全消化道可消化磷 ATTD phosphorus[e,f]	1.09	1.69	2.63	3.90	4.89	5.15	4.98
总磷 Total phosphorus[f]	1.86	3.04	5.43	8.47	10.92	11.86	11.97

第四部分　猪的营养需要量（NRC，2012）

（续表）

项目 Item	体重范围 Body Weight Range（kg）						
	5~7	7~11	11~25	25~50	50~75	75~100	100~135
氨基酸[g,h] Amino acids[g,h]							
以标准回肠可消化量为基础 Standardized ileal digestible basis（g/day）							
精氨酸 Arginine	1.8	2.9	5.1	6.8	8.2	8.4	7.8
组氨酸 Histidine	1.4	2.2	3.8	5.1	6.2	6.3	5.8
异亮氨酸 Isoleucine	2.0	3.2	5.7	7.7	9.4	9.7	9.1
亮氨酸 Leucine	4.0	6.3	11.1	14.9	18.1	18.5	17.2
赖氨酸 Lysine	4.0	6.3	11.1	14.8	17.9	18.3	16.9
蛋氨酸 Methionine	1.2	1.8	3.2	4.3	5.2	5.3	4.9
蛋+胱氨酸 Methionine + cysteine	2.2	3.5	6.1	8.3	10.2	10.5	9.9
苯丙氨酸 Phenylalanine	2.3	3.7	6.6	8.8	10.8	11.0	10.3
苯丙氨酸+酪氨酸 Phenylalanine + tyrosine	3.7	5.8	10.3	13.8	16.9	17.3	16.3
苏氨酸 Threonine	2.3	3.7	6.6	8.9	11.1	11.6	11.1
色氨酸 Tryptophan	0.7	1.0	1.8	2.5	3.1	3.2	3.0
缬氨酸 Valine	2.5	4.0	7.1	9.6	11.7	12.1	11.4
总氮 Total nitrogen	8.3	13.1	23.2	31.7	39.0	40.2	38.1
以表观回肠可消化量为基础 Apparent ileal digestible basis（g/day）							
精氨酸 Arginine	1.7	2.7	4.7	6.1	7.3	7.3	6.6
组氨酸 Histidine	1.3	2.1	3.6	4.8	5.8	5.9	5.4
异亮氨酸 Isoleucine	2.0	3.1	5.5	7.3	8.9	9.0	8.4
亮氨酸 Leucine	3.8	6.1	10.7	14.1	17.1	17.3	16.0
赖氨酸 Lysine	3.9	6.1	10.7	14.1	17.1	17.3	15.9
蛋氨酸 Methionine	1.1	1.8	3.1	4.1	4.9	5.0	4.6
蛋+胱氨酸 Methionine + cysteine	2.1	3.3	5.9	7.9	9.7	9.9	9.3
苯丙氨酸 Phenylalanine	2.3	3.6	6.3	8.4	10.1	10.3	9.6
苯丙氨酸+酪氨酸 Phenylalanine + tyrosine	3.5	5.6	9.8	13.1	15.9	16.3	15.1
苏氨酸 Threonine	2.2	3.4	6.0	8.1	9.9	10.3	9.7
色氨酸 Tryptophan	0.6	1.0	1.7	2.3	2.8	2.9	2.7
缬氨酸 Valine	2.4	3.7	6.6	8.8	10.7	10.9	10.2
总氮 Total nitrogen	7.6	12.0	21.0	28.3	34.3	35.0	32.5

（续表）

项目 Item	体重范围 Body Weight Range（kg）						
	以日粮为基础 Total basis（g/day）						
	5～7	7～11	11～25	25～50	50～75	75～100	100～135
精氨酸 Arginine	2.0	3.2	5.6	7.6	9.3	9.6	9.0
组氨酸 Histidine	1.6	2.5	4.4	5.9	7.2	7.4	7.0
异亮氨酸 Isoleucine	2.3	3.7	6.6	8.9	11.0	11.4	10.8
亮氨酸 Leucine	4.6	7.2	12.7	17.0	20.8	21.3	19.9
赖氨酸 Lysine	4.5	7.2	12.6	16.9	20.6	21.1	19.7
蛋氨酸 Methionine	1.3	2.1	3.6	4.9	6.0	6.1	5.8
蛋+胱氨酸 Methionine + cysteine	2.5	4.1	7.2	9.8	12.1	12.6	12.0
苯丙氨酸 Phenylalanine	2.7	4.3	7.5	10.2	12.5	12.8	12.1
苯丙氨酸 + 酪氨酸 Phenylalanine + tyrosine	4.2	6.8	12.0	16.2	20.0	20.6	19.5
苏氨酸 Threonine	2.8	4.4	7.9	10.8	13.4	14.1	13.7
色氨酸 Tryptophan	0.7	1.2	2.1	2.9	3.5	3.7	3.5
缬氨酸 Valine	2.9	4.7	8.3	11.3	13.9	14.4	13.6
总氮 Total nitrogen	9.7	15.4	27.3	37.7	46.6	48.6	46.5

a 公母猪按1∶1混养，体重25～125kg，拥有高一中水平的瘦肉生长率，平均每天沉积体蛋白135 g。

b 日粮能量含量适用于玉米—豆粕型日粮。根据生长猪体重高于或低于25kg的体重，通过相应的转换值将NE转换成有效DE和有效ME的含量。对于玉米—豆粕型日粮来说，有效DE和有效ME的含量与DE和ME的真实含量很相似。最优日粮的能量含量随当地饲料原料的可用性和成本发生变化。当使用替代的饲料原料时，我们建议根据NE含量和营养需要量来制定日粮，以维持恒定的养分—净能比。

c 假设饲料损耗5%。

d 标准全消化道可消化磷。

e 表观全消化道可消化磷。

f 表观全消化道可消化磷和总磷的需要量只适用于玉米—豆粕型日粮，它们的数据可以通过计算标准全消化道可消化磷的需要量以及玉米、去壳浸提大豆粕和磷酸二钙的营养成分来获得。我们假设日粮中含有0.1%额外的赖氨酸—盐酸盐以及3%额外的维生素和矿物质。玉米和豆粕的水平要满足标准回肠可消化磷的需要，同时，磷酸二钙可满足总量要满足全消化道可消化磷的需要。

g 5～25kg生长猪的赖氨酸百分比是根据经验数据估计计算出来的。5～25kg生长猪型日粮，它们的数据可以通过计算标准回肠可消化氨基酸根据维持和生长的氨基酸需求量，基于这些氨基酸和赖氨酸的比例推算出的。25～135kg生长猪的需要量则通过生长模型进行估计。

h 表观回肠可消化氨基酸的需要和总氨基酸的需要量只适用于玉米—豆粕型日粮，它们的数据可以通过计算标准回肠可消化氨基酸的需要量和玉米、去壳浸提大豆粕的氨基酸的需要量。对每种氨基酸而言，日粮中，玉米和豆粕的水平以及营养需要的水平，都要满足该氨基酸的标准回肠可消化需要量。

第四部分 猪的营养需要量 （NRC, 2012）

表 4 - 2A 不同体重的阉公猪、母猪和公猪日粮钙、磷、氨基酸的需要量（自由采食，日粮含 90% 干物质）

体重范围 Body Weight Range (kg)	50 ~ 75			75 ~ 100			100 ~ 135		
性别 Gender	阉公猪 Barrows	母猪 Gilts	公猪 Entire Males	阉公猪 Barrows	母猪 Gilts	公猪 Entire Males	阉公猪 Barrows	母猪 Gilts	公猪 Entire Males
日粮中净能含量 NE content of the diet (kcal/kg)[a]	2 448	2 448	2 448	2 475	2 475	2 475	2 475	2 475	2 475
日粮中有效消化能含量 Effective DE content of diet (kcal/kg)[a]	3 542	3 542	3 542	3 402	3 402	3 402	3 402	3 402	3 402
日粮中有效代谢能含量 Effective ME content of diet (kcal/kg)[a]	3 300	3 300	3 300	3 300	3 300	3 300	3 300	3 300	3 300
估测有效代谢能摄入量 Estimated effective ME intake (kcal/day)	7 282	6 658	6 466	8 603	7 913	7 657	9 495	8 910	8 633
估测采食量 + 损耗 Estimated feed intake + wastage (g/day)[b]	2 323	2 124	2 062	2 744	2 524	2 442	3 029	2 842	2 754
增重 Body weight gain (g/day)	917	866	872	936	897	922	879	853	906
体蛋白沉积 Body protein deposition (g/day)	145	145	150	139	144	156	119	126	148
钙和磷 Calcium and phosphorus (%)									
总钙 Total calcium	0.56	0.61	0.64	0.50	0.56	0.61	0.43	0.49	0.57
标准全消化道可消化磷 STTD phosphorus[c]	0.26	0.28	0.30	0.23	0.26	0.29	0.20	0.23	0.27
表观全消化道可消化磷 ATTD phosphorus[d,e]	0.22	0.24	0.25	0.19	0.22	0.24	0.17	0.19	0.23
总磷 Total phosphoruse[e]	0.50	0.53	0.55	0.45	0.49	0.53	0.41	0.45	0.5

（续表）

体重范围 Body Weight Range（kg）	50～75			75～100			100～135		
性别 Gender	阉公猪 Barrows	母猪 Gilts	公猪 Entire Males	阉公猪 Barrows	母猪 Gilts	公猪 Entire Males	阉公猪 Barrows	母猪 Gilts	公猪 Entire Males
氨基酸 [f,g] Amino acids [f,g] 以标准回肠可消化量为基础 Standardized ileal digestible basis（%）									
精氨酸 Arginine	0.37	0.40	0.40	0.32	0.35	0.37	0.27	0.29	0.33
组氨酸 Histidine	0.28	0.30	0.30	0.24	0.26	0.28	0.20	0.22	0.25
异亮氨酸 Isoleucine	0.43	0.46	0.46	0.37	0.41	0.43	0.31	0.34	0.39
亮氨酸 Leucine	0.82	0.88	0.89	0.70	0.78	0.83	0.59	0.65	0.74
赖氨酸 Lysine	0.81	0.87	0.88	0.69	0.77	0.82	0.58	0.64	0.73
蛋氨酸 Methionine	0.23	0.25	0.26	0.20	0.22	0.24	0.17	0.18	0.21
蛋+胱氨酸 Methionine + cysteine	0.46	0.49	0.50	0.40	0.44	0.47	0.34	0.37	0.42
苯丙氨酸 Phenylalanine	0.49	0.52	0.53	0.42	0.46	0.49	0.35	0.39	0.44
苯丙氨酸 + 酪氨酸 Phenylalanine + tyrosine	0.76	0.82	0.83	0.66	0.73	0.77	0.56	0.61	0.69
苏氨酸 Threonine	0.50	0.53	0.54	0.44	0.48	0.51	0.38	0.42	0.46
色氨酸 Tryptophan	0.14	0.15	0.15	0.12	0.13	0.14	0.10	0.11	0.13
缬氨酸 Valine	0.53	0.57	0.58	0.46	0.51	0.54	0.39	0.43	0.48
总氮 Total nitrogen	1.76	1.88	1.91	1.54	1.69	1.78	1.31	1.43	1.61
以表观回肠可消化量为基础 Apparent ileal digestible basis（%）									
精氨酸 Arginine	0.33	0.35	0.36	0.28	0.31	0.33	0.22	0.25	0.29
组氨酸 Histidine	0.26	0.28	0.29	0.22	0.25	0.26	0.18	0.20	0.24
异亮氨酸 Isoleucine	0.40	0.43	0.44	0.34	0.38	0.40	0.29	0.32	0.36
亮氨酸 Leucine	0.77	0.83	0.84	0.66	0.73	0.78	0.54	0.60	0.70
赖氨酸 Lysine	0.77	0.83	0.84	0.65	0.73	0.78	0.54	0.60	0.69
蛋氨酸 Methionine	0.22	0.24	0.24	0.19	0.21	0.22	0.16	0.17	0.20
蛋+胱氨酸 Methionine + cysteine	0.44	0.47	0.47	0.38	0.42	0.44	0.32	0.35	0.40
苯丙氨酸 Phenylalanine	0.46	0.49	0.50	0.39	0.44	0.46	0.33	0.36	0.41
苯丙氨酸 + 酪氨酸 Phenylalanine + tyrosine	0.72	0.77	0.78	0.62	0.68	0.73	0.52	0.57	0.65
苏氨酸 Threonine	0.45	0.48	0.49	0.39	0.43	0.45	0.33	0.36	0.41

（续表）

体重范围 Body Weight Range（kg）	50～75			75～100			100～135		
性别 Gender	阉公猪 Barrows	母猪 Gilts	公猪 Entire Males	阉公猪 Barrows	母猪 Gilts	公猪 Entire Males	阉公猪 Barrows	母猪 Gilts	公猪 Entire Males
色氨酸 Tryptophan	0.13	0.14	0.14	0.11	0.12	0.13	0.09	0.10	0.12
缬氨酸 Valine	0.48	0.52	0.53	0.42	0.46	0.49	0.35	0.38	0.44
总氮 Total nitrogen	1.55	1.66	1.69	1.33	1.47	1.56	1.11	1.22	1.40
以日粮为基础 Total basis（%）									
精氨酸 Arginine	0.42	0.45	0.46	0.37	0.40	0.42	0.31	0.34	0.38
组氨酸 Histidine	0.32	0.35	0.35	0.28	0.31	0.33	0.24	0.26	0.30
异亮氨酸 Isoleucine	0.50	0.53	0.54	0.43	0.48	0.50	0.37	0.40	0.45
亮氨酸 Leucine	0.94	1.00	1.02	0.81	0.89	0.95	0.68	0.75	0.85
赖氨酸 Lysine	0.93	0.99	1.01	0.80	0.89	0.94	0.67	0.74	0.85
蛋氨酸 Methionine	0.27	0.29	0.29	0.23	0.26	0.27	0.20	0.22	0.25
蛋+胱氨酸 Methionine + cysteine	0.55	0.58	0.59	0.48	0.53	0.55	0.41	0.45	0.50
苯丙氨酸 Phenylalanine	0.56	0.60	0.61	0.49	0.54	0.57	0.41	0.45	0.51
苯丙氨酸+酪氨酸 Phenylalanine + tyrosine	0.90	0.96	0.98	0.79	0.86	0.91	0.67	0.73	0.83
苏氨酸 Threonine	0.61	0.65	0.66	0.54	0.59	0.62	0.47	0.51	0.56
色氨酸 Tryptophan	0.16	0.17	0.17	0.14	0.15	0.16	0.12	0.13	0.15
缬氨酸 Valine	0.63	0.67	0.68	0.55	0.60	0.63	0.47	0.51	0.57
总氮 Total nitrogen	2.12	2.25	2.28	1.86	2.03	2.13	1.60	1.74	1.94

ᵃ 日粮能量含量适用于玉米—豆粕型日粮。根据生长猪高于25kg的体重，利用相应的转换值将 NE 转换成有效 DE 和有效 ME 的含量。对于玉米—豆粕型日粮来说，有效 DE 和有效 ME 的含量与 DE 和 ME 的真实含量很相似。最优日粮的能量会随当地饲料原料的可用性和成本发生变化。当使用替代的饲料原料时，我们建议根据 NE 含量和营养需要量来制定日粮，以维持恒定的养分—净能比。

ᵇ 假设饲料损耗5%。

ᶜ 标准全消化道可消化磷。

ᵈ 表观全消化道可消化磷。

ᵉ 表观全消化道可消化磷和总磷的需要量只适用于玉米—豆粕型日粮，它们的数据可以通过计算标准全消化道可消化磷的需要量以及玉米、去壳浸提大豆粕和磷酸二钙的营养成分来获得。我们假设日粮中含有0.1%额外的赖氨酸—盐酸盐以及3%额外的维生素和矿物质。玉米和大豆粕的标准回肠可消化赖氨酸的需要，同时，磷酸二钙的总量要满足标准全消化道可消化磷的需要。

ᶠ 表观回肠可消化氨基酸和总氨基酸的需要量只适用于玉米—豆粕型日粮，它们的数据可以通过计算标准回肠可消化氨基酸的需要量和玉米—豆粕型日粮含有0.1%额外的赖氨酸—盐酸盐以及3%额外的维生素和矿物质。对每种和氨基酸而言，日粮中，玉米和豆粕的水平以及营养需要量的水平，都要满足该氨基酸的标准回肠可消化需求。

氨基酸需要量是通过生长模型估算出来的。

表 4 – 2B 不同体重的阉公猪、青年母猪和公猪每日钙、磷、氨基酸的需要量（自由采食，日粮含 90% 干物质）

体重范围 Body Weight Range（kg）	50~75			75~100			100~135		
性别 Gender	阉公猪 Barrows	母猪 Gilts	公猪 Entire Males	阉公猪 Barrows	母猪 Gilts	公猪 Entire Males	阉公猪 Barrows	母猪 Gilts	公猪 Entire Males
日粮中净能含量（kcal/kg）[a] NE content of the diet（kcal/kg）[a]	2 448	2 448	2 448	2 475	2 475	2 475	2 475	2 475	2 475
日粮中有效消化能含量（kcal/kg）[a] Effective DE content of diet（kcal/kg）[a]	3 542	3 542	3 542	3 402	3 402	3 402	3 402	3 402	3 402
日粮中有效代谢能含量（kcal/kg）[a] Effective ME content of diet（kcal/kg）[a]	3 300	3 300	3 300	3 300	3 300	3 300	3 300	3 300	3 300
估测有效代谢能摄入量（kcal/day） Estimated effective ME intake（kcal/day）	7 282	6 658	6 466	8 603	7 913	7 657	9 495	8 910	8 633
估测采食量 + 损耗（g/day）[b] Estimated feed intake + wastage（g/day）[b]	2 323	2 124	2 062	2 744	2 524	2 442	3 029	2 842	2 754
增重（g/day） Body weight gain（g/day）	917	866	872	936	897	922	879	853	906
体蛋白沉积（g/day） Body protein deposition（g/day）	145	145	150	139	144	156	119	126	148
钙和磷 Calcium and phosphorus（g/day）									
总钙 Total calcium	12.27	12.22	12.59	12.91	13.36	14.26	12.47	13.11	15.01
标准全消化道可消化磷 STTD phosphorus[c]	5.71	5.68	5.85	6.00	6.21	6.63	5.80	6.1	6.98
表观全消化道可消化磷 ATTD phosphorus[d,e]	4.81	4.81	4.97	5.04	5.25	5.63	4.84	5.12	5.91
总磷 Total phosphorus[e]	10.95	10.65	10.77	11.85	11.86	12.30	11.88	12.05	13.13

（续表）

体重范围 Body Weight Range（kg）	50～75			75～100			100～135		
性别 Gender	阉公猪 Barrows	母猪 Gilts	公猪 Entire Males	阉公猪 Barrows	母猪 Gilts	公猪 Entire Males [f,g]	阉公猪 Barrows	母猪 Gilts	公猪 Entire Males
氨基酸 Amino acids [f,g]									
以标准回肠可消化量为基础 Standardized ileal digestible basis（g/day）									
精氨酸 Arginine	8.2	8.0	7.9	8.3	8.4	8.7	7.6	7.9	8.8
组氨酸 Histidine	6.1	6.0	6.0	6.2	6.3	6.5	5.7	5.9	6.6
异亮氨酸 Isoleucine	9.4	9.2	9.1	9.6	9.7	10.0	9.0	9.2	10.1
亮氨酸 Leucine	18.0	17.7	17.5	18.3	18.7	19.2	16.9	17.5	19.4
赖氨酸 Lysine	17.8	17.5	17.3	18.1	18.4	19.0	16.6	17.2	19.2
蛋氨酸 Methionine	5.1	5.0	5.0	5.2	5.3	5.5	4.8	5	5.5
蛋＋胱氨酸 Methionine + cysteine	10.2	9.9	9.8	10.4	10.6	10.8	9.8	10.1	11
苯丙氨酸 Phenylalanine	10.7	10.5	10.4	10.9	11.1	11.4	10.2	10.5	11.5
苯丙氨酸＋酪氨酸 Phenylalanine + tyrosine	16.8	16.5	16.3	17.2	17.5	17.9	16.0	16.5	18.2
苏氨酸 Threonine	11.1	10.8	10.6	11.6	11.6	11.8	11.1	11.2	12.1
色氨酸 Tryptophan	3.1	3.0	3.0	3.2	3.2	3.3	3.0	3.1	3.3
缬氨酸 Valine	11.7	11.4	11.3	12.0	12.2	12.4	11.2	11.5	12.6
总氮 Total nitrogen	38.9	37.9	37.4	40.1	40.4	41.3	37.6	38.6	42.1
以表观回肠可消化量为基础 Apparent ileal digestible basis（g/day）									
精氨酸 Arginine	7.2	7.1	7.1	7.2	7.4	7.7	6.4	6.7	7.6
组氨酸 Histidine	5.8	5.7	5.6	5.8	6.0	6.1	5.3	5.5	6.2
异亮氨酸 Isoleucine	8.8	8.6	8.5	8.9	9.1	9.4	8.2	8.5	9.4
亮氨酸 Leucine	17.0	16.7	16.5	17.1	17.5	18.1	15.7	16.3	18.2
赖氨酸 Lysine	16.9	16.7	16.5	17.1	17.5	18.1	15.6	16.2	18.1
蛋氨酸 Methionine	4.9	4.8	4.8	4.9	5.1	5.2	4.5	4.7	5.2
蛋＋胱氨酸 Methionine + cysteine	9.6	9.4	9.3	9.8	10.0	10.2	9.2	9.5	10.4
苯丙氨酸 Phenylalanine	10.1	9.9	9.8	10.2	10.4	10.7	9.4	9.7	10.8
苯丙氨酸＋酪氨酸 Phenylalanine + tyrosine	15.9	15.6	15.4	16.1	16.4	16.9	14.9	15.4	17
苏氨酸 Threonine	9.9	9.7	9.5	10.2	10.3	10.5	9.6	9.8	10.7

（续表）

体重范围 Body Weight Range（kg）	50~75			75~100			100~135		
性别 Gender	阉公猪 Barrows	母猪 Gilts	公猪 Entire Males	阉公猪 Barrows	母猪 Gilts	公猪 Entire Males	阉公猪 Barrows	母猪 Gilts	公猪 Entire Males
			以日粮为基础 Total basis（g/day）						
色氨酸 Tryptophan	2.8	2.8	2.7	2.9	2.9	3.0	2.7	2.8	3
缬氨酸 Valine	10.7	10.5	10.3	10.8	11.0	11.3	10.0	10.3	11.4
总氮 Total nitrogen	34.1	33.5	33.1	34.6	35.3	36.2	31.9	33	36.5
精氨酸 Arginine	9.3	9.0	8.9	9.5	9.6	9.8	8.9	9.1	10
组氨酸 Histidine	7.2	7.0	6.9	7.3	7.4	7.6	6.9	7.1	7.8
异亮氨酸 Isoleucine	11.0	10.7	10.5	11.3	11.4	11.6	10.6	10.9	11.9
亮氨酸 Leucine	20.7	20.3	20.0	21.1	21.5	22.0	19.6	20.2	22.3
赖氨酸 Lysine	20.5	20.1	19.9	20.9	21.3	21.8	19.4	20	22.1
蛋氨酸 Methionine	5.9	5.8	5.8	6.1	6.2	6.3	5.7	5.9	6.4
蛋+胱氨酸 Methionine + cysteine	12.1	11.8	11.6	12.5	12.6	12.9	11.9	12.1	13.2
苯丙氨酸 Phenylalanine	12.4	12.1	12.0	12.7	12.9	13.2	11.9	12.2	13.4
苯丙氨酸+酪氨酸 Phenylalanine + tyrosine	19.9	19.4	19.2	20.5	20.7	21.2	19.3	19.8	21.6
苏氨酸 Threonine	13.5	13.1	12.8	14.2	14.1	14.3	13.6	13.8	14.8
色氨酸 Tryptophan	3.5	3.4	3.4	3.7	3.7	3.7	3.5	3.5	3.8
缬氨酸 Valine	13.9	13.5	13.3	14.3	14.4	14.7	13.5	13.8	15
总氮 Total nitrogen	46.7	45.4	44.7	48.5	48.7	49.5	46.1	46.9	50.8

a 日粮能量含量适用于玉米—豆粕型日粮。根据生长猪高于 25kg 的体重，利用相应的转换值将 NE 转换成有效 DE 和有效 ME 的含量。对于玉米—豆粕型日粮来说，有效 DE 和有效 ME 的含量与真实含量很相似。最优日粮的能量含量会随当地饲料原料的可用性和成本发生变化。当使用可替代的饲料原料时，我们建议根据 NE 含量和营养需要量来制定日粮，以维持恒定的养分—净能比。

b 假设饲料损耗 5%。

c 标准全消化道可消化磷。

d 表观全消化道可消化磷。

e 表观全消化道可消化磷和总磷的需要量只适用于玉米—豆粕型日粮，它们的数据可以通过计算标准全消化道可消化磷的需要量以及 3% 额外的赖氨酸—盐酸盐以及 0.1% 额外的可消化道可消化磷的需要量，同时，磷酸二钙的含量是标准全消化道可消化磷。

f 氨基酸需要量是通过生长模型估算出来的。玉米—豆粕型日粮可消化赖氨酸和总氨基酸的需要量只适用于玉米—豆粕型日粮，它们的数据可以通过计算标准回肠可消化氨基酸的需要量，我们假设日粮中含有 0.1% 额外的赖氨酸—盐酸盐以及 3% 额外的维生素和矿物质。对每种氨基酸而言，玉米和豆粕的标准回肠可消化氨基酸的需要量。

g 表观回肠可消化磷而获得。玉米—豆粕型日粮中含有 0.1% 额外的赖氨酸—盐酸盐以及 3% 额外的维生素和矿物质。同时，日粮中，玉米和豆粕的赖氨酸的氨基酸的水平以及营养需要量都要满足该氨基酸的标准回肠可消化需要量。

表4-3A　平均体蛋白沉积量不同（25~125kg）的猪日粮钙、磷和氨基酸需要量（自由采食，日粮含90%干物质）

体重范围 Body Weight Range (kg)	50~75			75~100			100~135		
平均蛋白沉积量 Mean Protein Deposition (g/day)	115	135	155	115	135	155	115	135	155
日粮中净能含量（kcal/kg）[a] NE content of the diet (kcal/kg)[a]	2 475	2 475	2 475	2 475	2 475	2 475	2 475	2 475	2 475
日粮中有效消化能含量（kcal/kg）[a] Effective DE content of diet (kcal/kg)[a]	3 402	3 402	3 402	3 402	3 402	3 402	3 402	3 402	3 402
日粮中有效代谢能含量（kcal/kg）[a] Effective ME content of diet (kcal/kg)[a]	3 300	3 300	3 300	3 300	3 300	3 300	3 300	3 300	3 300
估测有效代谢能摄入量（kcal/day）[b] Estimated effective ME intake (kcal/day)[b]	6 980	6 989	6 982	8 254	8 265	8 250	9 204	9 196	9 197
估测采食量 + 损耗（g/day）[b] Estimated feed intake + wastage (g/day)[b]	2 226	2 229	2 227	2 633	2 636	2 632	2 936	2 933	2 934
增重（g/day）Body weight gain (g/day)	817	900	982	842	917	994	804	867	930
体蛋白沉积（g/day）Body protein deposition (g/day)	125	147	168	121	141	163	104	122	140
钙和磷 Calcium and phosphorus（%）									
总钙 Total calcium	0.51	0.59	0.66	0.46	0.52	0.59	0.40	0.46	0.52
标准全消化道可消化磷 STTD phosphorus[c]	0.24	0.27	0.31	0.21	0.24	0.28	0.19	0.21	0.24
表观全消化道可消化磷 ATTD phosphorus[d,e]	0.20	0.23	0.26	0.18	0.21	0.23	0.15	0.18	0.2
总磷 Total phosphoruse[e]	0.47	0.52	0.56	0.43	0.47	0.52	0.39	0.43	0.46

171

（续表）

体重范围 Body Weight Range（kg）	100～135			75～100			50～75		
平均蛋白沉积量 Mean Protein Deposition（g/day）	155	135	115	155	135	115	155	135	115
氨基酸 f,g Amino acids f,g 以标准回肠可消化量为基础 Standardized ileal digestible basis（%）									
精氨酸 Arginine	0.30	0.28	0.26	0.36	0.33	0.31	0.41	0.39	0.36
组氨酸 Histidine	0.22	0.21	0.19	0.27	0.25	0.23	0.31	0.29	0.27
异亮氨酸 Isoleucine	0.35	0.33	0.30	0.41	0.39	0.36	0.47	0.45	0.41
亮氨酸 Leucine	0.66	0.62	0.57	0.79	0.74	0.68	0.91	0.85	0.79
赖氨酸 Lysine	0.65	0.61	0.56	0.78	0.73	0.67	0.91	0.85	0.78
蛋氨酸 Methionine	0.19	0.18	0.16	0.23	0.21	0.19	0.26	0.24	0.22
蛋+胱氨酸 Methionine + cysteine	0.38	0.36	0.33	0.45	0.42	0.39	0.51	0.48	0.45
苯丙氨酸 Phenylalanine	0.39	0.37	0.34	0.47	0.44	0.41	0.54	0.51	0.47
苯丙氨酸+酪氨酸 Phenylalanine + tyrosine	0.62	0.58	0.54	0.74	0.69	0.64	0.85	0.80	0.74
苏氨酸 Threonine	0.42	0.40	0.38	0.49	0.46	0.43	0.55	0.52	0.49
色氨酸 Tryptophan	0.12	0.11	0.10	0.14	0.13	0.12	0.16	0.15	0.14
缬氨酸 Valine	0.43	0.41	0.38	0.51	0.48	0.45	0.59	0.55	0.51
总氮 Total nitrogen	1.44	1.37	1.28	1.71	1.61	1.50	1.95	1.84	1.71
以表观回肠可消化量为基础 Apparent ileal digestible basis（%）									
精氨酸 Arginine	0.26	0.24	0.21	0.32	0.29	0.26	0.37	0.34	0.31
组氨酸 Histidine	0.21	0.19	0.18	0.25	0.24	0.22	0.29	0.27	0.25
异亮氨酸 Isoleucine	0.32	0.30	0.28	0.39	0.36	0.33	0.45	0.42	0.38
亮氨酸 Leucine	0.62	0.57	0.53	0.75	0.69	0.64	0.87	0.81	0.74
赖氨酸 Lysine	0.61	0.57	0.52	0.74	0.69	0.63	0.87	0.81	0.74
蛋氨酸 Methionine	0.18	0.16	0.15	0.22	0.20	0.18	0.25	0.23	0.21
蛋+胱氨酸 Methionine + cysteine	0.35	0.33	0.31	0.42	0.40	0.37	0.49	0.46	0.42
苯丙氨酸 Phenylalanine	0.37	0.34	0.32	0.44	0.41	0.38	0.51	0.48	0.44
苯丙氨酸+酪氨酸 Phenylalanine + tyrosine	0.58	0.54	0.50	0.70	0.65	0.60	0.80	0.75	0.69
苏氨酸 Threonine	0.37	0.35	0.33	0.43	0.41	0.38	0.50	0.47	0.44
色氨酸 Tryptophan	0.10	0.10	0.09	0.12	0.12	0.11	0.14	0.13	0.12

（续表）

体重范围 Body Weight Range (kg)	50～75			75～100			100～135		
平均蛋白沉积量 Mean Protein Deposition (g/day)	115	135	155	115	135	155	115	135	155
缬氨酸 Valine	0.47	0.51	0.54	0.40	0.44	0.47	0.34	0.36	0.39
总氮 Total nitrogen	1.50	1.62	1.73	1.29	1.40	1.49	1.08	1.16	1.24
			以日粮为基础 Total basis（%）						
精氨酸 Arginine	0.41	0.44	0.47	0.35	0.38	0.41	0.30	0.32	0.34
组氨酸 Histidine	0.31	0.34	0.36	0.27	0.30	0.32	0.23	0.25	0.27
异亮氨酸 Isoleucine	0.48	0.52	0.55	0.42	0.45	0.48	0.36	0.39	0.41
亮氨酸 Leucine	0.90	0.98	1.05	0.78	0.85	0.91	0.66	0.71	0.76
赖氨酸 Lysine	0.89	0.97	1.04	0.78	0.84	0.90	0.65	0.71	0.76
蛋氨酸 Methionine	0.26	0.28	0.30	0.23	0.25	0.26	0.19	0.21	0.22
蛋＋胱氨酸 Methionine + cysteine	0.53	0.57	0.61	0.47	0.50	0.53	0.40	0.43	0.45
苯丙氨酸 Phenylalanine	0.54	0.59	0.63	0.48	0.51	0.55	0.40	0.43	0.46
苯丙氨酸＋酪氨酸 Phenylalanine + tyrosine	0.87	0.94	1.00	0.77	0.82	0.88	0.65	0.70	0.74
苏氨酸 Threonine	0.60	0.64	0.67	0.53	0.56	0.59	0.47	0.49	0.51
色氨酸 Tryptophan	0.16	0.17	0.18	0.14	0.15	0.16	0.12	0.13	0.13
缬氨酸 Valine	0.61	0.65	0.69	0.53	0.57	0.61	0.46	0.49	0.52
总氮 Total nitrogen	2.05	2.20	2.33	1.82	1.94	2.05	1.57	1.67	1.75

ᵃ 日粮能量含量适用于玉米—豆粕型日粮。根据生长猪高于25kg的体重，利用相应的转换值将NE转换成有效DE和有效ME的含量。对于玉米—豆粕型日粮来说，有效DE和有效ME的含量与DE和ME的真实含量很相似。最优日粮的能量含量会随当地饲料原料的可用性和成本发生变化。当使用替代的饲料原料时，我们建议根据NE含量和营养需要量来制定日粮，以维持恒定的养分—净能比。

ᵇ 假设饲料损耗5%。

ᶜ 标准全消化道可消化磷。

ᵈ 表观全消化道可消化磷。

ᵉ 表观全消化道可消化磷和总磷的需要量只适用于玉米—豆粕型日粮，它们的数据可以通过计算标准全消化道可消化磷的需要量以及玉米、去壳大豆粕和磷酸二钙的营养成分来求得。我们假设日粮中含有0.1%额外的赖氨酸—盐酸盐以及3%额外的维生素和矿物质。玉米和豆粕标准回肠可消化赖氨酸的需要。同时，磷酸二钙的需要量要满足全消化道可消化磷的需要。

ᶠ 表观回肠可消化氨基酸需要量是通过生长模型估算出来的。

ᵍ 表观回肠可消化氨基酸和总氨基酸的需要量只适用于玉米—豆粕型日粮，它们的数据可以通过计算标准回肠可消化氨基酸的需要量以及玉米、去壳浸提大豆粕的氨基酸的需要求得。玉米—豆粕型日粮和总氨基酸含有0.1%额外的赖氨酸—盐酸盐以及3%额外维生素和矿物质。对每种氨基酸而言，日粮中，玉米和豆粕的氨基酸水平以及营养需要量的水平，都要满足该氨基酸的标准回肠可消化需要量

表4-3B 平均体蛋白沉积量不同（25～125kg）的猪每天钙、磷和氨基酸需要量（自由采食，日粮含90%干物质）

体重范围 Body Weight Range (kg)	50～75			75～100			100～135		
平均体蛋白沉积量 (g/day) Mean Protein Deposition (g/day)	115	135	155	115	135	155	115	135	155
日粮中净能含量 (kcal/kg)[a] NE content of the diet (kcal/kg)[a]	2 475	2 475	2 475	2 475	2 475	2 475	2 475	2 475	2 475
日粮中有效消化能含量 (kcal/kg)[a] Effective DE content of diet (kcal/kg)[a]	3 402	3 402	3 402	3 402	3 402	3 402	3 402	3 402	3 402
日粮中有效代谢能含量 (kcal/kg)[a] Effective ME content of diet (kcal/kg)[a]	3 300	3 300	3 300	3 300	3 300	3 300	3 300	3 300	3 300
估测有效代谢能摄入量 (kcal/day) Estimated effective ME intake (kcal/day)	6 980	6 989	6 982	8 254	8 265	8 250	9 204	9 196	9 197
估测采食量+损耗 (g/day)[b] Estimated feed intake + wastage (g/day)[b]	2 226	2 229	2 227	2 633	2 636	2 632	2 936	2 933	2 934
增重 (g/day) Body weight gain (g/day)	817	900	982	842	917	994	804	867	930
体蛋白沉积 (g/day) Body protein deposition (g/day)	125	147	168	121	141	163	104	122	140
钙和磷 Calcium and phosphorus (g/day)									
总钙 Total calcium	10.80	12.43	13.99	11.45	13.14	14.83	11.21	12.8	14.39
标准全消化道可消化磷 STTD phosphorus[c]	5.02	5.78	6.51	5.33	6.11	6.90	5.21	5.95	6.69
表观全消化道可消化磷 ATTD phosphorus[d,e]	4.21	4.89	5.54	4.44	5.15	5.85	4.32	4.98	5.64
总磷 Total phosphoruse[e]	9.91	10.92	11.88	10.80	11.86	12.90	10.98	11.97	12.54

（续表）

体重范围（kg）Body Weight Range（kg）	50~75			75~100			100~135		
平均蛋白沉积量（g/day）Mean Protein Deposition（g/day）	115	135	155	115	135	155	115	135	155
氨基酸 f,g Amino acids f,g									
以标准回肠可消化量为基础 Standardized ileal digestible basis（g/day）									
精氨酸 Arginine	7.5	8.2	8.8	7.7	8.4	9.0	7.2	7.8	8.3
组氨酸 Histidine	5.6	6.2	6.6	5.8	6.3	6.7	5.4	5.8	6.2
异亮氨酸 Isoleucine	8.7	9.4	10.0	9.0	9.7	10.3	8.4	9.1	9.7
亮氨酸 Leucine	16.6	18.1	19.3	17.0	18.5	19.8	15.9	17.2	18.4
赖氨酸 Lysine	16.4	17.9	19.2	16.8	18.3	19.6	15.6	16.9	18.1
蛋氨酸 Methionine	4.7	5.2	5.5	4.8	5.3	5.7	4.5	4.9	5.2
蛋+胱氨酸 Methionine + cysteine	9.4	10.2	10.8	9.8	10.5	11.2	9.2	9.9	10.5
苯丙氨酸 Phenylalanine	9.9	10.8	11.5	10.2	11.0	11.8	9.6	10.3	11
苯丙氨酸+酪氨酸 Phenylalanine + tyrosine	15.6	16.9	18.0	16.0	17.3	18.5	15.1	16.3	17.3
苏氨酸 Threonine	10.4	11.1	11.7	10.9	11.6	12.2	10.5	11.1	11.7
色氨酸 Tryptophan	2.9	3.1	3.3	3.0	3.2	3.4	2.8	3	3.2
缬氨酸 Valine	10.9	11.7	12.5	11.2	12.1	12.9	10.6	11.4	12.1
总氮 Total nitrogen	36.2	39.0	41.3	37.5	40.3	42.7	35.7	38.1	40.3
以表观回肠可消化量为基础 Apparent ileal digestible basis（g/day）									
精氨酸 Arginine	6.6	7.3	7.8	6.6	7.3	7.9	6.0	6.6	7.1
组氨酸 Histidine	5.3	5.8	6.2	5.4	5.9	6.3	5.0	5.4	5.8
异亮氨酸 Isoleucine	8.1	8.9	9.5	8.3	9.0	9.7	7.7	8.4	8.9
亮氨酸 Leucine	15.6	17.1	18.3	15.9	17.3	18.6	14.7	16	17.1
赖氨酸 Lysine	15.6	17.1	18.3	15.8	17.3	18.6	14.6	15.9	17.1
蛋氨酸 Methionine	4.5	4.9	5.3	4.6	5.0	5.4	4.2	4.6	4.9
蛋+胱氨酸 Methionine + cysteine	8.9	9.7	10.3	9.2	9.9	10.6	8.7	9.3	9.9
苯丙氨酸 Phenylalanine	9.3	10.1	10.8	9.5	10.3	11.1	8.8	9.6	10.2
苯丙氨酸+酪氨酸 Phenylalanine + tyrosine	14.7	15.9	17.0	15.0	16.3	17.4	14.0	15.1	16.1
苏氨酸 Threonine	9.2	9.9	10.5	9.6	10.3	10.9	9.1	9.7	10.3
色氨酸 Tryptophan	2.6	2.8	3.0	2.7	2.9	3.1	2.5	2.7	2.9

（续表）

体重范围 Body Weight Range（kg）	50~75			75~100			100~135		
平均蛋白沉积量 Mean Protein Deposition（g/day）	115	135	155	115	135	155	115	135	155
缬氨酸 Valine	9.9	10.7	11.4	10.1	10.9	11.7	9.4	10.2	10.8
总氮 Total nitrogen	31.6	34.3	36.6	32.3	35.0	37.3	30.1	32.5	34.5
以日粮为基础 Total basis（g/day）									
精氨酸 Arginine	8.6	9.3	9.9	8.9	9.6	10.2	8.4	9	9.6
组氨酸 Histidine	6.6	7.2	7.7	6.8	7.4	7.9	6.5	7	7.4
异亮氨酸 Isoleucine	10.2	11.0	11.6	10.6	11.4	12.1	10.1	10.8	11.4
亮氨酸 Leucine	19.1	20.8	22.2	19.6	21.3	22.8	18.4	19.9	21.2
赖氨酸 Lysine	18.9	20.6	22.0	19.4	21.1	22.6	18.2	19.7	21.1
蛋氨酸 Methionine	5.5	6.0	6.4	5.7	6.1	6.6	5.3	5.8	6.2
蛋+胱氨酸 Methionine + cysteine	11.2	12.1	12.8	11.7	12.6	13.3	11.2	12	12.7
苯丙氨酸 Phenylalanine	11.5	12.5	13.3	11.9	12.8	13.7	11.2	12.1	12.8
苯丙氨酸 + 酪氨酸 Phenylalanine + tyrosine	18.5	20.0	21.2	19.2	20.6	21.9	18.2	19.5	20.7
苏氨酸 Threonine	12.6	13.4	14.1	13.3	14.1	14.9	13.0	13.7	14.3
色氨酸 Tryptophan	3.3	3.5	3.7	3.4	3.7	3.9	3.3	3.5	3.7
缬氨酸 Valine	12.9	13.9	14.7	13.4	14.4	15.2	12.7	13.6	14.4
总氮 Total nitrogen	43.5	46.6	49.2	45.5	48.6	51.3	43.8	46.5	48.9

ª 日粮能量含量适用于玉米—豆粕型日粮。根据生长猪低于或高于25kg的体重，通过相应的转换值将NE转换成有效DE和有效ME的含量。对于玉米—豆粕型日粮来说，有效DE和有效ME的含量与DE和ME的真实含量很相似。最优日粮的能量含量会随当地饲料原料的可用性和成本发生变化。当使用替代的饲料原料时，我们建议根据玉米营养需要量来制定日粮，以维持恒定的养分—净能比。

b 假设饲料损耗5%。

c 标准全消化道可消化磷。

d 表观全消化道可消化磷。

e 表观全消化道可消化磷和总磷的需要量只适用于玉米—豆粕型日粮，它们的数据可以通过计算标准全消化道可消化磷的需要量以及3%额外的维生素和矿物质。我们假设日粮中含有0.1%额外的赖氨酸以及3%额外的维生素和矿物质，同时，磷酸二钙的含量是满足全消化道可消化磷。玉米和豆粕的氨基二钙的营养成分未获得。磷酸二钙的含量是通过生长模型估计出来的。

f 表观回肠可消化氨基酸和总氨基酸的需要量只适用于玉米—豆粕型日粮，它们的数据可以通过计算标准回肠可消化氨基酸的需要量和总氨基酸的需要量以及3%额外的维生素和矿物质。对每种氨基酸而言，玉米—豆粕型日粮氨基酸和总氨基酸的需要量和玉米—豆粕型日粮氨基酸含有0.1%额外的赖氨酸以及0.1%额外的维生素和矿物质。日粮中氨基酸前言，都要满足该氨基酸的标准回肠可消化需要量。

g 表观回肠可消化氨基酸和总氨基酸的需要量只适用于玉米—豆粕型日粮，它们的数据可以通过计算标准回肠可消化氨基酸—盐酸盐以及0.1%额外的赖氨酸含量而获得。玉米—豆粕型日粮含有该氨基酸—盐酸盐以及3%额外的维生素和矿物质。对每种氨基酸而言，玉米和豆粕的水平以及各营养需要量的水平，都要满足该氨基酸基酸满足氨基酸的标准回肠可消化需要量。

表 4-4A　免疫接种促性腺释放激素的公猪以及饲喂莱克多巴胺的公猪、阉猪和母猪日粮钙、磷和氨基酸需要量（自由采食，日粮含 90% 干物质）

体重范围 Body Weight Range (kg)[a]	免疫的公猪 105~135	公猪饲喂 5 mg/kg 莱克多巴胺 115~135	公猪饲喂 10 mg/kg 莱克多巴胺 115~135	阉公猪和母猪饲喂 5 mg/kg 莱克多巴胺 115~135	阉公猪和母猪饲喂 10 mg/kg 莱克多巴胺 115~135
日粮中净能含量 NE content of the diet (kcal/kg)[a]	2 475	2 475	2 475	2 475	2 475
日粮中有效消化能含量 Effective DE content of diet (kcal/kg)[a]	3 402	3 402	3 402	3 402	3 402
日粮中有效代谢能含量 Effective ME content of diet (kcal/kg)[a]	3 300	3 300	3 300	3 300	3 300
估测有效代谢能摄入量 Estimated effective ME intake (kcal/day)	10 203	8 722	8 647	9 262	9 181
估测采食量+损耗 Estimated feed intake + wastage (g/day)[b]	3 255	2 782	2 758	2 954	2 929
增重 Body weight gain (g/day)	1 023	1 029	1 046	957	983
体蛋白沉积 Body protein deposition (g/day)	137	187	199	152	161
钙和磷 Calcium and phosphorus（%）					
总钙 Total calcium	0.47	0.71	0.75	0.56	0.59
标准全消化道可消化磷 STTD phosphorus[c]	0.22	0.33	0.35	0.26	0.27
表观全消化道可消化磷 ATTD phosphorus[d,e]	0.18	0.28	0.30	0.22	0.23
总磷 Total phosphoruse[e]	0.43	0.59	0.62	0.49	0.52

（续表）

体重范围 Body Weight Range（kg）	免疫的公猪	公猪饲喂 5 mg/kg 莱克多巴胺	公猪饲喂 10 mg/kg 莱克多巴胺	阉公猪和母猪饲喂 5 mg/kg 莱克多巴胺	阉公猪和母猪饲喂 10 mg/kg 莱克多巴胺
	105~135	115~135	115~135	115~135	115~135
氨基酸 [f,g] Amino acids [f,g] 以标准回肠可消化量为基础 Standardized ileal digestible basis（%）					
精氨酸 Arginine	0.27	0.42	0.45	0.34	0.37
组氨酸 Histidine	0.20	0.31	0.33	0.25	0.27
异亮氨酸 Isoleucine	0.32	0.51	0.54	0.42	0.45
亮氨酸 Leucine	0.60	0.93	1.00	0.77	0.82
赖氨酸 Lysine	0.59	0.94	1.01	0.77	0.83
蛋氨酸 Methionine	0.17	0.28	0.30	0.23	0.24
蛋 + 胱氨酸 Methionine + cysteine	0.35	0.54	0.58	0.45	0.48
苯丙氨酸 Phenylalanine	0.36	0.56	0.60	0.46	0.49
苯丙氨酸 + 酪氨酸 Phenylalanine + tyrosine	0.57	0.88	0.95	0.73	0.78
苏氨酸 Threonine	0.39	0.57	0.61	0.49	0.52
色氨酸 Tryptophan	0.11	0.17	0.18	0.14	0.15
缬氨酸 Valine	0.40	0.61	0.65	0.50	0.54
总氮 Total nitrogen	1.33	1.96	2.08	1.64	1.74
以表观回肠可消化量为基础 Apparent ileal digestible basis（%）					
精氨酸 Arginine	0.23	0.37	0.40	0.30	0.32
组氨酸 Histidine	0.19	0.29	0.31	0.24	0.25
异亮氨酸 Isoleucine	0.29	0.48	0.52	0.39	0.42
亮氨酸 Leucine	0.56	0.89	0.95	0.72	0.77
赖氨酸 Lysine	0.56	0.90	0.97	0.73	0.79
蛋氨酸 Methionine	0.16	0.27	0.29	0.21	0.23
蛋 + 胱氨酸 Methionine + cysteine	0.32	0.51	0.55	0.42	0.45
苯丙氨酸 Phenylalanine	0.33	0.53	0.57	0.43	0.46
苯丙氨酸 + 酪氨酸 Phenylalanine + tyrosine	0.53	0.84	0.90	0.68	0.73
苏氨酸 Threonine	0.34	0.52	0.55	0.43	0.46
色氨酸 Tryptophan	0.09	0.15	0.16	0.13	0.14

（续表）

体重范围 Body Weight Range (kg)	免疫的公猪 105~135	公猪饲喂 5 mg/kg 莱克多巴胺 115~135	公猪饲喂 10 mg/kg 莱克多巴胺 115~135	阉公猪和母猪饲喂 5 mg/kg 莱克多巴胺 115~135	阉公猪和母猪饲喂 10 mg/kg 莱克多巴胺 115~135
缬氨酸 Valine	0.35	0.56	0.60	0.46	0.49
总氮 Total nitrogen	1.13	1.74	1.86	1.42	1.52
			以日粮为基础 Total basis（%）		
精氨酸 Arginine	0.32	0.47	0.50	0.39	0.41
组氨酸 Histidine	0.24	0.36	0.38	0.30	0.32
异亮氨酸 Isoleucine	0.38	0.59	0.63	0.49	0.52
亮氨酸 Leucine	0.70	1.07	1.15	0.88	0.94
赖氨酸 Lysine	0.69	1.08	1.16	0.89	0.95
蛋氨酸 Methionine	0.20	0.32	0.34	0.26	0.28
蛋＋胱氨酸 Methionine + cysteine	0.42	0.63	0.68	0.53	0.57
苯丙氨酸 Phenylalanine	0.42	0.64	0.69	0.53	0.57
苯丙氨酸＋酪氨酸 Phenylalanine + tyrosine	0.68	1.04	1.11	0.86	0.92
苏氨酸 Threonine	0.48	0.69	0.74	0.59	0.63
色氨酸 Tryptophan	0.12	0.19	0.20	0.16	0.17
缬氨酸 Valine	0.48	0.72	0.76	0.60	0.64
总氮 Total nitrogen	1.62	2.34	2.48	1.57	2.08

ᵃ 日粮能量含量适用于玉米—豆粕型日粮。根据生长猪高于25kg的体重，利用相应的转换值将 NE 转换成有效 DE 和有效 ME 的含量。对于玉米—豆粕型日粮来说，有效 DE 和有效 ME 的含量与 DE 和 ME 的真实含量很相似。最优日粮的能量含量会随当地饲料原料的可用性和成本发生变化。当使用替代的饲料原料时，我们建议根据 NE 含量和营养需要量来制定日粮，以维持恒定的养分—净能比。

ᵇ 假设饲料损耗5%。

ᶜ 标准全消化道可消化磷。

ᵈ 表观全消化道可消化磷。

ᵉ 表观全消化道可消化磷和总磷的需要量只适用于玉米—豆粕型日粮，它们的数据可以通过计算标准全消化道可消化磷的需要量以及3%额外的维生素和矿物质、去壳浸提大豆粕以及玉米，去壳浸提大豆粕和磷酸二钙的需要量的需求的营养成分来获得。我们假设日粮中含有0.1%额外的赖氨酸—盐酸盐以及3%额外的维生素和矿物质。玉米和豆粕的水平要满足标准回肠可消化赖氨酸的需要，磷酸二钙—磷要满足标准全消化道可消化磷。

ᶠ 氨基酸需要量是通过生长模型估算出来的。玉米—豆粕型日粮适用于玉米—豆粕型日粮，它们的数据可以通过计算标准回肠可消化氨基酸的需要量。对每种氨基酸而言，日粮中，玉米和豆粕的氨基酸的水平以及营养需要量。

ᵍ 表观回肠可消化氨基酸和总氨基酸的需要量只适用于玉米—豆粕型日粮含有0.1%额外的赖氨酸—盐酸盐以及3%额外的维生素和矿物质，对每种氨基酸前言，都要满足该标准回肠可消化的标准全消化道可消化量。

表 4-4B 免疫接种促性腺激素释放素的公猪以及饲喂莱克多巴胺的公猪、阉猪和母猪每天钙、磷和氨基酸需要量（自由采食，日粮含 90% 干物质）

体重范围 Body Weight Range (kg)	免疫的公猪 105~135	公猪饲喂 5 mg/kg 莱克多巴胺 115~135	公猪饲喂 10 mg/kg 莱克多巴胺 115~135	阉公猪和母猪饲喂 5 mg/kg 莱克多巴胺 115~135	阉公猪和母猪饲喂 10 mg/kg 莱克多巴胺 115~135
日粮中净能含量 (kcal/kg)[a] NE content of the diet (kcal/kg)[a]	2 475	2 475	2 475	2 475	2 475
日粮中有效消化能含量 (kcal/kg)[a] Effective DE content of diet (kcal/kg)[a]	3 402	3 402	3 402	3 402	3 402
日粮中有效代谢能含量 (kcal/kg)[a] Effective ME content of diet (kcal/kg)[a]	3 300	3 300	3 300	3 300	3 300
估测有效代谢能摄入量 (kcal/day) Estimated effective ME intake (kcal/day)	10 203	8 722	8 647	9 262	9 181
估测采食量 + 损耗 (g/day)[b] Estimated feed intake + wastage (g/day)[b]	3 255	2 782	2 758	2 954	2 929
增重 (g/day) Body weight gain (g/day)	1 023	1 029	1 046	957	983
休蛋白沉积 (g/day) Body protein deposition (g/day)	137	187	199	152	161
钙和磷 Calcium and phosphorus (g/day)					
总钙 Total calcium	14.44	18.73	19.76	15.60	16.43
标准全消化道可消化磷 STTD phosphorus[c]	6.72	8.71	9.19	7.26	7.64
表观全消化道可消化磷 ATTD phosphorus[d,e]	5.63	7.44	7.86	6.13	6.47
总磷 Total phosphorus[e]	13.38	15.61	16.27	13.85	14.38

（续表）

体重范围 Body Weight Range（kg）	免疫的公猪 105~135	公猪饲喂 5 mg/kg 莱克多巴胺 115~135	公猪饲喂 10 mg/kg 莱克多巴胺 115~135	阉公猪和母猪饲喂 5 mg/kg 莱克多巴胺 115~135	阉公猪和母猪饲喂 10 mg/kg 莱克多巴胺 115~135
氨基酸 [f,g] Amino acids [f,g]					
以标准回肠可消化量为基础 Standardized ileal digestible basis（g/day）					
精氨酸 Arginine	8.4	11.0	11.7	9.6	10.2
组氨酸 Histidine	6.3	8.2	8.6	7.1	7.5
异亮氨酸 Isoleucine	9.8	13.4	14.3	11.7	12.5
亮氨酸 Leucine	19.6	24.7	26.3	21.5	22.8
赖氨酸 Lysine	19.3	24.9	26.5	21.6	23.0
蛋氨酸 Methionine	5.3	7.3	7.8	6.3	6.8
蛋 + 胱氨酸 Methionine + cysteine	10.7	14.2	15.1	12.5	13.3
苯丙氨酸 Phenylalanine	11.2	14.7	15.6	12.9	13.6
苯丙氨酸 + 酪氨酸 Phenylalanine + tyrosine	17.6	23.3	24.8	20.4	21.7
苏氨酸 Threonine	12.0	15.2	16.0	13.6	14.4
色氨酸 Tryptophan	3.3	4.4	4.7	3.9	4.1
缬氨酸 Valine	12.3	16.1	17.1	14.1	15.0
总氮 Total nitrogen	41.1	51.8	54.6	45.9	48.3
以表观回肠可消化量为基础 Apparent ileal digestible basis（g/day）					
精氨酸 Arginine	7.1	9.9	10.5	8.4	9.0
组氨酸 Histidine	5.9	7.7	8.2	6.7	7.0
异亮氨酸 Isoleucine	9.0	12.6	13.5	11.0	11.7
亮氨酸 Leucine	17.3	23.4	25.0	20.2	21.5
赖氨酸 Lysine	17.2	23.8	25.4	20.5	21.9
蛋氨酸 Methionine	5.0	7.0	7.5	6.0	6.5
蛋 + 胱氨酸 Methionine + cysteine	10.0	13.5	14.4	11.8	12.6
苯丙氨酸 Phenylalanine	10.3	13.9	14.8	12.1	12.8
苯丙氨酸 + 酪氨酸 Phenylalanine + tyrosine	16.3	22.1	23.5	19.2	20.4
苏氨酸 Threonine	10.5	13.7	14.5	12.1	12.9
色氨酸 Tryptophan	2.9	4.0	4.3	3.5	3.8

（续表）

体重范围 Body Weight Range（kg）	免疫的公猪 105~135	公猪饲喂 5 mg/kg 莱克多巴胺 115~135	公猪饲喂 10 mg/kg 莱克多巴胺 115~135	阉公猪和母猪饲喂 5 mg/kg 莱克多巴胺 115~135	阉公猪和母猪饲喂 10 mg/kg 莱克多巴胺 115~135
缬氨酸 Valine	10.9	14.8	15.7	12.8	13.6
总氮 Total nitrogen	34.9	45.9	48.7	40.0	42.3
以日粮为基础 Total basis（g/day）					
精氨酸 Arginine	9.8	12.4	13.1	11.0	11.5
组氨酸 Histidine	7.6	9.5	10.0	8.4	8.8
异亮氨酸 Isoleucine	11.6	15.5	16.5	13.7	14.5
亮氨酸 Leucine	21.5	28.3	30.1	24.7	26.2
赖氨酸 Lysine	21.4	28.5	30.3	24.8	26.4
蛋氨酸 Methionine	6.3	8.4	8.9	7.3	7.8
蛋+胱氨酸 Methionine + cysteine	12.9	16.8	17.8	14.9	15.8
苯丙氨酸 Phenylalanine	13.1	17.0	18.0	14.9	15.8
苯丙氨酸+酪氨酸 Phenylalanine + tyrosine	21.1	27.4	29.1	24.2	25.6
苏氨酸 Threonine	14.8	18.3	19.3	16.6	17.4
色氨酸 Tryptophan	3.8	4.9	5.3	4.4	4.7
缬氨酸 Valine	14.7	18.9	20.0	16.8	17.7
总氮 Total nitrogen	50.2	61.8	65.0	55.3	58.0

a 日粮能量含量适用于玉米—豆粕型日粮。根据生长猪高于25kg 的体重，利用相应的转换值将 NE 转换成有效 DE 和有效 ME 含量。对于玉米—豆粕型日粮来说，有效 DE 和有效 ME 的含量与 DE 和 ME 的真实含量很相似。最优日粮的能量含量会随当地饲料原料的可用性和成本发生变化。当使用替代的饲料原料时，我们建议根据 NE 含量和营养需要量来制定日粮，以维持恒定的养分一净能比。

b 假设饲料损耗5%。

c 标准全消化道可消化磷。

d 表观全消化道可消化磷。

e 表观全消化道可消化磷和总磷的需要量只适用于玉米—豆粕型日粮，它们的数据可以通过计算标准全消化道可消化磷的需要量以及玉米—豆粕料和磷酸二钙的营养成分来获得。我们假设日粮中含有0.1% 额外的赖氨酸盐酸盐以及3% 额外的维生素和矿物质。玉米和豆粕的标准回肠可消化赖氨酸的需要，同时，磷酸二钙的总含量是通过生长模型估算出来的。

f 氨基酸需要量是通过生长模型估算得到的。玉米—豆粕型日粮和总氨基酸和总氨基酸的需要量只适用于玉米—豆粕型日粮，它们的数据可以通过计算标准回肠可消化氨基酸的需要量和玉米、去壳浸提大豆粕的氨基酸的水平以及营养需要量而获得。玉米—豆粕型日粮满足该标准回肠可消化氨基酸。

g 表观回肠可消化氨基酸和总氨基酸的需要量只适用于玉米—豆粕型日粮，它们的数据可以通过计算标准回肠可消化氨基酸的需要量和玉米，去壳浸提大豆粕的氨基酸前言。对每种氨基酸而言，日粮中，玉米和豆粕的水平以及营养需要量，都要满足该氨基酸的标准回肠可消化需求量。

表4－5A　生长猪日粮矿物质、维生素和脂肪酸需要量（自由采食，日粮含90％干物质）

项目 Item	体重范围 Body Weight Range（kg）						
	5～7	7～11	11～25	25～50	50～75	75～100	100～135
日粮中净能含量（kcal/kg）[a] NE content of the diet（kcal/kg）[a]	2 448	2 448	2 448	2 475	2 475	2 475	2 475
日粮中有效消化能含量（kcal/kg）[a] Effective DE content of diet（kcal/kg）[a]	3 542	3 542	3 542	3 402	3 402	3 402	3 402
日粮中有效代谢能含量（kcal/kg）[a] Effective ME content of diet（kcal/kg）[a]	3 300	3 300	3 300	3 300	3 300	3 300	3 300
估测有效代谢能摄入量（kcal/day） Estimated effective ME intake（kcal/day）	904	1 592	3 033	4 959	6 989	8 265	9 196
估测采食量＋损耗（g/day）[b] Estimated feed intake + wastage（g/day）[b]	280	493	953	1 582	2 229	2 636	2 933
增重（g/day） Body weight gain（g/day）	210	335	585	758	900	917	867
体蛋白沉积（g/day） Body protein deposition（g/day）	—	—	—	128	147	141	122
需要量（% 或日粮中量/kg） Requirements（% or amount per kilogram of diet）							
矿物质元素 Mineral elements							
钠 Sodium（%）	0.40	0.35	0.28	0.10	0.10	0.10	0.10
氯 Chloride（%）	0.50	0.45	0.32	0.08	0.08	0.08	0.08
镁 Magnesium（%）	0.04	0.04	0.04	0.04	0.04	0.04	0.04
钾 Potassium（%）	0.30	0.28	0.26	0.23	0.19	0.17	0.17
铜 Copper（mg/kg）	6.00	6.00	5.00	4.00	3.50	3.00	3.00
碘 Iodine（mg/kg）	0.14	0.14	0.14	0.14	0.14	0.14	0.14
铁 Iron（mg/kg）	100.00	100.00	100.00	60.00	50.00	40.00	40.00

（续表）

项目 Item	体重范围 Body Weight Range (kg)						
	5~7	7~11	11~25	25~50	50~75	75~100	100~135
锰 Manganese (mg/kg)	4.00	4.00	3.00	2.00	2.00	2.00	2.00
硒 Selenium (mg/kg)	0.30	0.30	0.25	0.20	0.15	0.15	0.15
锌 Zinc (mg/kg)	100.00	100.00	80.00	60.00	50.00	50.00	50.00
Vitamins							
维生素A Vitamin A (IU/kg)[c]	2 200	2 200	1 750	1 300	1 300	1 300	1 300
维生素D Vitamin D (IU/kg)[d]	220	220	200	150	150	150	150
维生素E Vitamin E (IU/kg)[e]	16	16	11	11	11	11	11
维生素K Vitamin K (menadione) (mg/kg)	0.50	0.50	0.50	0.50	0.50	0.50	0.50
生物素 Biotin (mg/kg)	0.08	0.05	0.05	0.05	0.05	0.05	0.05
胆碱 Choline (g/kg)	0.60	0.50	0.40	0.30	0.30	0.30	0.30
叶酸 Folacin (mg/kg)	0.30	0.30	0.30	0.30	0.30	0.30	0.30
可利用烟酸 Niacin, available (mg/kg)[f]	30.00	30.00	30.00	30.00	30.00	30.00	30.00
泛酸 Pantothenic acid (mg/kg)	12.00	10.00	9.00	8.00	7.00	7.00	7.00
核黄素 Riboflavin (mg/kg)	4.00	3.50	3.00	2.50	2.00	2.00	2.00
硫胺素 Thiamin (mg/kg)	1.50	1.00	1.00	1.00	1.00	1.00	1.00
维生素B6 Vitamin B6 (mg/kg)	7.00	7.00	3.00	1.00	1.00	1.00	1.00
维生素B12 Vitamin B12 (μg/kg)	20.00	17.50	15.00	10.00	5.00	5.00	5.00
亚油酸（%）Linoleic acid (%)	0.10	0.10	0.10	0.10	0.10	0.10	0.10

a 日粮能量含量适用于玉米—豆粕型日粮。根据生长育肥猪低于或高于25kg的体重，通过相应的转换值将NE转换成有效DE和有效ME的含量。对于玉米—豆粕型日粮来说，有效DE和有效ME的含量与DE和ME的含量很接近。最优日粮的能量含量会随当地饲料原料的可用性和成本发生变化。当使用替代的饲料原料时，我们建议根据NE含量和营养素需要量来制定日粮，以维持恒定的养分—净能比。

b 假设饲料损耗5%。

c 1 IU的维生素A = 0.30μg视黄醇乙酸酯或0.344μg视黄醇当量（也称作视黄醇乙酸酯）。维生素A的活性（称作视黄醇当量）取决于β-胡萝卜素（见维生素一章）。

d 1 IU的维生素D₂或维生素D₃ = 0.025μg。

e 1 IU的维生素E = 0.67 mg D-α-生育酚或1 mg DL-α-生育酚或1 mg D-α-生育酚乙酸酯。近期猪的研究表明，天然α-生育酚乙酸酯与合成的α-生育酚乙酸酯有明显的区别（见维生素一章）。

f 玉米、饲用高粱、小麦和大麦中的烟酸不能为猪所用。同样，这些谷物副产品中的烟酸利用率也很低，除非对这些副产品进行湿法粉碎和发酵处理

表4-5B　生长猪每天矿物质、维生素和脂肪酸需要量（自由采食，日粮含90%干物质）

项目 Item	体重范围 Body Weight Range（kg）						
	5~7	7~11	11~25	25~50	50~75	75~100	100~135
日粮中净能含量（kcal/kg）[a] NE content of the diet（kcal/kg）[a]	2 448	2 448	2 448	2 475	2 475	2 475	2 475
日粮中有效消化能含量（kcal/kg）[a] Effective DE content of diet（kcal/kg）[a]	3 542	3 542	3 542	3 402	3 402	3 402	3 402
日粮中有效代谢能含量（kcal/kg）[a] Effective ME content of diet（kcal/kg）[a]	3 300	3 300	3 300	3 300	3 300	3 300	3 300
估测有效代谢能摄入量（kcal/day） Estimated effective ME intake（kcal/day）	904	1 592	3 033	4 959	6 989	8 265	9 196
估测采食量+损耗（g/day）[b] Estimated feed intake + wastage（g/day）[b]	280	493	953	1 582	2 229	2 636	2 933
增重（g/day） Body weight gain（g/day）	210	335	585	758	900	917	867
体蛋白沉积（g/day） Body protein deposition（g/day）	—	—	—	128	147	141	122
	需要量（% 或日粮中量/kg） Requirements（% or amount per kilogram of diet）						
矿物质元素 Mineral elements							
钠 Sodium（%）	1.06	1.64	2.53	1.50	2.12	2.51	2.79
氯 Chloride（%）	1.33	2.11	2.90	1.20	1.69	2.00	2.23
镁 Magnesium（%）	0.11	0.19	0.36	0.60	0.85	1.00	1.11
钾 Potassium（%）	0.80	1.31	2.35	3.46	4.02	4.26	4.74
铜 Copper（mg/kg）	1.60	2.81	4.53	6.01	7.41	7.52	8.36
碘 Iodine（mg/kg）	0.04	0.07	0.13	0.21	0.30	0.35	0.39
铁 Iron（mg/kg）	26.60	46.80	90.50	90.20	105.90	100.20	111.50

（续表）

项目 Item	体重范围 Body Weight Range (kg)						
	5~7	7~11	11~25	25~50	50~75	75~100	100~135
锰 Manganese (mg/kg)	1.06	1.87	2.72	3.01	4.24	5.01	5.57
硒 Selenium (mg/kg)	0.08	0.14	0.23	0.30	0.32	0.38	0.42
锌 Zine (mg/kg)	26.60	46.80	72.40	90.20	105.90	125.30	139.40
Vitamins							
维生素 A Vitamin A (IU/kg)[c]	59	1 030	1 584	1 954	2 753	3 257	3 623
维生素 D Vitamin D (IU/kg)[d]	59	103	181	225	318	376	418
维生素 E Vitamin E (IU/kg)[e]	4.3	7.5	10.0	16.5	23.3	27.6	30.7
维生素 K Vitamin K (menadione) (mg/kg)	0.13	0.23	0.45	0.75	1.06	1.25	1.39
生物素 Biotin (mg/kg)	0.02	0.02	0.05	0.08	0.11	0.13	0.14
胆碱 Choline (g/kg)	0.16	0.23	0.36	0.45	0.64	0.75	0.84
叶酸 Folacin (mg/kg)	0.08	0.14	0.27	0.45	0.64	0.75	0.84
可利用烟酸 Niacin, available (mg/kg)[f]	7.98	14.05	27.16	45.09	63.53	75.15	83.62
泛酸 Pantothenic acid (mg/kg)	3.19	4.68	8.15	12.02	14.82	14.54	19.51
核黄素 Riboflavin (mg/kg)	1.06	1.64	2.72	3.76	4.24	5.01	5.57
硫胺素 Thiamin (mg/kg)	0.40	0.47	0.91	1.50	2.12	2.51	2.79
维生素 B_6 Vitamin B_6 (mg/kg)	1.86	3.28	2.72	1.50	2.12	2.51	2.79
维生素 B_{12} Vitamin B_{12} (μg/kg)	5.32	8.20	13.58	15.03	10.59	12.53	13.94
亚油酸 (%) Linoleic acid (%)	0.30	0.50	0.90	1.50	2.10	2.50	2.80

a 日粮能量含量适用于玉米-豆粕型日粮。根据生长猪猪低于或高于25kg的体重，通过相应的转换值将 NE 转换成有效 DE 和有效 ME。对于玉米-豆粕型日粮来说，有效 DE 和有效 ME 的含量与 DE 和 ME 的真实含量很相似。最优日粮的能量密度可用性和成本会发生变化。当使用替代的饲料原料时，我们建议根据 NE 含量和营养需要量来制定日粮，以维持恒定的养分-净能比。

b 假设饲料损耗5%。

c 1 IU 的维生素 A＝0.30μg 视黄醇或 0.344μg 视黄醇乙酸酯。维生素 A 的活性（也称作视黄醇当量）取决于 β-胡萝卜素含量（见维生素一章）。

d 1 IU 的维生素 D_2或维生素 D_3＝0.025μg。

e 1 IU 的维生素 E＝0.67 mg D-α-生育酚或 1 mg DL-α-生育酚。近期猪的研究表明，天然 α-生育酚乙酸酯与合成的 α-生育酚乙酸酯有明显的区别（见维生素一章）。

f 玉米、饲用高粱、小麦和大麦中的烟酸不能为猪所用。同样，这些谷物副产品中的烟酸利用率也很低，除非对这些副产品进行湿法粉碎和发酵处理（见维生素一章）。

表 4-6A　妊娠母猪日粮钙、磷、氨基酸需要量（日粮含 **90%** 干物质）a

	1 (140)		2 (165)		3 (185)		4 + (205)					
胎次（配种体重，kg） Parity (body weight at breeding, kg)												
预期妊娠体重增重（kg） Anticipated gestating weight gain (kg)	65		60		52.2		45		40		45	
预期产仔数 Anticipated litter size b	12.5		13.5		13.5		13.5		13.5		15.5	
妊娠天数 Days of gestation	<90	>90	<90	>90	<90	>90	<90	>90	<90	>90	<90	>90
日粮中净能含量（kcal/kg）a NE content of the diet (kcal/kg)a	2 518	2 518	2 518	2 518	2 518	2 518	2 518	2 518	2 518	2 518	2 518	2 518
日粮中有效消化能含量（kcal/kg）a Effective DE content of diet (kcal/kg)a	3 388	3 388	3 388	3 388	3 388	3 388	3 388	3 388	3 388	3 388	3 388	3 388
日粮中有效代谢能含量（kcal/kg）a Effective ME content of diet (kcal/kg)a	3 300	3 300	3 300	3 300	3 300	3 300	3 300	3 300	3 300	3 300	3 300	3 300
估测有效代谢能摄入量（kcal/day） Estimated effective ME intake (kcal/day)	6 678	7 932	6 928	8 182	6 928	8 182	6 897	8 151	6 427	7 681	6 521	7 775
估测采食量 + 损耗（g/day）c Estimated feed intake + wastage (g/day)c	2 130	2 530	2 210	2 610	2 210	2 610	2 200	2 600	2 050	2 450	2 080	2 480
体增重（g/day） Body weight gain (g/day)	578	543	539	481	472	408	410	340	364	298	416	313
钙和磷 Calcium and phosphorus（%）												
总钙 Total calcium	0.61	0.83	0.54	0.78	0.49	0.72	0.43	0.67	0.46	0.71	0.46	0.75
标准全消化道可消化磷 STTD phosphorus d	0.27	0.36	0.24	0.34	0.21	0.31	0.19	0.29	0.2	0.31	0.2	0.33
表观全消化道可消化磷 ATTD phosphorus e,f	0.23	0.31	0.20	0.29	0.18	0.27	0.16	0.25	0.17	0.26	0.17	0.28
总磷 Total phosphorus f	0.49	0.62	0.45	0.58	0.41	0.55	0.38	0.52	0.4	0.54	0.4	0.56

（续表）

氨基酸 Amino acids	1 (140)		2 (165)		3 (185)		4+ (205)					
胎次（配种体重, kg）Parity (body weight at breeding, kg)												
预期妊娠体增重（kg）Anticipated gestating weight gain (kg)	65		60		52.2		45		45		40	
预期产仔数 Anticipated litter size	12.5		13.5		13.5		13.5		13.5		15.5	
妊娠天数 Days of gestation	<90	>90	<90	>90	<90	>90	<90	>90	<90	>90	<90	>90
以标准回肠可消化量为基础 Standardized ileal digestible basis（%）												
精氨酸 Arginine	0.28	0.37	0.23	0.32	0.19	0.28	0.17	0.24	0.17	0.25	0.17	0.26
组氨酸 Histidine	0.18	0.22	0.15	0.19	0.13	0.16	0.11	0.14	0.11	0.14	0.11	0.15
异亮氨酸 Isoleucine	0.30	0.36	0.25	0.32	0.22	0.27	0.19	0.24	0.19	0.24	0.20	0.26
亮氨酸 Leucine	0.47	0.65	0.40	0.57	0.35	0.51	0.30	0.45	0.31	0.47	0.32	0.49
赖氨酸 Lysine	0.52	0.69	0.44	0.61	0.37	0.53	0.32	0.46	0.32	0.48	0.33	0.50
蛋氨酸 Methionine	0.15	0.20	0.12	0.17	0.10	0.15	0.09	0.13	0.09	0.13	0.09	0.14
蛋+胱氨酸 Methionine + cysteine	0.34	0.45	0.29	0.40	0.26	0.36	0.23	0.33	0.23	0.33	0.24	0.35
苯丙氨酸 Phenylalanine	0.29	0.38	0.25	0.34	0.21	0.30	0.19	0.27	0.19	0.27	0.19	0.29
苯丙氨酸+酪氨酸 Phenylalanine + tyrosine	0.50	0.66	0.43	0.58	0.37	0.51	0.32	0.46	0.33	0.47	0.33	0.49
苏氨酸 Threonine	0.37	0.48	0.33	0.43	0.29	0.39	0.27	0.36	0.27	0.36	0.28	0.38
色氨酸 Tryptophan	0.09	0.13	0.08	0.12	0.07	0.11	0.07	0.10	0.07	0.10	0.07	0.11
缬氨酸 Valine	0.37	0.49	0.32	0.43	0.28	0.39	0.25	0.35	0.25	0.36	0.26	0.37
总氮 Total nitrogen	1.32	1.79	1.15	1.61	1.01	1.45	0.90	1.32	0.91	1.35	0.94	1.43
以表观回肠可消化量为基础 Apparent ileal digestible basis（%）												
精氨酸 Arginine	0.23	0.32	0.19	0.28	0.15	0.23	0.12	0.20	0.12	0.21	0.13	0.22
组氨酸 Histidine	0.17	0.21	0.14	0.18	0.11	0.15	0.10	0.13	0.10	0.13	0.10	0.14

（续表）

胎次（配种体重，kg）Parity (body weight at breeding, kg)	1 (140)		2 (165)		3 (185)		4 + (205)					
Anticipated gestating weight gain（kg）预期妊娠体增重	65		60		52.2		45		40		45	
预期产仔数 Anticipated litter size[b]	12.5		13.5		13.5		13.5		13.5		15.5	
妊娠天数 Days of gestation	<90	>90	<90	>90	<90	>90	<90	>90	<90	>90	<90	>90
异亮氨酸 Isoleucine	0.27	0.34	0.23	0.29	0.19	0.25	0.17	0.22	0.17	0.22	0.17	0.23
亮氨酸 Leucine	0.43	0.60	0.36	0.53	0.30	0.46	0.26	0.41	0.27	0.42	0.28	0.45
赖氨酸 Lysine	0.49	0.66	0.40	0.57	0.34	0.49	0.29	0.43	0.29	0.44	0.3	0.47
蛋氨酸 Methionine	0.14	0.19	0.11	0.16	0.09	0.14	0.08	0.12	0.08	0.12	0.08	0.13
蛋 + 胱氨酸 Methionine + cysteine	0.32	0.43	0.27	0.38	0.24	0.34	0.21	0.31	0.21	0.31	0.22	0.33
苯丙氨酸 Phenylalanine	0.26	0.35	0.22	0.31	0.19	0.27	0.16	0.24	0.16	0.25	0.17	0.26
苯丙氨酸 + 酪氨酸 Phenylalanine + tyrosine	0.46	0.62	0.39	0.54	0.33	0.47	0.29	0.42	0.29	0.43	0.3	0.45
苏氨酸 Threonine	0.32	0.43	0.28	0.38	0.25	0.34	0.22	0.31	0.22	0.32	0.23	0.33
色氨酸 Tryptophan	0.08	0.12	0.07	0.11	0.06	0.10	0.05	0.09	6	0.09	0.06	0.1
缬氨酸 Valine	0.33	0.44	0.28	0.39	0.24	0.34	0.21	0.31	0.21	0.31	0.22	0.33
总氮 Total nitrogen	1.12	1.58	0.95	1.41	0.82	1.25	0.72	1.12	0.73	1.15	0.75	1.23
以日粮为基础 Total basis（%）												
精氨酸 Arginine	0.32	0.42	0.27	0.37	0.23	0.32	0.2	0.29	0.21	0.29	0.21	0.31
组氨酸 Histidine	0.22	0.27	0.19	0.23	0.16	0.20	0.14	0.18	0.14	0.18	0.14	0.19
异亮氨酸 Isoleucine	0.36	0.43	0.31	0.38	0.27	0.33	0.24	0.29	0.24	0.3	0.24	0.31
亮氨酸 Leucine	0.55	0.75	0.47	0.66	0.41	0.59	0.36	0.53	0.36	0.54	0.37	0.57
赖氨酸 Lysine	0.61	0.80	0.52	0.71	0.45	0.62	0.39	0.55	0.39	0.56	0.4	0.59
蛋氨酸 Methionine	0.18	0.23	0.15	0.20	0.13	0.18	0.11	0.16	0.11	0.16	0.12	0.17

（续表）

胎次（配种体重, kg）Parity (body weight at breeding, kg)	1 (140)		2 (165)		3 (185)		4 + (205)					
预期妊娠体重增重（kg）Anticipated gestating weight gain (kg)	65		60		52.2		45		40		45	
预期产仔数 Anticipated litter size[b]	12.5		13.5		13.5		13.5		13.5		15.5	
妊娠天数 Days of gestation	<90	>90	<90	>90	<90	>90	<90	>90	<90	>90	<90	>90
蛋 + 胱氨酸 Methionine + cysteine	0.41	0.54	0.36	0.48	0.32	0.44	0.29	0.4	0.29	0.41	0.3	0.43
苯丙氨酸 Phenylalanine	0.34	0.44	0.29	0.40	0.25	0.35	0.23	0.31	0.23	0.32	0.23	0.34
苯丙氨酸 + 酪氨酸 Phenylalanine + tyrosine	0.61	0.79	0.53	0.70	0.46	0.62	0.41	0.56	0.41	0.57	0.42	0.6
苏氨酸 Threonine	0.46	0.58	0.41	0.53	0.37	0.48	0.34	0.44	0.34	0.45	0.35	0.47
色氨酸 Tryptophan	0.11	0.15	0.10	0.14	0.09	0.13	0.08	0.12	0.08	0.12	0.08	0.13
缬氨酸 Valine	0.45	0.58	0.39	0.52	0.34	0.46	0.31	0.42	0.31	0.43	0.32	0.45
总氮 Total nitrogen	1.62	2.15	1.42	1.95	1.26	1.77	1.14	1.62	1.15	1.65	1.18	1.74

[a] 日粮能量含量适用于玉米—豆粕型日粮。根据母猪对应的转换值将 NE 转换成有效 DE 和有效 ME。对于玉米—豆粕型日粮，有效 DE 和有效 ME 的含量与 DE 和 ME 的真实含量很相似。最优日粮的能量含量会随当地饲料原料的可用性和成本发生变化。当使用替代的饲料原料时，我们建议根据 NE 含量和营养需要量来制定日粮，以维持恒定的养分—净能比。

[b] 预期平均体重 1.40 kg。

[c] 假设饲料损耗 5%。

[d] 表观全消化道可消化磷。

[e] 表观全消化道可消化磷。

[f] 表观全消化道可消化磷和总可消化磷的需要量只适用于玉米—豆粕型日粮，它们的数据可以通过计算标准全消化道可消化磷的需要量以及 3% 额外的维生素和矿物质。我们假设日粮中含有 0.1% 额外的赖氨酸—盐酸盐以及 3% 额外的维生素和矿物质。磷酸二钙的总量要满足标准全消化道可消化磷。磷酸二钙是通过生长模型估算出来的。

[g] 氨基酸需要量是通过生长模型估算出来的。玉米—豆粕型日粮可消化氨基酸和总氨基酸的需要量只适用于玉米—豆粕型日粮，它们的数据可以通过计算标准回肠可消化氨基酸的需要量以及 0.1% 额外的赖氨酸—盐酸盐以及 3% 额外的维生素和矿物质。对每种氨基酸而言，日粮中，玉米和豆粕的氨基酸需要量，都要满足该氨基酸的标准回肠可消化需要量

[h] 表观回肠可消化氨基酸和总可消化氨基酸需要量只适用于玉米—豆粕型日粮，去壳提取大豆粕和磷酸二钙的营养成分来求得。我们假设日粮中含有 0.1% 额外的赖氨酸—盐酸盐以及 3% 额外的维生素和矿物质。玉米和豆粕的水平要满足标准回肠可消化氨基酸的需要和玉米，去壳提取大豆粕的需要量和玉米，日粮中，玉米和豆粕的氨基酸的水平以及营养需要

表4-6B　妊娠母猪每天钙、磷、氨基酸需要量（日粮含90%干物质）[a]

项目 Item	1 (140) <90	1 (140) >90	2 (165) <90	2 (165) >90	3 (185) <90	3 (185) >90	4+ (205) <90	4+ (205) >90	<90	>90	<90	>90
胎次（配种体重，kg） Parity (body weight at breeding, kg)	1 (140)		2 (165)		3 (185)		4 + (205)					
预期妊娠体增重（kg） Anticipated gestating weight gain (kg)	65		60		52.2		45		45		40	
预期产仔数 Anticipated litter size[b]	12.5		13.5		13.5		13.5		13.5		15.5	
妊娠天数 Days of gestation	<90	>90	<90	>90	<90	>90	<90	>90	<90	>90	<90	>90
日粮中净能含量（kcal/kg）[a] NE content of the diet (kcal/kg)[a]	2 518	2 518	2 518	2 518	2 518	2 518	2 518	2 518	2 518	2 518	2 518	2 518
日粮中有效消化能含量（kcal/kg）[a] Effective DE content of diet (kcal/kg)[a]	3 388	3 388	3 388	3 388	3 388	3 388	3 388	3 388	3 388	3 388	3 388	3 388
日粮中有效代谢能含量（kcal/kg）[a] Effective ME content of diet (kcal/kg)[a]	3 300	3 300	3 300	3 300	3 300	3 300	3 300	3 300	3 300	3 300	3 300	3 300
估测有效消化能能摄入量（kcal/day） Estimated effective ME intake (kcal/day)	6 678	7 932	6 928	8 182	6 928	8 182	6 897	8 151	6 427	7 681	6 521	7 775
估测采食量+损耗（g/day）[b] Estimated feed intake + wastage (g/day)[b]	2 130	2 530	2 210	2 610	2 210	2 610	2 200	2 600	2 050	2 450	2 080	2 480
体增重（g/day） Body weight gain (g/day)	578	543	539	481	472	408	410	340	364	298	416	313
钙和磷 Calcium and phosphorus (g/day)												
总钙 Total calcium	12.42	19.94	11.42	19.31	10.20	17.91	9.05	16.55	8.89	16.40	9.18	17.77
标准全消化道可消化磷 STTD phosphorus[d]	5.40	8.67	4.96	8.39	4.43	7.70	3.93	7.20	3.87	7.13	3.99	7.73
表观全消化道可消化磷 ATTD phosphorus[e,f]	4.61	7.49	4.22	7.25	3.75	6.71	3.30	6.19	3.26	6.15	3.37	6.68
总磷 Total phosphorus[f]	9.91	14.78	9.40	14.45	8.67	13.59	7.98	12.75	7.69	12.47	7.89	13.29

（续表）

项目 Item	4 + (205)	4 + (205)	3 (185)	2 (165)	1 (140)	—
胎次（配种体重，kg）Parity (body weight at breeding, kg)	205	205	185	165	140	—
预期妊娠体重增重（kg）Anticipated gestating weight gain (kg)	45	40	52.2	60	65	—
预期产仔数 Anticipated litter size[b]	15.5	13.5	13.5	13.5	12.5	—
妊娠天数 Days of gestation（<90 / >90）	<90 / >90	<90 / >90	<90 / >90	<90 / >90	<90 / >90	<90 / >90

氨基酸[g,h] Amino acids[g,h] — 以标准回肠可消化量为基础 Standardized ileal digestible basis（g/day）

氨基酸 Amino acids	4 + (205)	4 + (205)	3 (185)	2 (165)	1 (140)	—
精氨酸 Arginine	3.4 / 6.2	3.4 / 5.8	3.2 / 6.0	4.1 / 6.9	4.8 / 7.9	5.6 / 8.8
组氨酸 Histidine	2.2 / 3.5	2.2 / 3.3	2.1 / 3.5	2.6 / 4.1	3.3 / 4.8	3.7 / 5.4
异亮氨酸 Isoleucine	3.9 / 6.1	3.9 / 5.7	3.7 / 5.9	4.6 / 6.9	5.3 / 7.9	6.1 / 8.8
亮氨酸 Leucine	6.3 / 11.6	6.3 / 10.8	6.0 / 11.2	7.3 / 12.6	8.5 / 14.2	9.6 / 15.6
赖氨酸 Lysine	6.6 / 11.9	6.6 / 11.1	6.3 / 11.5	7.8 / 13.1	9.2 / 15.1	10.6 / 16.7
蛋氨酸 Methionine	1.8 / 3.4	1.8 / 3.1	1.7 / 3.2	2.2 / 3.7	2.6 / 4.3	3.0 / 4.7
蛋+胱氨酸 Methionine + cysteine	4.7 / 8.3	4.7 / 7.8	4.5 / 8.1	5.4 / 8.9	6.1 / 10.0	6.8 / 10.8
苯丙氨酸 Phenylalanine	3.8 / 6.8	3.8 / 6.3	3.7 / 6.6	4.4 / 7.4	5.1 / 8.4	5.8 / 9.1
苯丙氨酸+酪氨酸 Phenylalanine + tyrosine	6.6 / 11.6	6.3 / 10.0	6.3 / 11.3	7.7 / 12.7	9.0 / 10.7	10.1 / 15.9
苏氨酸 Threonine	5.4 / 9.0	5.4 / 8.5	5.6 / 8.8	6.2 / 9.7	6.9 / 10.8	7.6 / 11.5
色氨酸 Tryptophan	1.3 / 2.6	1.3 / 2.4	1.4 / 2.5	1.5 / 2.7	1.7 / 3.0	1.9 / 3.2
缬氨酸 Valine	5.0 / 8.8	5.0 / 8.3	4.9 / 8.6	5.8 / 9.5	6.7 / 10.8	7.5 / 11.8
总氮 Total nitrogen	18.5 / 33.8	18.5 / 31.5	17.8 / 32.6	21.2 / 36.0	24.1 / 40.1	26.8 / 43.1

以表观回肠可消化量为基础 Apparent ileal digestible basis（g/day）

氨基酸 Amino acids	4 + (205)	4 + (205)	3 (185)	2 (165)	1 (140)	—
精氨酸 Arginine	2.6 / 5.2	2.6 / 4.8	2.4 / 4.9	3.2 / 5.8	3.9 / 6.9	4.7 / 7.8
组氨酸 Histidine	1.9 / 3.2	1.9 / 3.0	1.9 / 3.1	2.4 / 3.7	2.9 / 4.4	3.4 / 5.0

（续表）

胎次（配种体重, kg） Parity (body weight at breeding, kg)	1 (140)		2 (165)		3 (185)		4 + (205)			
预期妊娠体增重（kg） Anticipated gestating weight gain (kg)	65		60		52.2		40		45	
预期产仔数[b] Anticipated litter size[b]	12.5		13.5		13.5		13.5		15.5	
妊娠天数 Days of gestation	<90	>90	<90	>90	<90	>90	<90	>90	<90	>90
异亮氨酸 Isoleucine	5.5	8.1	4.8	7.3	4.1	6.2	3.3	5.1	3.4	5.5
亮氨酸 Leucine	8.7	14.5	7.6	13.1	6.4	11.5	5.2	9.8	5.4	10.6
赖氨酸 Lysine	9.9	15.8	8.5	14.1	7.1	12.2	5.6	10.2	5.9	11.0
蛋氨酸 Methionine	2.7	4.5	2.3	4.0	1.9	3.4	1.5	2.9	1.6	3.1
蛋 + 胱氨酸 Methionine + cysteine	6.4	10.2	5.7	9.4	5.0	8.4	4.2	7.3	4.3	7.8
苯丙氨酸 Phenylalanine	5.3	8.5	4.6	7.7	3.9	6.7	3.2	5.7	3.3	6.2
苯丙氨酸 + 酪氨酸 Phenylalanine + tyrosine	9.4	14.9	8.2	13.5	7.0	11.8	5.7	10.0	5.9	10.7
苏氨酸 Threonine	6.6	10.3	5.9	9.4	5.2	8.5	4.4	7.4	4.5	7.8
色氨酸 Tryptophan	1.6	2.9	1.5	2.7	1.3	2.4	1.1	2.2	1.1	2.3
缬氨酸 Valine	6.6	10.7	5.8	9.6	5.0	8.5	4.1	7.3	4.3	7.8
总氮 Total nitrogen	22.7	37.9	20.0	34.9	17.1	30.9	14.1	26.8	14.8	28.9
以日粮为基础 Total basis (g/day)										
精氨酸 Arginine	6.5	10.0	5.7	9.1	4.9	8.0	4.0	6.8	4.2	7.3
组氨酸 Histidine	4.4	6.4	3.9	5.7	3.3	5.0	2.7	4.1	2.8	4.4
异亮氨酸 Isoleucine	7.2	10.3	6.4	9.4	5.6	8.2	4.6	6.9	4.8	7.4
亮氨酸 Leucine	11.1	17.9	9.9	16.5	8.5	14.6	7.1	12.6	7.4	13.5
赖氨酸 Lysine	12.4	19.3	11.0	17.5	9.4	15.4	7.7	13.1	8.0	14.0
蛋氨酸 Methionine	3.6	5.6	3.1	5.1	2.7	4.5	2.2	3.8	2.3	4.1

（续表）

胎次（配种体重，kg）Parity (body weight at breeding, kg)	1 (140)		2 (165)		3 (185)		4 + (205)					
预期妊娠体增重（kg）Anticipated gestating weight gain (kg)[b]	65		60		52.2		45		40		45	
预期产仔数 Anticipated litter size[b]	12.5		13.5		13.5		15.5		13.5		15.5	
妊娠天数 Days of gestation	<90	>90	<90	>90	<90	>90	<90	>90	<90	>90	<90	>90
蛋 + 胱氨酸 Methionine + cysteine	8.3	12.9	7.5	12.0	6.7	10.8	6.0	9.8	5.7	9.5	5.9	10.1
苯丙氨酸 Phenylalanine	6.9	10.7	6.1	9.8	5.3	8.7	4.7	7.8	4.5	7.5	4.6	8.0
苯丙氨酸 + 酪氨酸 Phenylalanine + tyrosine	12.3	18.9	11.0	17.4	9.6	15.4	8.5	13.8	8.0	13.3	8.3	14.1
苏氨酸 Threonine	9.4	14.0	8.6	13.2	7.8	12.0	7.1	10.9	6.7	10.5	6.9	11.1
色氨酸 Tryptophan	2.2	3.6	2.0	3.4	1.8	3.1	1.6	2.9	1.6	2.8	1.6	3.0
缬氨酸 Valine	9.0	14.0	8.1	12.9	7.2	11.5	6.4	10.4	6.0	10.0	6.2	10.65
总氮 Total nitrogen	32.7	51.7	29.8	48.4	26.5	43.8	23.9	39.9	22.5	38.5	23.3	41.1

a 日粮能量含量适用于玉米—豆粕型日粮。根据母猪对应的转换 NE 值将 NE 转换成有效 ME 的含量。对于玉米—豆粕型日粮来说，有效 DE 和有效 ME 的含量与 DE 和 ME 的真实含量很相似。最优日粮的能量含量随当地饲料原料的可用性和成本发生变化。当使用替代的饲料原料时，我们建议根据 NE 含量和营养需要量来制定日粮，以维持恒定的营养—净能比。

b 预期平均体重 1.40 kg。

c 假设饲料损耗 5%。

d 标准全消化道可消化磷。

e 表观全消化道可消化磷。

f 表观全消化道可消化磷和总磷的需要量只适用于玉米—豆粕型日粮，它们的数据可以通过计算标准全消化道可消化磷的需要量以及 3% 额外的维生素和矿物质。钙和磷的营养成分是通过长模型估算出来的。

g 表观回肠可消化氨基酸和总氨基酸的需要量只适用于玉米—豆粕型日粮，它们的数据可以通过计算标准回肠可消化氨基酸的需要量以及 0.1% 额外的赖氨酸—盐酸盐以及 3% 额外的维生素和矿物质，去壳浸提大豆粕的需要量以及玉米，去壳浸提大豆粕的氨基酸的需要量和玉米，去壳浸提大豆粕的赖氨酸的需要量。氨基酸需要量是通过长模型估得。玉米—豆粕型日粮含有 0.1% 额外的赖氨酸—盐酸盐以及 3% 额外的维生素和矿物质，日粮中，玉米和豆粕的标准回肠可消化氨基酸前，对每种氨基酸来说，玉米和豆粕的水平以及营养需要量，都要满足该标准回肠可消化氨基酸需要量的水平。

表 4 - 7A　哺乳母猪日粮钙、磷、氨基酸需求量（日粮含 90% 干物质）[a]

胎次 Parity	1			2 +		
分娩后体重 Postfarrowing body weight（kg）	175	175	175	210	210	210
产仔数 Litter size	11	11	11	11.5	11.5	11.5
哺乳期（天）Lactation length（days）	21	21	21	21	21	21
哺乳猪日均增重（g）Mean daily weight gain of nursing pigs（g）	190	230	270	190	230	270
日粮中净能含量（kcal/kg）[a] NE content of the diet（kcal/kg）[a]	2 518	2 518	2 518	2 518	2 518	2 518
日粮中有效消化能含量（kcal/kg）[a] Effective DE content of diet（kcal/kg）[a]	3 388	3 388	3 388	3 388	3 388	3 388
日粮中有效代谢能含量（kcal/kg）[a] Effective ME content of diet（kcal/kg）[a]	3 300	3 300	3 300	3 300	3 300	3 300
估测有效代谢能摄入量（kcal/day）Estimated effective ME intake（kcal/day）	18.7	18.7	18.7	20.7	20.7	20.7
估测采食量 + 损耗（g/day）[b] Estimated feed intake + wastage（g/day）[b]	5.95	5.95	5.93	6.61	6.61	6.61
预期母猪体重变化（kg）Anticipated sow body weight change（kg）	1.5	-7.7	-17.4	3.7	-5.8	15.9
钙和磷 Calcium and phosphorus（%）						
总钙 Total calcium	0.63	0.71	0.80	0.60	0.68	0.76
标准全消化道可消化磷 STTD phosphorus[d]	0.31	0.36	0.40	0.30	0.34	0.38
表观全消化道可消化磷 ATTD phosphorus[e,f]	0.27	0.31	0.35	0.26	0.29	0.33
总磷[f] Total phosphorus[f]	0.56	0.62	0.67	0.54	0.60	0.65

（续表）

胎次 Parity	1			2 +		
氨基酸[g,h] Amino acids[g,h]						
以标准回肠可消化量为基础 Standardized ileal digestible basis （%）						
精氨酸 Arginine	0.43	0.44	0.46	0.42	0.43	0.45
组氨酸 Histidine	0.30	0.32	0.34	0.29	0.31	0.33
异亮氨酸 Isoleucine	0.41	0.45	0.49	0.40	0.43	0.47
亮氨酸 Leucine	0.83	0.92	1.00	0.80	0.88	0.96
赖氨酸 Lysine	0.75	0.81	0.87	0.72	0.78	0.84
蛋氨酸 Methionine	0.20	0.21	0.23	0.19	0.21	0.22
蛋＋胱氨酸 Methionine + cysteine	0.39	0.43	0.47	0.38	0.41	0.45
苯丙氨酸 Phenylalanine	0.41	0.44	0.48	0.39	0.42	0.46
苯丙氨酸＋酪氨酸 Phenylalanine + tyrosine	0.83	0.91	0.99	0.80	0.87	0.95
苏氨酸 Threonine	0.47	0.51	0.55	0.46	0.49	0.53
色氨酸 Tryptophan	0.14	0.15	0.17	0.13	0.15	0.16
缬氨酸 Valine	0.64	0.69	0.74	0.61	0.66	0.71
总氮 Total nitrogen	1.62	1.73	1.86	1.56	1.67	1.79
以表观回肠可消化量为基础 Apparent ileal digestible basis （%）						
精氨酸 Arginine	0.39	0.40	0.41	0.38	0.39	0.40
组氨酸 Histidine	0.28	0.30	0.33	0.27	0.29	0.31
异亮氨酸 Isoleucine	0.39	0.42	0.46	0.37	0.41	0.44
亮氨酸 Leucine	0.79	0.87	0.95	0.76	0.83	0.91
赖氨酸 Lysine	0.71	0.77	0.83	0.68	0.74	0.80
蛋氨酸 Methionine	0.19	0.20	0.22	0.18	0.20	0.21
蛋＋胱氨酸 Methionine + cysteine	0.37	0.41	0.44	0.36	0.39	0.42
苯丙氨酸 Phenylalanine	0.38	0.41	0.45	0.36	0.40	0.43
苯丙氨酸＋酪氨酸 Phenylalanine + tyrosine	0.78	0.86	0.95	0.75	0.83	0.90
苏氨酸 Threonine	0.42	0.46	0.50	0.41	0.44	0.48
色氨酸 Tryptophan	0.13	0.14	0.16	0.12	0.14	0.15

（续表）

胎次 Parity	1			2 +		
		以日粮为基础 Total basis（%）				
缬氨酸 Valine	0.58	0.64	0.69	0.56	0.61	0.66
总氮 Total nitrogen	1.40	1.52	1.64	1.35	1.46	1.57
精氨酸 Arginine	0.48	0.50	0.51	0.47	0.48	0.50
组氨酸 Histidine	0.35	0.37	0.40	0.34	0.36	0.38
异亮氨酸 Isoleucine	0.49	0.52	0.56	0.47	0.50	0.54
亮氨酸 Leucine	0.96	1.05	1.15	0.92	1.01	1.10
赖氨酸 Lysine	0.86	0.93	1.00	0.83	0.90	0.96
蛋氨酸 Methionine	0.23	0.25	0.27	0.23	0.24	0.26
蛋 + 胱氨酸 Methionine + cysteine	0.47	0.51	0.55	0.46	0.49	0.53
苯丙氨酸 Phenylalanine	0.47	0.51	0.55	0.46	0.49	0.53
苯丙氨酸 + 酪氨酸 Phenylalanine + tyrosine	0.98	1.07	1.16	0.94	1.03	1.12
苏氨酸 Threonine	0.58	0.62	0.67	0.56	0.60	0.65
色氨酸 Tryptophan	0.16	0.18	0.19	0.15	0.17	0.18
缬氨酸 Valine	0.75	0.81	0.87	0.72	0.78	0.84
总氮 Total nitrogen	1.95	2.08	2.22	1.89	2.01	2.15

a 日粮能量含量适用于玉米—豆粕型日粮。根据母猪对应的转换值将 NE 转换成有效 DE 和有效 ME 的含量。对于玉米—豆粕型日粮来说，有效 DE 和有效 ME 的含量与 DE 和 ME 的真实含量很相似。最优日粮的能量会随当地饲料原料的可用性和成本发生变化。当使用替代的饲料原料时，我们建议根据 NE 含量和营养需要量来制定日粮，以维持恒定的营养—养分比。

b 假设全消化道可消化磷。

c 标准全消化道可消化磷。

d 表观全消化道可消化磷。

e 表观全消化道可消化磷和总磷的需要量只适用于玉米—豆粕型日粮，它们的数据可以通过计算标准全消化道可消化磷的需要量以及玉米，去壳浸提大豆粕和磷酸二钙的营养成分来获得。我们假设日粮中含有 0.1% 额外的赖氨酸—盐酸盐以及 3% 额外的维生素和矿物质。玉米和大豆粕的水平要满足标准回肠可消化赖氨酸的需要，同时，磷酸二钙的总量要满足全消化道可消化磷的需要。

f 氨基酸需要量是通过生长模型估算出来的。

g 表观回肠可消化氨基酸和总氨基酸的需要量只适用于玉米—豆粕型日粮，它们的数据可以通过计算标准回肠可消化氨基酸的需要量以及玉米—豆粕型日粮含有 0.1% 额外的赖氨酸—盐酸盐以及 3% 额外的维生素和矿物质。对每种氨基酸而言，日粮中，玉米和大豆粕的水平以及营养需要量的水平，都要满足该氨基酸的标准回肠可消化需要量。

表 4-7B　哺乳母猪每天钙、磷、氨基酸需求量（日粮含 90% 干物质）[a]

胎次 Parity	1			2 +		
分娩后体重 Postfarrowing body weight（kg）	175	175	175	210	210	210
产仔数 Litter size	11	11	11.5	11.5	11.5	11.5
哺乳期（天）Lactation length（days）	21	21.	21	21	21	21
哺乳猪日均增重 Mean daily weight gain of nursing pigs（g）	190	230	270	190	230	270
日粮中净能含量（kcal/kg）[a] NE content of the diet（kcal/kg）[a]	2 518	2 518	2 518	2 518	2 518	2 518
日粮中有效消化能含量（kcal/kg）[a] Effective DE content of diet（kcal/kg）[a]	3 388	3 388	3 388	3 388	3 388	3 388
日粮中有效代谢能含量（kcal/kg）[a] Effective ME content of diet（kcal/kg）[a]	3 300	3 300	3 300	3 300	3 300	3 300
估测有效代谢能摄入量（kcal/day）Estimated effective ME intake（kcal/day）	18.7	18.7	18.7	20.7	20.7	20.7
估测采食量 + 损耗（g/day）[b] Estimated feed intake + wastage（g/day）[b]	6.0	6.0	5.9	6.6	6.6	6.6
预期母猪体重变化（kg）Anticipated sow body weight change（kg）	1.5	-7.7	-17.4	3.7	-5.8	-15.9
钙和磷 Calcium and phosphorus（g/day）						
总钙 Total calcium	35.3	40.3	45.0	37.7	42.9	48.1
标准全消化道可消化磷 STTD phosphorus[c]	17.7	20.1	22.6	18.9	21.4	24.0
表观全消化道可消化磷 ATTD phosphorus[d,e]	15.1	17.3	19.6	16.1	18.4	20.8
总磷 Total phosphorus[e]	31.6	34.8	38.1	34.1	37.4	40.8

（续表）

胎次 Parity	1			2 +		
Amino acids [f,g]						
以标准回肠可消化量为基础 Standardized ileal digestible basis（g/day）						
精氨酸 Arginine	24.3	25.1	26.0	26.3	27.1	28.0
组氨酸 Histidine	16.9	18.2	19.5	18.1	19.4	20.8
异亮氨酸 Isoleucine	23.4	25.5	27.5	25.1	27.2	29.4
亮氨酸 Leucine	47.1	51.9	56.7	50.3	55.2	60.3
赖氨酸 Lysine	42.2	45.7	49.3	45.3	48.9	52.6
蛋氨酸 Methionine	11.3	12.2	13.1	12.1	13.0	14.0
蛋 + 胱氨酸 Methionine + cysteine	22.3	24.3	26.4	23.8	26.0	28.1
苯丙氨酸 Phenylalanine	22.9	24.9	27.0	24.5	26.6	28.8
苯丙氨酸 + 酪氨酸 Phenylalanine + tyrosine	46.9	51.6	56.3	50.1	55.0	59.9
苏氨酸 Threonine	26.8	29.0	31.3	28.8	31.1	33.5
色氨酸 Tryptophan	7.9	8.7	9.6	8.4	9.3	10.2
缬氨酸 Valine	35.9	38.9	42.0	38.5	41.6	44.9
总氮 Total nitrogen	91.1	98.1	105.2	97.9	105.1	112.5
以表观回肠可消化量 Apparent ileal digestible basis（g/day）						
精氨酸 Arginine	21.80	22.60	23.50	23.60	24.40	25.20
组氨酸 Histidine	15.90	17.20	18.50	17.10	18.40	19.70
异亮氨酸 Isoleucine	21.90	23.90	26.00	23.40	25.50	27.70
亮氨酸 Leucine	44.50	49.20	54.00	47.40	52.30	57.30
赖氨酸 Lysine	40.00	43.50	47.00	42.90	46.50	50.10
蛋氨酸 Methionine	10.70	11.60	12.50	11.40	12.30	13.30
蛋 + 胱氨酸 Methionine + cysteine	21.00	22.90	24.90	22.40	24.50	26.60
苯丙氨酸 Phenylalanine	21.30	23.30	25.40	22.80	24.90	27.00
苯丙氨酸 + 酪氨酸 Phenylalanine + tyrosine	44.30	48.90	53.50	47.20	52.00	56.80
苏氨酸 Threonine	23.80	26.00	28.10	25.50	27.70	30.00
色氨酸 Tryptophan	7.20	8.10	8.90	7.70	8.50	9.40

（续表）

胎次 Parity	1			2 +		
缬氨酸 Valine	33.00	36.00	39.00	35.40	38.40	41.60
总氮 Total nitrogen	79.20	85.90	92.80	84.80	91.70	98.90
以日粮为基础 Total basis (g/day)						
精氨酸 Arginine	27.3	28.2	29.1	29.6	30.5	31.4
组氨酸 Histidine	19.7	21.1	22.5	21.1	22.6	24.1
异亮氨酸 Isoleucine	27.4	29.6	31.9	29.4	31.7	34.1
亮氨酸 Leucine	54.1	59.5	65.0	57.8	63.4	69.1
赖氨酸 Lysine	48.7	52.6	56.5	52.4	56.4	60.5
蛋氨酸 Methionine	13.2	14.2	15.1	14.2	15.2	16.2
蛋 + 胱氨酸 Methionine + cysteine	26.7	29.0	31.3	28.7	31.1	33.5
苯丙氨酸 Phenylalanine	26.7	29.0	31.3	28.6	31.0	33.4
苯丙氨酸 + 酪氨酸 Phenylalanine + tyrosine	55.3	60.5	65.8	59.1	64.6	70.2
苏氨酸 Threonine	32.7	35.3	37.9	35.2	37.9	40.6
色氨酸 Tryptophan	9.0	9.9	10.9	9.6	10.6	11.6
缬氨酸 Valine	42.2	45.7	49.2	45.3	48.9	52.5
总氮 Total nitrogen	109.9	117.8	125.8	118.4	126.5	134.9

a 日粮能量含量适用于玉米—豆粕型日粮。根据母猪对应的转换值将 NE 转换成有效 DE 和有效 ME 的含量。对于玉米—豆粕型日粮来说，有效 DE 和有效 ME 的含量与 DE 和 ME 的真实含量很相似。最优日粮的能量含量会随当地饲料原料的可用性和成本发生变化。当使用替代的饲料原料时，我们建议根据替代饲料原料 NE 含量和营养需要量来制定日粮，以维持恒定的养分—净能比。

b 标准全消化道可消化磷。

c 表观全消化道可消化磷。

d 标准全消化道可消化磷。

e 表观全消化道可消化磷和总磷的需要量只适用于玉米—豆粕型日粮，它们的数据可以通过计算标准全消化道可消化磷的需要量以及玉米。去壳浸提大豆粕可消化磷的二钙和三钙营养成分来获得。我们假设日粮中含有 0.1% 额外的赖氨酸—盐酸盐以及 3% 额外的维生素和矿物质。玉米和大豆粕标准回肠可消化赖氨酸的需要，同时，磷酸二钙的总含量要满足全消化道可消化磷的需要。

f 氨基酸需要量是通过生长模型估算出来的。

表观回肠可消化氨基酸和总氨基酸的需要量只适用于玉米—豆粕型日粮，它们的数据可以通过计算标准回肠可消化氨基酸的需要量和玉米。去壳浸提大豆粕的氨基酸含量而获得。玉米—豆粕型日粮和该氨基酸的标准回肠可消化氨基酸而言，日粮中含有 0.1% 额外的赖氨酸—盐酸盐以及 3% 额外的维生素和矿物质。对每种氨基酸而言，玉米和大豆粕的水平以及营养需要量的水平，都要满足该氨基酸的标准回肠可消化需要量。

表 4-8A　妊娠期、哺乳期母猪日粮矿物质、维生素和脂肪酸需要量
（日粮含 90％干物质）

项目 Item	妊娠期 Gestation	哺乳期 Lactation
日粮中净能含量（kcal/kg）[a] NE content of the diet（kcal/kg）[a]	2 518	2 518
日粮中有效消化能含量（kcal/kg）[a] Effective DE content of diet（kcal/kg）[a]	3 388	3 388
日粮中有效代谢能含量（kcal/kg）[a] Effective ME content of diet（kcal/kg）[a]	3 300	3 300
估测有效代谢能摄入量（kcal/day） Estimated effective ME intake（kcal/day）	6 928	19 700
估测采食量＋损耗（g/day）[b] Estimated feed intake + wastage（g/day）[b]	2 210	6 280
	需要量（%或日粮中量/kg） Requirements（% or amount per kilogram of diet）	
矿物质元素 Mineral elements		
钠 Sodium（%）	0.15	0.20
氯 Chloride（%）	0.12	0.16
镁 Magnesium（%）	0.06	0.06
钾 Potassium（%）	0.20	0.20
铜 Copper（mg/kg）	10	20
碘 Iodine（mg/kg）	0.14	0.14
铁 Iron（mg/kg）	80	80
锰 Manganese（mg/kg）	25	25
硒 Selenium（mg/kg）	0.15	0.15
锌 Zine（mg/kg）	100	100
维生素 Vitamins		
维生素 A Vitamin A（IU/kg）[c]	4 000	2 000
维生素 D₃ Vitamin D₃（IU/kg）[d]	800	800
维生素 E Vitamin E（IU/kg）[e]	44	44
维生素 K Vitamin K（menadione）（mg/kg）	0.50	0.50
生物素 Biotin（mg/kg）	0.20	0.20
胆碱 Choline（g/kg）	1.25	1.00

（续表）

项目 Item	妊娠期 Gestation	哺乳期 Lactation
叶酸 Folacin（mg/kg）	1.30	1.30
可利用烟酸 Niacin, available（mg/kg）[f]	10	10
泛酸 Pantothenic acid（mg/kg）	12	12
核黄素 Riboflavin（mg/kg）	3.75	3.75
硫胺素 Thiamin（mg/kg）	1.00	1.00
维生素 B_6 Vitamin B_6（mg/kg）	1.00	1.00
维生素 B_{12} Vitamin B_{12}（μg/kg）	15	15
亚油酸 Linoleic acid（%）	0.10	0.10

[a] 日粮能量含量适用于玉米—豆粕型日粮。根据母猪对应的转换值将 NE 转换成有效 DE 和有效 ME 的含量。对于玉米—豆粕型日粮来说，有效 DE 和有效 ME 的含量与 DE 和 ME 的真实含量很相似。最优日粮的能量会随当地饲料原料的可用性和成本发生变化。当使用替代的饲料原料时，我们建议根据 NE 含量和营养需要量来制定日粮，以维持恒定的养分—净能比。

[b] 假设饲料损耗 5%。

[c] 1 IU 的维生素 A = 0.30μg 视黄醇或 0.344μg 视黄醇乙酸酯。维生素 A 的活性（也称作视黄醇当量）取决于 β – 胡萝卜素（见维生素一章）。

[d] 1 IU 维生素 D_2 或维生素 D_3 = 0.025μg。

[e] 1 IU 的维生素 E = 0.67 mg D – α – 生育酚或 1 mg DL – α – 生育酚乙酸酯。近期猪的研究表明，天然 α – 生育酚乙酸酯与合成的 α – 生育酚乙酸酯有明显的区别（见维生素一章）。

[f] 玉米、饲用高粱、小麦和大麦中的烟酸不能为猪所用。同样，这些谷物副产品中的烟酸利用率也很低，除非对这些副产品进行湿法粉碎和发酵处理

表4－8B 妊娠期、哺乳期母猪每天矿物质、维生素和脂肪酸需要量
（日粮含90％干物质）

项目 Item	妊娠期 Gestation	哺乳期 Lactation
日粮中净能含量（kcal/kg）[a] NE content of the diet（kcal/kg）[a]	2 518	2 518
日粮中有效消化能含量（kcal/kg）[a] Effective DE content of diet（kcal/kg）[a]	3 388	3 388
日粮中有效代谢能含量（kcal/kg）[a] Effective ME content of diet（kcal/kg）[a]	3 300	3 300
估测有效代谢能摄入量（kcal/day） Estimated effective ME intake（kcal/day）	6 928	19 700
估测采食量＋损耗（g/day）[b] Estimated feed intake＋wastage（g/day）[b]	2 210	6 280
	需求量（量/d） Requirements（amount per day）	
矿物质元素 Mineral elements		
钠 Sodium（%）	3.15	11.93
氯 Chloride（%）	2.52	9.55
镁 Magnesium（%）	1.26	3.58
钾 Potassium（%）	4.20	11.93
铜 Copper（mg/kg）	21.00	119.32
碘 Iodine（mg/kg）	0.29	0.84
铁 Iron（mg/kg）	168.0	477.3
锰 Manganese（mg/kg）	52.49	149.15
硒 Selenium（mg/kg）	0.31	0.89
锌 Zinc（mg/kg）	210.0	596.6
维生素 Vitamins		
维生素A Vitamin A（IU/kg）[c]	8 398	11 932
维生素D₃ Vitamin D₃（IU/kg）[d]	1 680	4 773
维生素E Vitamin E（IU/kg）[e]	92.4	262.5
维生素K Vitamin K（menadione）（mg/kg）	1.05	2.98
生物素 Biotin（mg/kg）	0.42	1.19
胆碱 Choline（g/kg）	2.62	5.97

（续表）

项目 Item	妊娠期 Gestation	哺乳期 Lactation
叶酸 Folacin（mg/kg）	2.73	7.76
可利用烟酸 Niacin, available（mg/kg）[f]	21.00	59.66
泛酸 Pantothenic acid（mg/kg）	25.19	71.59
核黄素 Riboflavin（mg/kg）	7.87	22.37
硫胺素 Thiamin（mg/kg）	2.10	5.97
维生素 B_6 Vitamin B_6（mg/kg）	2.10	5.97
维生素 B_{12} Vitamin B_{12}（μg/kg）	31.49	89.49
亚油酸 Linoleic acid（%）	2.1	6.0

[a] 日粮能量含量适用于玉米—豆粕型日粮。根据母猪对应的转换值将 NE 转换成有效 DE 和有效 ME 的含量。对于玉米—豆粕型日粮来说，有效 DE 和有效 ME 的含量与 DE 和 ME 的真实含量很相似。最优日粮的能量会随当地饲料原料的可用性和成本发生变化。当使用替代的饲料原料时，我们建议根据 NE 含量和营养需要量来制定日粮，以维持恒定的养分—净能比。

[b] 假设饲料损耗5%。

[c] 1 IU 的维生素 A = 0.30μg 视黄醇或 0.344μg 视黄醇乙酸酯。维生素 A 的活性（也称作视黄醇当量）取决于 β - 胡萝卜素（见维生素一章）。

[d] 1 IU 维生素 D_2 或维生素 D_3 = 0.025μg。

[e] 1 IU 的维生素 E = 0.67 mg D - α - 生育酚或 1 mg DL - α - 生育酚乙酸酯。近期猪的研究表明，天然 α - 生育酚乙酸酯与合成的 α - 生育酚乙酸酯有明显的区别（见维生素一章）。

[f] 玉米、饲用高粱、小麦和大麦中的烟酸不能为猪所用。同样，这些谷物副产品中的烟酸利用率也很低，除非对这些副产品进行湿法粉碎和发酵处理

表4-9 种公猪配种期日粮和每天氨基酸、矿物质、维生素和脂肪酸需要量（日粮含90%干物质）[a]

日粮中净能含量（kcal/kg）[b] NE content of the diet（kcal/kg）[b]	2 457
日粮中有效消化能含量（kcal/kg）[b] Effective DE content of diet（kcal/kg）[b]	3 402
日粮中有效代谢能含量（kcal/kg）[b] Effective ME content of diet（kcal/kg）[b]	3 300
估测有效消化能摄入量（kcal/day） Estimated effective ME intake（kcal/day）	7 838
估测采食量 + 损耗 Estimated feed intake + wastage（g/day）[c]	2 500

	需要量 Requirements	
	%或日粮量/kg % or amount/kg of diet	量/d Amount/day
氨基酸（以标准回肠可消化率为基础） Amino acids（Standardized ileal digestible basis）		
精氨酸 Arginine	0.20%	4.86g
组氨酸 Histidine	0.15%	3.46g
异亮氨酸 Isoleucine	0.31%	7.41g
亮氨酸 Leucine	0.33%	7.83g
赖氨酸 Lysine	0.51%	11.99g
蛋氨酸 Methionine	0.08%	1.96g
蛋氨酸 + 半胱氨酸 Methionine + cysteine	0.25%	5.98g
苯丙氨酸 Phenylalanine	0.36%	8.50g
苯丙氨酸 + 酪氨酸 Phenylalanine + tyrosine	0.58%	13.77g
苏氨酸 Threonine	0.22%	5.19g
色氨酸 Tryptophan	0.20%	4.82g
缬氨酸 Valine	0.27%	6.52g
总氮 Total nitrogen	1.14%	27.04g
氨基酸（以表观回肠可消化的为基础） Amino acids（Apparent ileal digestible basis）[d]		
精氨酸 Arginine	0.16%	3.86g
组氨酸 Histidine	0.13%	3.16g
异亮氨酸 Isoleucine	0.29%	6.81g
亮氨酸 Leucine	0.29%	6.84g
赖氨酸 Lysine	0.47%	11.13g
蛋氨酸 Methionine	0.07%	1.72g
蛋氨酸 + 半胱氨酸 Methionine + cysteine	0.23%	5.55g

（续表）

	需要量 Requirements	
	% 或日粮量/kg % or amount/kg of diet	量/d Amount/day
苯丙氨酸 Phenylalanine	0.33%	7.86g
苯丙氨酸 + 酪氨酸 Phenylalanine + tyrosine	0.54%	12.81g
苏氨酸 Threonine	0.17%	4.15g
色氨酸 Tryptophan	0.19%	4.52g
缬氨酸 Valine	0.23%	5.58g
总氮 Total nitrogen	0.94%	22.40g
氨基酸（以总可消化的为基础） Amino acids（Total basis）[d]		
精氨酸 Arginine	0.25%	5.83g
组氨酸 Histidine	0.18%	4.30g
异亮氨酸 Isoleucine	0.37%	8.81g
亮氨酸 Leucine	0.39%	9.20g
赖氨酸 Lysine	0.60%	14.25g
蛋氨酸 Methionine	0.11%	2.55g
蛋氨酸 + 半胱氨酸 Methionine + cysteine	0.31%	7.44g
苯丙氨酸 Phenylalanine	0.42%	9.96g
苯丙氨酸 + 酪氨酸 Phenylalanine + tyrosine	0.70%	16.55g
苏氨酸 Threonine	0.28%	6.70g
色氨酸 Tryptophan	0.23%	5.42g
缬氨酸 Valine	0.34%	8.01g
总氮 Total nitrogen	1.41%	33.48g
矿物质元素 Mineral elements		
总钙 Total calcium	0.75%	17.81g
标准全消化道可消化磷 STTD phosphorus[e]	0.33%	7.84g
表观全消化道可消化磷 ATTD phosphorus[f,g]	0.31%	7.36g
总磷 Total phosphorus[g]	0.75%	17.81g
钠（Na）Sodium（%）	0.15%	3.56g
氯（Cl）Chloride（%）	0.12%	2.85g
镁（Mg）Magnesium（%）	0.04%	0.95g
钾（K）Potassium（%）	0.20%	4.75g
铜（Cu）Copper（mg/kg）	5mg	11.88mg
碘（I）Iodine（mg/kg）	0.14mg	0.33mg
铁（Fe）Iron（mg/kg）	80mg	190mg
锰（Mn）Manganese（mg/kg）	20mg	47.5mg

（续表）

	需要量 Requirements	
	% 或日粮量/kg % or amount/kg of diet	量/d Amount/day
硒（Se）Selenium（mg/kg）	0.30mg	0.71mg
锌（Ze）Zine（mg/kg）	50mg	118.75mg
维生素 Vitamins		
维生素 A Vitamin A（IU/kg）[h]	4 000IU	9 500IU
维生素 D₃ Vitamin D₃（IU/kg）[i]	200IU	475IU
维生素 E Vitamin E（IU/kg）[j]	44IU	104.5IU
维生素 K Vitamin K（menadione）（mg/kg）	0.50mg	1.19mg
生物素 Biotin（mg/kg）	0.20mg	0.48mg
胆碱 Choline（g/kg）	1.25g	2.97g
叶酸 Folacin（mg/kg）	1.30g	3.09mg
可利用烟酸 Niacin, available（mg/kg）[k]	10mg	23.75mg
泛酸 Pantothenic acid（mg/kg）	12mg	28.50mg
核黄素 Riboflavin（mg/kg）	3.75mg	8.91mg
硫胺 Thiamin（mg/kg）	1.0mg	2.38mg
维生素 B₆ Vitamin B₆（mg/kg）	1.0mg	2.38mg
维生素 B₁₂ Vitamin B₁₂（μg/kg）	15ug	35.63ug
亚油酸 Linoleic acid（%）	0.1%	2.38%

[a] 营养需要量是以饲喂 2.5kg 采食量加损耗为基础的，采食量根据种公猪的重量和增重需要量来调节。

[b] 日粮能量含量适用于玉米—豆粕型日粮。根据生长猪高于 25kg 的体重，利用相应的转换值将 NE 转换成有效 DE 和有效 ME 的含量。对于玉米—豆粕型日粮来说，有效 DE 和有效 ME 的含量与 DE 和 ME 的真实含量很相似。最优日粮的能量会随当地饲料原料的可用性和成本发生变化。当使用替代的饲料原料时，我们建议根据 NE 含量和营养需要量来制定日粮，以维持恒定的营养—净能比。

[c] 假设饲料浪费 5%。

[d] 表观回肠可消化氨基酸和总氨基酸的需要量只适用于玉米—豆粕型日粮，它们的数据可以通过计算标准回肠可消化氨基酸的需要量和玉米、去壳浸提大豆粕的氨基酸含量而获得。玉米—豆粕型日粮含有 0.1% 额外的赖氨酸—盐酸盐以及 3% 额外的维生素和矿物质。对每种氨基酸而言，日粮中，玉米和豆粕的水平以及营养需要量的水平，都要满足该氨基酸的标准回肠可消化需要量。

[e] 标准全消化道可消化的。

[f] 表观全消化道可消化的。

[g] 表观全消化道可消化磷和总磷的需要量只适用于玉米—豆粕型日粮，它们的数据可以通过计算标准全消化道可消化磷的需要量以及玉米、去壳浸提大豆粕和磷酸二钙的营养成分来获得。我们假设日粮中含有 0.1% 额外的赖氨酸—盐酸盐以及 3% 额外的维生素和矿物质。玉米和豆粕的水平要满足标准回肠可消化赖氨酸的需要，同时，磷酸二钙的总量要满足标准全消化道可消化磷的需要。

[h] 1 IU 的维生素 A = 0.30μg 视黄醇或 0.344μg 视黄醇乙酸酯。维生素 A 的活性（也称作视黄醇当量）取决于 β - 胡萝卜素（见维生素一章）。

[j] 1 IU 的维生素 E = 0.67 mg D - α - 生育酚或 1 mg DL - α - 生育酚乙酸酯。近期猪的研究表明，天然 α - 生育酚乙酸酯与合成的 α - 生育酚乙酸酯有明显的区别（见维生素一章）。

[k] 玉米、饲用高粱、小麦和大麦中的烟酸不能为猪所用。同样，这些谷物副产品中的烟酸利用率也很低，除非对这些副产品进行湿法粉碎和发酵处理